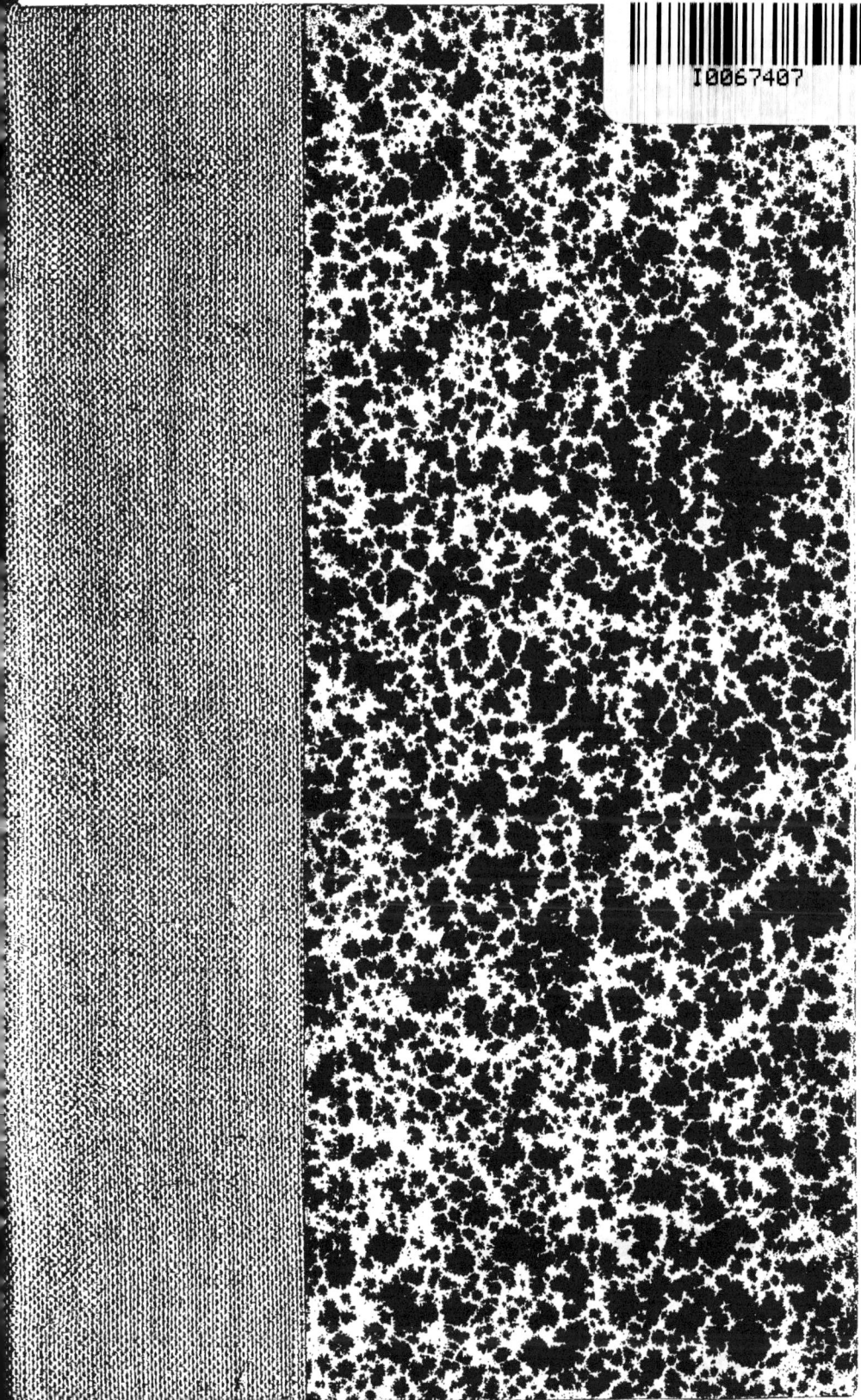

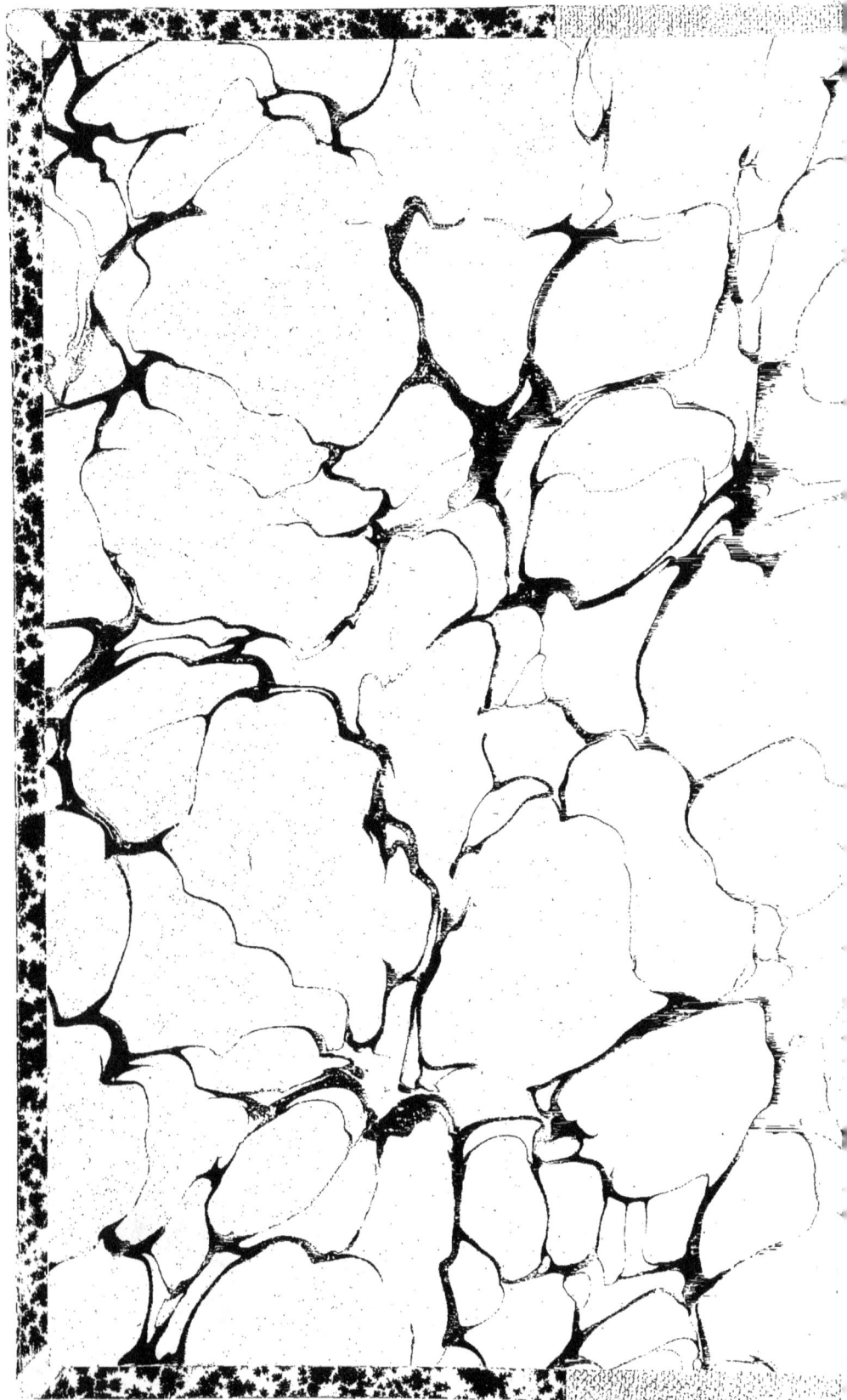

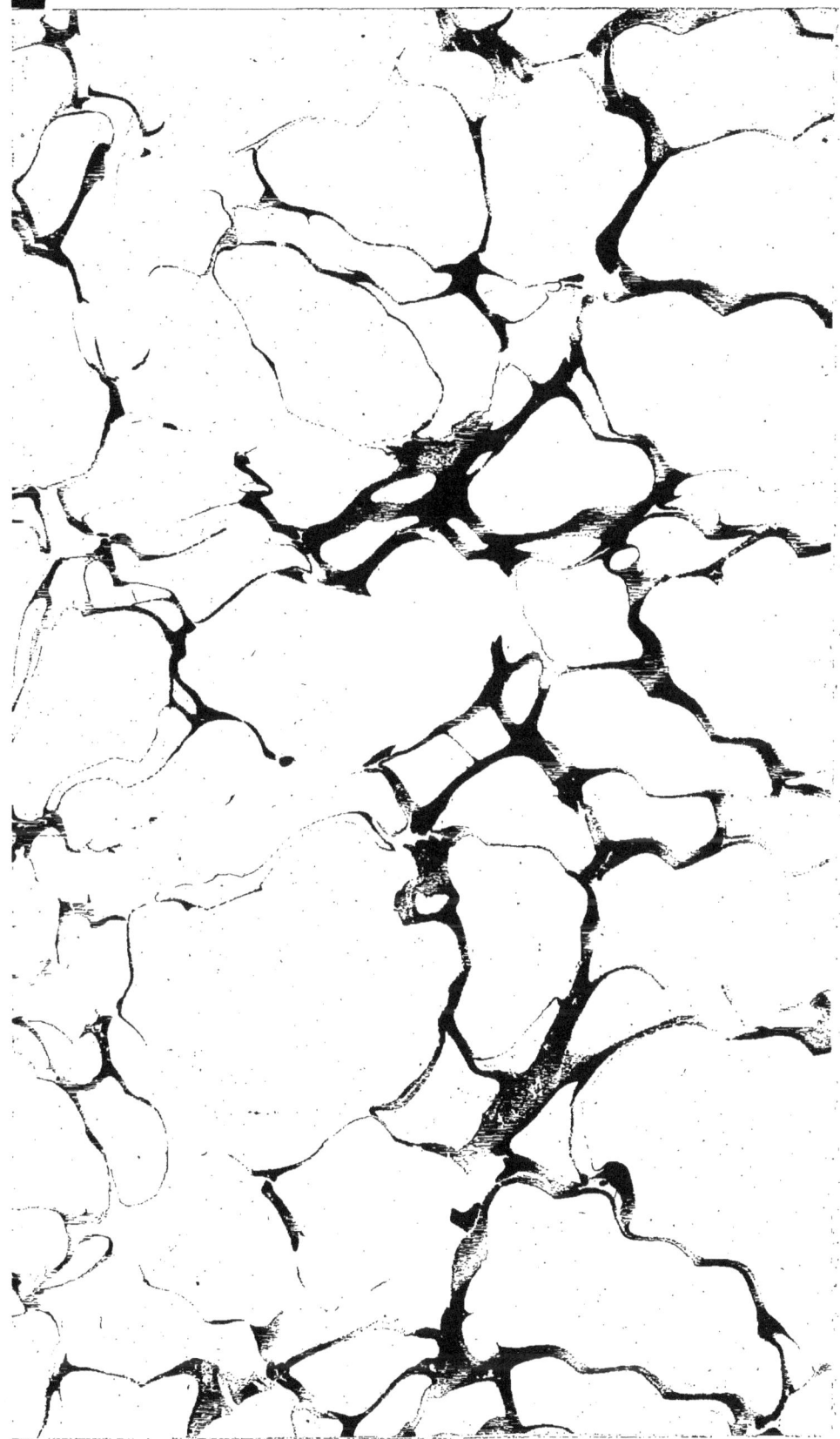

JEEPARL REG.

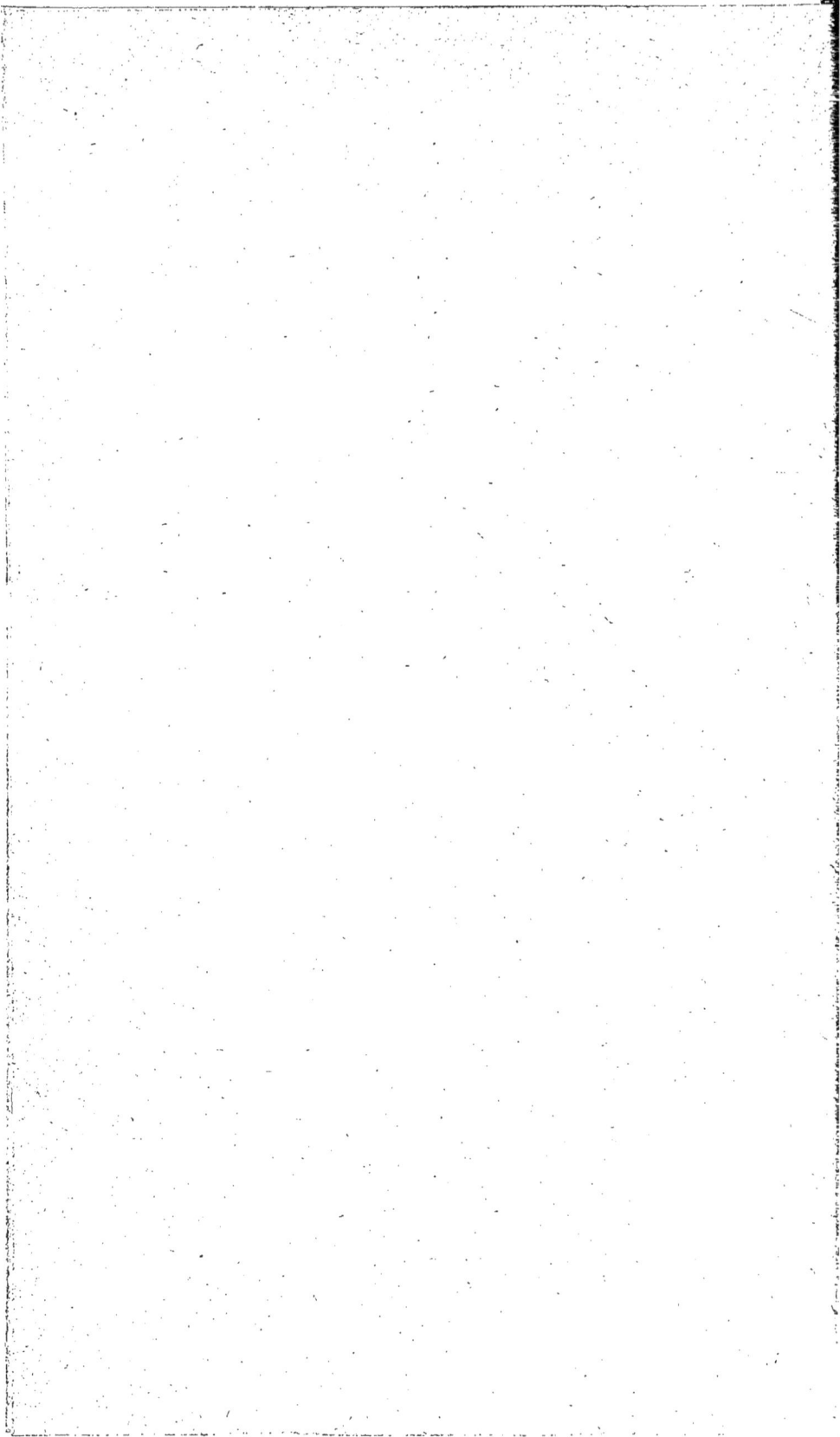

COURS

DE

MATHÉMATIQUES

ÉLÉMENTAIRES,

PAR

L'abbé BLATAIROU,

Chanoine honoraire, Doyen de la Faculté de Théologie et ancien Professeur de Mathématiques et de Physique au Grand-Séminaire de Bordeaux ; Membre de l'Académie des Sciences, Belles-Lettres et Arts, et de la Société Linéenne de la même ville, etc.

2ᵉ ET 3ᵉ PARTIES : ALGÈBRE ET GÉOMÉTRIE.

634

BORDEAUX,

CHEZ P. DUCOT, LIBRAIRE DE L'ARCHEVÊCHÉ,

Fossés des Carmes, 15, à côté du Lycée.

1852

COURS

DE

MATHÉMATIQUES

ÉLÉMENTAIRES.

Les formalités voulues par la loi ayant été remplies, tout exemplaire non revêtu de la signature de l'auteur sera réputé contrefait.

ERRATA.

Page 18, ligne 29, au lieu de : *le reste est trouvé*, lisez : *le reste trouvé est.*

Page 45, ligne 29, au lieu de : *additions*, lisez : *remarques.*

Page 50, ligne 8, au lieu de : *fractions premières*, lisez : *facteurs premiers.*

Page 73, ligne 9, au lieu de : *villes*, lisez : *points.*

Page 82, ligne 28, au lieu de : *convenables*, lisez : *convenablement.*

Page 88, ligne 21, au lieu de : *en les*, lisez : *en la.*

Page 108, ligne 9, au lieu de : $F_5(x, y, z, t)$, lisez : $F_5(y, z, t) = 0$.

Page 108, ligne 9, au lieu de : $F_6(y, z, t)$, lisez : $F_6(y, z, t) = 0$.

Page 123, ligne 4, au lieu de : *formule*, lisez : *forme.*

Page 144, ligne 12, au lieu de : $-10, 8$, lisez : $-5, 2$.

Page 175, ligne 5, au lieu de : $d = 3$, lisez : $a = 3$.

Page 184, ligne 2, au lieu de : $1 - r$, lisez : $r - 1$.

Page 187, ligne 5, au lieu de : s, lisez : S.

Page 192, ligne 7, au lieu de : y, lisez : y' (dans la seconde équation).

Page 204, ligne 21, au lieu de : *centième*, lisez : *dixième.*

Page 214, ligne 24, au lieu de : 1734, 3, lisez : 1734, 2.

Page 218, ligne 5, au lieu de : *arrangements*, lisez : *permutations.*

Page 229, ligne 34, au lieu de : $x - a$, lisez : $x + a$.

Page 240, ligne 32, au lieu de : $z = 0$, lisez : $z = 3$.

COURS

DE

MATHÉMATIQUES

ÉLÉMENTAIRES,

PAR

L'abbé BLATAIROU,

Chanoine honoraire, Doyen de la Faculté de Théologie et ancien Professeur de Mathématiques et de Physique au Grand-Séminaire de Bordeaux ; Membre de l'Académie des Sciences, Belles-Lettres et Arts, et de la Société Linéenne de la même ville, etc.

2ᵉ Partie. — ALGÈBRE.

BORDEAUX,

CHEZ P. DUCOT, LIBRAIRE DE L'ARCHEVÊCHÉ,

Fossés des Carmes, 15, à côté du Lycée.

1852

Bordeaux. — Imprimerie de G.-M. DE MOULINS, rue Montméjan, 7.

COURS

DE

MATHÉMATIQUES

ÉLÉMENTAIRES.

DEUXIÈME PARTIE. — ALGÈBRE.

CHAPITRE PREMIER.

INTRODUCTION.

1. Après avoir, dans l'Arithmétique, donné des règles pour exécuter sur les nombres les différentes opérations que nous avons appelées : *addition, soustraction, multiplication, division, élévation aux puissances* et *extraction des racines*, nous avons appliqué ces opérations à la résolution d'un assez grand nombre de problèmes, et nous avons dès-lors fait remarquer que la résolution d'un problème se réduit à deux choses : 1° *à trouver quelles sont les opérations qu'il faut faire sur les nombres connus et donnés par l'énoncé du problème pour arriver au nombre inconnu que l'on cherche;* 2° *à effectuer ces opérations* (ARITH. 216.). L'Arithmétique donne des règles pour faire la seconde de ces deux choses, quand les données du problème sont exprimées par des nombres; mais c'est le bon sens et le raisonnement qui doivent faire la première.

Dans les problèmes que nous avons résolus, il était facile de trouver quelles opérations on devait faire sur les données du problème pour arriver à l'inconnue; mais il n'en est pas toujours ainsi, et souvent il faut une grande sagacité pour y parvenir. Cependant comme

1

le raisonnement est d'autant plus facile que la langue dont on se sert est mieux faite, et que les idées, exprimées par des signes plus simples et plus précis, peuvent se rapprocher davantage, pour laisser mieux apercevoir les rapports qui les unissent, on conçoit que, si l'on pouvait employer à la résolution des problèmes une langue plus simple et mieux faite que le langage ordinaire, le travail de l'esprit se simplifierait ; et peut-être, avec une telle langue, un enfant pourrait faire aisément ce qui, sans ce secours, demanderait les méditations d'un profond génie. C'est en effet un des avantages de la langue que nous allons exposer dans ce Traité, et qui a reçu le nom d'*Algèbre*.

2. Pour commencer à faire connaître cette langue, proposons-nous un problème simple que nous résoudrons d'abord par le secours du raisonnement seul. Soit donc proposé le problème suivant : *Partager le nombre 177 en deux parties dont la différence soit 27.*

En examinant attentivement l'énoncé de ce problème, on voit qu'il fournit, pour arriver à la connaissance des deux parties demandées, les données suivantes :

1° *La plus petite partie et la plus grande doivent faire* 177 ;

2° *La plus grande doit être égale à la plus petite augmentée de* 27.

Et il faut de ces deux propositions tirer ces deux autres propositions : *la plus petite partie est égale à tel nombre ; la plus grande est égale à tel nombre.* Or, d'après la seconde proposition, la plus grande partie est égale à la plus petite augmentée de 27 ; donc, dans la première proposition, à la place de ces mots : *la plus grande partie,* on peut mettre ceux-ci : *la plus petite augmentée de* 27. Par cette substitution on a :

3° *La plus petite partie et la plus petite augmentée de* 27 *doivent faire* 177.

Mais si, de ces deux quantités, *la plus petite partie* et *la plus petite augmentée de* 27, et 177, qui doivent être égales, d'après la troisième proposition, on retranche le nombre 27, les restes seront égaux, et l'on aura par conséquent la proposition suivante :

4° *La plus petite partie et la plus petite doivent faire* 177 *diminué de* 27, *ou* 150, ou bien encore :

5° *Deux fois la plus petite partie doivent faire* 150.

Mais puisque deux fois la plus petite partie doivent faire 150, il faut nécessairement que la plus petite partie soit la moitié de 150 ; on a donc :

6° *La plus petite partie égale* 150 *divisé par* 2 *ou* 75.

Pour avoir maintenant la plus grande partie, remontons à la seconde proposition. Elle nous dit que la plus grande partie est égale à la plus petite augmentée de 27, nous aurons donc cette nouvelle proposition :

7° *La plus grande partie égale* 75 *augmenté de* 27, *ou* 102.

Ainsi le problème est résolu : la plus petite partie est 75, la plus grande est 102.

3. En considérant les propositions que nous venons d'écrire pour résoudre ce problème, on voit d'abord que ces mots : *la plus petite partie, la plus grande, doivent faire, égale, augmenté, diminué*, reviennent souvent dans ces phrases. Convenons de désigner la *plus petite partie* par x, *la plus grande* par y, d'employer le signe $=$ à la place de ces mots : *doivent faire, égale*, ou autres qui ont le même sens; remplaçons le mot *augmenté* et ceux qui désignent une addition par le signe $+$, le mot *diminué* par le signe $-$; enfin, exprimons les mots *divisé par*, en séparant par un trait le dividende et le diviseur en mettant le premier au-dessus du second. Par ces substitutions les différentes propositions que nous avons écrites, pourront s'écrire plus simplement, comme il suit :

$$1° \ldots\ldots\ldots x + y = 177;$$
$$2° \ldots\ldots\ldots\ldots y = x + 27;$$
$$3° \ldots x + x + 27 = 177;$$
$$4° \ldots\ldots\ldots x + x = 177 - 27 \text{ ou } = 150;$$
$$5° \ldots\ldots\ldots\ldots 2x = 150;$$
$$6° \ldots\ldots\ldots\ldots x = \frac{150}{2} \text{ ou } = 75;$$
$$7° \ldots\ldots\ldots\ldots y = 75 + 27 \text{ ou } = 102.$$

Ainsi *en substituant des lettres aux quantités inconnues, et des signes aux mots qui exprimaient des relations*, les raisonnements nécessaires pour la solution du problème proposé ont été écrits d'une manière plus simple : on a donc gagné du côté de la brièveté.

4. Dans les nombres 75 et 102, qui expriment la plus petite et la plus grande partie du nombre à partager, on ne voit aucune trace des opérations qu'il a fallu faire sur les deux nombres 177 et 27, que renferme l'énoncé du problème, pour arriver au résultat demandé; et, si l'on proposait d'autres problèmes semblables à celui-là, il faudrait, pour les résoudre, recommencer tous les raison-

nements que l'on vient de faire; mais si, au lieu d'effectuer les opérations qu'il a fallu faire sur les nombres 177 et 27 pour arriver
aux nombres 75 et 102, on s'était borné à les indiquer, alors les
deux dernières phrases, qui font connaître la valeur de la plus
petite partie et celle de la plus grande, n'auraient contenu que les
nombres 177 et 27, avec l'indication des opérations qu'il faut faire
sur ces nombres pour obtenir les nombres demandés; et, au moyen
de ces deux dernières phrases, on pourrait, sans recommencer les
raisonnements, résoudre tous les problèmes de la même espèce, car
il est évident que pour passer du problème résolu à d'autres qui
n'en diffèreraient que par la valeur des nombres donnés, il suffirait
de mettre dans les deux dernières phrases, à la place des nombres
177 et 27, les nombres correspondants dans les nouveaux problèmes. Or, pour nous mettre dans l'impossibilité d'effectuer les opérations sur les nombres 177 et 27, représentons ces nombres par
deux lettres, le premier par n, par exemple, et le second par d;
alors les sept propositions écrites plus haut s'écriront comme il suit :

$$1°\ldots\ldots\ldots x + y = n;$$
$$2°\ldots\ldots\ldots\ldots y = x + d;$$
$$3°\ldots\ldots x + x + d = n;$$
$$4°\ldots\ldots\ldots x + x = n - d;$$
$$5°\ldots\ldots\ldots\ldots 2x = n - d;$$
$$6°\ldots\ldots\ldots\ldots x = \frac{n-d}{2};$$
$$7°\ldots\ldots\ldots\ldots y = \frac{n-d}{2} + d.$$

5. Si l'on compare ces phrases avec celles qui leur correspondent
plus haut, on verra la vérité de ce que nous venons de dire, à savoir qu'en employant des lettres au lieu de nombres connus, on se
met dans l'impossibilité d'effectuer les opérations et dans la nécessité par conséquent de les indiquer seulement. Par exemple, dans
la quatrième phrase, au lieu de 177 — 27, nous avions mis 150;
mais en employant des lettres, nous ne pouvons qu'indiquer la
soustraction en écrivant $n - d$; de même, dans la sixième, il fallait
écrire que la plus petite partie égale la moitié de 150, et nous avons
écrit $x = 75$. Mais, lorsque nous employons des lettres, nous ne
pouvons qu'indiquer la moitié de $n - d$ en écrivant $x = \frac{n-d}{2}$. On
voit de plus que les deux dernières phrases ne contenant que les

nombres donnés n et d, avec l'indication des opérations à faire pour trouver les valeurs de x et de y, c'est-à-dire des deux parties demandées, ces phrases serviront à résoudre tous les problèmes de la même espèce. La première indique que, pour avoir la plus petite partie, il faut du nombre total retrancher la différence des deux parties et prendre la moitié du reste. La seconde indique que, pour avoir la plus grande partie, il faut à la plus petite, déterminée comme nous venons de le dire, ajouter la différence des deux parties. Ainsi, par exemple, si l'on avait à résoudre le problème suivant : *Partager le nombre* 743 *en deux parties dont la différence soit* 33, en écrivant 743 à la place de n, et 33 à la place de d dans les deux dernières phrases, l'on aurait

$$x = \frac{743 - 33}{2} \text{ ou} = 355;$$

$$y = \frac{743 - 33}{2} + 33 \text{ ou} = 388,$$

et les nombres 355 et 388, seront les parties demandées.

6. Les expressions telles que celles-ci : $\frac{n-d}{2}$, $\frac{n-d}{2} + d$, qui indiquent quelles opérations il faut faire sur les données d'un problème pour obtenir les nombres demandés s'appellent des *formules*.

7. On voit facilement l'avantage de cette dernière manière de résoudre le problème sur les deux autres et surtout sur la première. Or cet avantage tient aux signes que nous avons employés ou à la langue dont nous nous sommes servis. Cette langue est ce qu'on appelle l'ALGÈBRE. On peut la définir : *une langue qui sert à simplifier et à généraliser la résolution des problèmes; elle les simplifie en employant des lettres pour représenter les quantités inconnues, et des signes pour exprimer les relations qui existent entre les différentes quantités qui entrent dans l'énoncé des problèmes; elle les généralise en représentant aussi par des lettres les quantités connues elles-mêmes.*

8. Les phrases semblables à celles que nous venons d'écrire pour résoudre le problème proposé, et qui expriment que deux quantités sont égales ou doivent être égales, s'appellent *équations*.

9. Si l'on fait attention à la méthode que nous avons suivie pour résoudre ce problème, on comprendra facilement que nous devrions la suivre encore pour résoudre les autres problèmes que l'on pourrait nous proposer, et que cette méthode se réduit à ces deux cho-

ses : 1° *Examiner attentivement les conditions du problème et les écrire, c'est ce que l'on appelle mettre le problème en équations;* 2° *transformer ces équations de manière à n'avoir d'un côté du signe* $=$ *qu'une inconnue, et de l'autre que des quantités toutes connues, c'est ce qu'on appelle résoudre les équations.* C'est ainsi que dans l'énoncé du problème résolu plus haut, nous avons trouvé les deux premières équations du n° 2, dont nous avons déduit par le raisonnement toutes les autres.

On conçoit que s'il y avait des règles pour résoudre les équations, la seconde des deux choses que nous venons d'indiquer, se réduirait, pour ainsi dire, à un travail purement mécanique. C'est en effet un des avantages de l'Algèbre.

10. Quand on a résolu une ou plusieurs équations dans lesquelles les données d'un problème sont représentées par des nombres, et que, dans les transformations successives qui ont conduit à l'équation, ou aux équations finales, on a effectué les opérations numériques qui se sont présentées, l'équation ou les équations finales donnent immédiatement la valeur de l'inconnue ou des inconnues, et l'on a fait en même temps les deux choses que nous avons dit être nécessaires pour résoudre complètement un problème (**1.**). Mais quand, dans l'équation ou les équations fournies par l'énoncé du problème, les données ont été représentées par des lettres, l'équation ou les équations finales donnent des *formules*, et ces formules indiquent seulement quelles opérations il faut faire sur les données du problème proposé et de tous les problèmes semblables, pour arriver à la valeur des inconnues. En mettant le problème en équations et en résolvant les équations, on n'a donc fait encore que la première des deux choses indiquées plus haut comme nécessaires pour résoudre complètement le problème proposé, et, pour faire la seconde dans chaque cas particulier, il faut substituer aux lettres qui entrent dans les formules trouvées, les nombres qu'elles représentent, puis effectuer les calculs indiqués.

11. Puisque la résolution des problèmes par le moyen de l'Algèbre conduit à les *mettre en équation* et à *résoudre des équations*, nous devons nous occuper de rechercher des procédés pour faire ces deux choses. Mais il est facile de prévoir (et la résolution du problème proposé plus haut suffirait pour le prouver) que, pour résoudre des équations, on aura souvent besoin de combiner de différentes manières les lettres qui y entrent, et dès-lors il est naturel de chercher à établir des règles pour faire ces combinaisons aussi simplement que possible. C'est ce que nous ferons dans plusieurs des chapitres suivants; mais auparavant nous allons préciser par des définitions le sens de quelques mots d'un usage continuel dans l'Algèbre, et faire connaître les signes employés pour indiquer les diverses opérations que l'on peut avoir à effectuer. C'est par là que nous terminerons cette Introduction (a).

12. Nous avons déjà dit que, pour indiquer l'addition, on se sert du signe + qu'on prononce *plus;* que pour indiquer la soustraction on se sert du signe — qu'on prononce *moins.* Ainsi, $a + b - c$, s'énonce *a plus b moins c,* et exprime qu'à la quantité représentée par a il faut ajouter celle représentée par b et de la somme retrancher celle représentée par c.

13. Lorsqu'une quantité est représentée par des lettres, l'ensemble de ces lettres prend le nom de *quantité algébrique* ou *littérale.* (Il vaudrait mieux sans doute l'appeler *expression algébrique* ou *littérale.*) Ainsi, b est une quantité littérale; $b + c - d$ est une autre quantité littérale.

14. Une quantité composée d'une ou plusieurs lettres qui ne sont pas séparées par les signes + ou — prend le nom de *terme,* ou plus exactement de *terme simple.* Ainsi, $a + bc - 3ad$, est une quantité composée de trois termes : a est le premier, bc le second, et $3ad$ le troisième. On appelle aussi quelquefois *terme composé* un ensemble de termes simples que l'on considère comme formant un seul tout, et qui est séparé de ce qui précède ou de ce qui suit par le signe + ou —; ainsi dans la quantité $a + 3(b + c) - \dfrac{x + y}{z}$, a est un terme simple; mais $3(b + c)$ qui, comme nous le verrons bientôt, exprime 3 fois la quantité $b + c$, $3(b + c)$, disons-nous, est un terme composé; de même $\dfrac{x + y}{z}$, qui exprime une fraction dont $x + y$ est le numérateur et z le dénominateur, est un terme composé. Toutes les fois que, dans la suite, nous emploierons le mot *terme,* il sera question de *terme simple,* à moins que nous ne prévenions du contraire, ou qu'il ne soit évident qu'il s'agit d'un terme composé.

(a) Nous avons déjà par anticipation fait usage dans l'Arithmétique de la plupart des signes employés en Algèbre. Nous les rappelons cependant ici, parce que ces signes appartiennent spécialement à la partie des Mathématiques que nous commençons, et que ce Traité d'Algèbre est indépendant du Traité d'Arithmétique.

15. Lorsqu'une quantité n'a qu'un terme simple, elle prend le nom de *monome;* si elle en a deux, on l'appelle *binome*, trois, *trinome*. On donne en général le nom de *polynome* à la quantité qui a plusieurs termes.

16. Les termes qui sont précédés du signe +, prennent le nom de *termes positifs;* ceux qui sont précédés du signe —, prennent le nom de *termes négatifs*. Remarquons que le premier terme d'un polynome, quand il n'est précédé d'aucun signe, prend aussi le nom de *terme positif*, parce qu'il entre comme élément, dans la valeur du polynome, de la même manière que les termes précédés du signe +. Aussi dit-on ordinairement que lorsque le premier terme d'un polynome n'a pas de signe, il est censé avoir le signe +. Remarquons encore que lorsqu'on a une soustraction à indiquer, b, par exemple, à retrancher de a, au lieu d'écrire $a - b$, on renverse quelquefois l'ordre des termes, et l'on écrit $- b + a$. Il résulte souvent de cet usage qu'un polynome commence par un terme négatif.

17. Si l'on avait la quantité b à ajouter trois fois, par exemple, à elle-même, au lieu d'écrire $b + b + b + b$, on pourrait écrire $4b$. Ce nombre qui exprime combien de fois la quantité b doit être prise s'appelle *coefficient*. Quand une quantité n'a pas de coefficient écrit, elle est censée avoir **1** pour coefficient.

18. Pour indiquer la multiplication de deux ou plusieurs quantités monomes, on les écrit à la suite les unes des autres, en les séparant par le signe $\times$ qu'on prononce *multiplié par*, ou bien en les séparant par un point, ou bien encore en ne les séparant pas du tout : ainsi pour indiquer que a doit être multiplié par b, on écrit $a \times b$, ou $a.b$, ou ab.

19. Pour indiquer qu'une quantité exprimée par une seule lettre doit être multipliée un certain nombre de fois par elle-même, que b, par exemple, doit être multiplié trois fois par b, au lieu d'écrire $b \times b \times b \times b$, ou $b.b.b.b$, ou encore $bbbb$, on peut écrire aussi b^4. Ce chiffre 4 écrit à la droite de la lettre b et un peu au-dessus, s'appelle *exposant* : il marque combien de fois la lettre b entre comme facteur dans la quantité b^4. Quand une lettre n'a pas d'exposant écrit, elle est censée avoir **1** pour exposant : elle entre en effet alors une fois seulement comme facteur dans la quantité où elle se trouve; et alors même que cette quantité consisterait dans cette seule lettre, on pourrait la considérer comme un produit du coefficient **1** sous entendu (**17.**) par cette lettre. Ainsi b est la même chose que $1b^1$ ou $1 \times b^1$.

20. Pour indiquer la division on se sert du signe : que l'on met entre le dividende et le diviseur, ou bien encore on sépare par un trait le dividende du diviseur de manière à avoir une fraction. Ainsi $a \! : \! b$ et $\dfrac{a}{b}$, expriment également que a doit être divisé par b. Observons que lorsqu'une quantité algébrique ne renferme l'indication d'aucune division, cette quantité est dite *entière ;* elle est dite *fractionnaire* dans le cas contraire. Ainsi, $3a^2b$, par exemple, est une *quantité entière ;* mais $\dfrac{3a^2}{b}$ est une *quantité fractionnaire.*

21. Nous avons vu dans l'Arithmétique (Arith. 40.) que l'on appelle *puissances d'un nombre* les produits de ce nombre multiplié par lui-même un certain nombre de fois. Nous avons vu dans le même numéro ce qu'on appelle *seconde puissance* (ou *carré*), *troisième puissance* (ou *cube*), *quatrième, cinquième, etc., puissance.* Il suit de la notation précédente que pour exprimer une puissauce déterminée, la cinquième par exemple, d'une quantité représentée par une lettre, il faut donner à cette lettre l'exposant 5 ; et en général un exposant égal au degré de la puissance que l'on veut exprimer.

22. Nous avons encore vu dans l'Arithmétique (Arith. 67.) que l'on appelle *racine seconde* (ou *carrée*), *troisième* (ou *cubique*), *quatrième, cinquième, etc., etc.,* d'un nombre, les nombres qui, multipliés une fois, deux fois, trois fois, quatre fois, cinq fois, etc., par eux-mêmes, reproduiraient cet autre nombre. Pour exprimer ces racines on se sert du signe $\sqrt{}$, qui est une *r* défigurée, et l'on met dans l'ouverture de ce signe un nombre égal au degré de la racine que l'on veut indiquer. Ainsi, $\sqrt[3]{b}$ indique la racine troisième ou cubique de b. Si l'on voulait indiquer la racine cinquième de la quantité $b + c - d$, on écrirait $\sqrt[5]{b + c - d}$ en prolongeant le signe $\sqrt{}$ sur toute la quantité dont il faut extraire la racine. Le signe $\sqrt{}$ s'appelle *signe radical ;* le nombre que l'on met dans l'ouverture s'appelle *indice du radical.* Quand on veut indiquer la racine seconde ou carrée, on n'a pas besoin d'écrire l'indice du radical : ainsi $\sqrt{a}$ est la même chose que $\sqrt[2]{a}$. Remarquons que toute quantité dans laquelle il n'entre aucun signe radical porte le nom de *quantité rationnelle,* et que celle qui en contient quelqu'un prend celui de *quantité irrationnelle,* et aussi de *quantité radicale.*

23. Les définitions précédentes nous donnent le moyen de dire

ce qu'on entend, en Algèbre, par *monomes* ou *termes semblables*. On donne ce nom aux monomes ou aux termes qui se composent des mêmes lettres avec les mêmes exposants, ou avec les mêmes signes radicaux, et qui ne diffèrent seulement que par les coefficients ou les signes qui les précèdent. Ainsi, $3a^2bc$ et $5a^2bc$ sont des termes semblables. Dans le polynome $4a^3b^2 - 2a^3b^2 + 9a^3b^2 + 5bc - 3a\sqrt{m} + 5a\sqrt{m}$, les trois premiers termes sont des termes semblables, ainsi que les deux derniers. Quand un polynome renferme des termes semblables, on peut toujours l'exprimer par un plus petit nombre de termes, et l'on donne à l'opération que l'on fait pour cela le nom de *réduction des termes semblables*.

24. Nous avons déjà dit (**3.**) que pour exprimer l'égalité de deux quantités, on se sert du signe $=$ que l'on met entre ces quantités. Lorsque de deux quantités, a et b par exemple, la première est plus grande ou plus petite que la seconde, on emploie, pour exprimer cette circonstance, les signes $>$ et $<$ que l'on prononce *plus grand* et *plus petit*. Ainsi $a > b$ exprime que a est plus grand que b; $b < a$ exprime que b est plus petit que a. La quantité la plus grande se met toujours du côté de l'ouverture des signes $>$ et $<$.

25. Nous allons terminer cette exposition des signes algébriques en disant quel est, en Algèbre, l'usage des parenthèses ( ).

D'après les notations précédentes, l'expression $a - b + c$, signifie que de la quantité a il faut retrancher b, et au reste ajouter c. Mais si l'on voulait indiquer qu'il faut de a retrancher $b + c$, alors on pourrait mettre $b + c$ entre parenthèses, de cette sorte : $a - (b + c)$. Les parenthèses sont destinées à indiquer que ce n'est pas b seulement, mais $b + c$ qui doit être retranché de a.

L'usage des parenthèses est très-fréquent en Algèbre, elles servent à marquer que toute la quantité qu'elles renferment est sous l'influence des signes qui précèdent ou qui suivent; de telle sorte que cette quantité doit, pour ainsi dire, être considérée comme une seule lettre. Nous allons en donner quelques autres exemples :

$(b - c)(m - n)$ signifie que $b - c$ doit être multiplié par $m - n$. Supposons que $b = 8$, $c = 3$, $m = 10$, $n = 2$; $b - c$ vaut 5, et $m - n$ vaut 8. Le produit indiqué est donc 40. Si l'on avait écrit $b - cm - n$, cette expression voudrait dire que de b il faut retrancher cm, et du reste retrancher n, c'est-à-dire que de 8 il faut retrancher 30 et du reste retrancher 2, ce qui est impossible.

$3(m - n)$ veut dire que $m - n$ doit être répété 3 fois. Si m vaut

10 et n vaut 2, $m - n$ vaudra 8; par conséquent $3(m - n)$ vaudra 24. Si l'on avait écrit $3m - n$, en conservant à m et n les mêmes valeurs, cette expression vaudrait 28... Remarquons que dans l'expression $3(m - n)$, 3 n'est pas le coefficient de m, mais bien celui de $(m - n)$. Dans l'expression $3m - n$, au contraire, 3 est le coefficient de m seulement.

$(m - n)^2$ signifie que $m - n$ doit être élevé au carré. En supposant les mêmes valeurs que précédemment aux lettres m et n, $(m - n)^2$ vaut 64. Si l'on avait écrit $m - n^2$, cela signifierait que de m il faut retrancher le carré de n, et $m - n^2$ vaudrait 6... Remarquons que dans l'expression $(m - n)^2$, 2 n'est pas l'exposant de n, mais bien celui de $m - n$. Dans l'expression $m - n^2$, au contraire 2 est l'exposant de n seulement.

$\sqrt{(m + n)}$ signifie qu'il faut extraire la racine carrée de $m + n$. $\sqrt{m} + n$ signifie qu'à la racine carrée de m il faut ajouter n. Si m vaut 16 et n, 9; la première expression vaudra 5, et la seconde vaudra 13. On voit que $\sqrt{(m + n)}$ est la même chose que $\sqrt{m - n}$.

Ces exemples suffisent pour faire voir quel est en Algèbre l'usage des parenthèses. Nous engageons à y faire la plus grande attention.

26. Au moyen des signes que nous venons de faire connaître on peut *indiquer* les différentes opérations qu'on peut avoir à faire sur des quantités algébriques; mais, quand on a fait de semblables indications, on peut quelquefois transformer les expressions qui en résultent en d'autres expressions d'une valeur égale, qui ne renferment plus l'indication des opérations à faire. On dit alors que ces opérations sont *effectuées*. Ainsi, par exemple, si l'on avait $a + b$ à multiplier par $a - b$, on indiquerait cette opération en écrivant $(a + b) \times (a - b)$, ou $(a + b) . (a - b)$, ou encore $(a + b) (a - b)$; mais nous verrons bientôt qu'il y a un moyen de ramener ces expressions à la suivante : $a^2 - b^2$, dans laquelle il n'y a plus de traces de la multiplication que l'on avait à faire, et par conséquent $a^2 - b^2$ est le produit *effectué* de la multiplication *indiquée;* et en général on dit qu'une opération est *effectuée* lorsqu'on a, par des transformations convenables, obtenu un résultat qui ne conserve pas l'indication de l'opération que l'on avait à faire. Tel est le sens précis de ces mots : *opération effectuée*, que l'on emploie par opposition à ceux-ci *opération indiquée*. Cependant comme il y a certaines opérations qu'on ne peut effectuer, et que tout ce que l'Algèbre peut faire est de les indiquer, on emploie quelquefois ces

deux mots dans le même sens : ainsi, l'on dira par exemple, que pour *indiquer* ou *effectuer* l'addition de b avec a, il faut écrire $a + b$.

On conçoit du reste que les règles pour *effectuer* les opérations algébriques doivent être des conséquences des notations, ou de la langue que nous venons de faire connaître. Nous allons commencer à exposer ces règles dans le chapitre suivant.

27. Mais avant de passer à ce chapitre nous engageons les commençants à s'exercer au calcul de quelques formules algébriques. On pourra prendre pour exemples les suivantes :

$$1^o \ x = 5a^2 + 3ab^2 - 2bc \qquad\qquad 4^o \ x = 3a \ (b - c) - \frac{3c^3}{b+c}$$

$$2^o \ x = (3a^2 + 2b)(2ab - b^2)c \qquad 5^o \ x = \frac{a + (b-c)c^2}{a^2 - b^2}$$

$$3^o \ x = 4a^2b^2 + (a^2 + b^2 - c^2)^2 \qquad 6^o \ x = \frac{(a+b)\,(a-b)}{(a+c)\,(a-c)c^2}$$

Si l'on fait dans ces six formules $a = 5$, $b = 3$, $c = 2$, on trouvera pour la valeur de x, dans la première formule, $x = 248$; dans la seconde, $x = 3402$; dans la troisième, $x = 1800$; dans la quatrième, $x = 10 + \frac{1}{5}$; dans le cinquième, $x = \frac{9}{16}$; dans la sixième, $x = \frac{4}{21}$.

Si l'on fait maintenant dans ces mêmes formules $a = 4$, $b = 2$, $c = \frac{1}{2}$; on trouvera pour la valeur de x, dans la première formule, $x = 126$, dans la seconde, $x = 312$; dans la troisième, $x = 646 + \frac{1}{16}$; dans la quatrième, $x = 17 + \frac{17}{20}$; dans la cinquième, $x = \frac{35}{96}$; dans la sixième, $x = 3 + \frac{1}{21}$.

Nous engageons à calculer de nouveaux ces formules avec d'autres valeurs des lettres qui y entrent, en ayant soin toutefois de les choisir de manière à pouvoir exécuter les soustractions indiquées. On pourrait aussi se proposer d'autres formules plus ou moins compliquées. En général, les calculs seront d'autant plus longs à effectuer que les valeurs des lettres choisies seront plus grandes et surtout plus complexes. On s'en apercevrait si l'on voulait par exemple calculer les formules précédentes en supposant $a = \frac{3}{7}$, $b = \frac{1}{3}$, et $c = \frac{1}{8}$, ou mieux encore $a = 6 + \frac{2}{3}$, $b = 2 + \frac{3}{4}$, $c = 1 + \frac{1}{6}$.

28. RÉSUMÉ. — I. Après avoir, dans le chapitre précédent, rappelé ce que nous avons dit dans l'Arithmétique sur les deux choses à faire pour résou-

dre un problème dont les données sont représentées par des nombres, nous nous sommes proposés un problème de ce genre que nous avons résolu par le secours du raisonnement seulement, puis en employant successivement 1° des signes pour exprimer les relations qui existent entre les quantités qui entraient dans les raisonnements que nous venions de faire, et 2° des lettres pour exprimer d'abord les quantités inconnues, puis les données du problème proposé, nous avons vu par là se *simplifier* et se *généraliser* la résolution de ce problème; et nous avons été conduits ainsi à la définition de l'*Algèbre*, et à celle des deux mots : *formule algébrique* et *équation*.

II. Nous avons encore conclu de la marche que nous avons suivie pour résoudre le problème proposé, quelles sont en général les deux choses à faire pour résoudre les problèmes par le secours de l'Algèbre, à savoir : *les mettre en équation* et *résoudre l'équation* ou *les équations* auxquelles on est conduit; et, comme nous avons vu dès-lors que le travail à faire pour cela devait exiger qu'on fît sur les quantités représentées par des lettres, les mêmes opérations que l'on fait sur les nombres dans l'Arithmétique, nous en avons conclu que nous devions nous occuper de rechercher les procédés pour effectuer ces opérations.

III. La recherche de ces procédés devant faire l'objet des chapitres suivants, nous nous sommes bornés dans celui-ci à faire connaître le sens de certains mots fréquemment usités en Algèbre, et les signes employés pour indiquer les opérations à effectuer ou certaines relations qui peuvent exister entre les quantités algébriques. Les mots que nous avons définis, ou dont nous avons rappelé les définitions déjà données dans l'Arithmétique, sont les suivants : *quantité littérale* ou *algébrique, terme algébrique, terme simple* et *terme composé, terme positif* et *terme négatif; monome, binome, trinome,* et en général *polynome; coefficient, exposant; puissance seconde* ou *carré, troisième* ou *cube, quatrième,* etc.; *racine seconde* ou *carrée, troisième* ou *cubique, quatrième,* etc.; *monomes* ou *termes semblables, opération indiquée* et *opération effectuée.* Les signes que nous avons fait connaître, ou rappelés comme déjà connus par anticipation dans l'Arithmétique, sont ceux par lesquels on indique l'addition, la soustraction, la multiplication, la division, l'élévation aux puissances, l'extraction des racines, et aussi ceux par lesquels ou indique que deux quantités étant données la première est égale à la seconde, ou qu'elle est plus grande ou plus petite. En faisant connaître ces signes nous avons particulièrement insisté sur l'usage que l'on fait des parenthèses dans l'Algèbre.

IV. Nous avons enfin terminé ce chapitre en proposant quelques formules algébriques à calculer.

CHAPITRE II.

DES QUATRE PREMIÈRES OPÉRATIONS ALGÉBRIQUES SUR LES QUANTITÉS ENTIÈRES ET RATIONNELLES.

29. Nous traiterons seulement dans ce chapitre de l'addition, de la soustraction, de la multiplication et de la division des quantités entières et rationnelles, et nous renverrons à un autre chapitre ce que nous aurions à dire de l'élévation aux puissances et de l'extraction des racines de ces quantités. Mais, après avoir parlé de l'addition et de la soustraction, nous traiterons d'une autre opération dont il n'est pas question dans l'Arithmétique, et dont nous avons déjà dit un mot (23.) en la désignant sous le nom de *réduction des termes semblables*.

30. Remarquons que, dans tout ce que nous dirons dans ce chapitre, nous supposerons les monomes toujours positifs, et les polynomes tels que la somme des termes positifs ait une valeur au moins égale à celle des termes négatifs. Un monome précédé du signe — n'aurait pour nous aucun sens, et un polynome dans lequel la somme des termes négatifs l'emporterait sur la somme des termes positifs, ne serait point l'expression d'une quantité, mais seulement l'indication d'une ou plusieurs soustractions impossibles à effectuer.

Nota. — Les algébristes ont cependant admis dans leurs calculs de pareilles expressions, et ils les ont appelées *quantités négatives*. Nous verrons plus tard comment ils ont été conduits à les admettre, quel sens ils leur ont donné, et comment ils ont étendu à ces expressions les règles établies pour opérer sur les *termes négatifs* que nous avons définis plus haut (16.), et qu'il ne faut pas confondre avec les quantités négatives.

§ 1.

De l'Addition des quantités algébriques entières et rationnelles.

31. Le mot *Addition* dans l'Algèbre, en ayant égard à la restriction indiquée dans le n° 30, aura pour nous le même sens que dans

l'Arithmétique : il exprimera *l'opération par laquelle on cherche une quantité qui renferme à elle seule autant d'unités ou de parties de l'unité qu'il y en a dans plusieurs quantités prises séparement.* L'addition des quantités entières et rationnelles présente deux cas, suivant que les quantités sur lesquelles on opère sont *monomes* ou *polynomes.*

32. I. PREMIER CAS. *Addition des monomes.* — Ce premier cas se subdivise aussi en deux autres, suivant que les quantités à additionner sont *semblables* ou *non-semblables.*

33. 1° *Addition des monomes semblables.* — Quand les monomes à additionner sont semblables, *l'addition,* qui s'indique en les réunissant par le signe $+$, *s'effectue en faisant la somme des coefficients, et en la faisant suivre de la partie littérale des monomes à additionner,* c'est-à-dire des lettres avec leurs exposants. Ainsi l'addition de $5a^2$ avec $2a^2$ donne $7a^2$; l'addition des trois monomes $5a^2b^3c$, $2a^2b^3c$, $8a^2b^3c$, donne $15a^2b^3c$.

La règle qui précède est une conséquence immédiate de la nature des coefficients et du rôle qu'ils jouent dans les quantités algébriques ; car, puisque le coefficient d'un terme indique combien de fois doit être prise la partie littérale qui le suit, il est évident que 5 fois la quantité a^2, plus 2 fois la quantité a^2, sera la même chose que 5 fois, plus 2 fois la quantité a^2, ou 7 fois a^2, c'est-à-dire $7a^2$. De même 5 fois a^2b^3c, plus 2 fois a^2b^3c, plus 8 fois a^2b^3c, sera la même chose que 5 fois, plus 2 fois, plus 8 fois a^2b^3c, ou 15 fois a^2b^3c, c'est-à-dire $15\,a^2b^3c$.

34. 2° *Addition des monomes non-semblables.* — Quand les monomes ne sont pas semblables *l'addition ne peut que s'indiquer,* et, comme nous l'avons dit (12.), on le fait au moyen du signe $+$. Ainsi pour faire autant que possible la somme des trois monomes $2a$, $5a^2b$, $4mc$, on écrit $2a + 5a^2b + 4mc$.

35. II. DEUXIÈME CAS. *Addition des polynomes.* — Pour voir comment on doit additionner un polynome avec une autre quantité algébrique monome ou polynome, soit proposé d'additionner le binome $a - b$, avec une autre quantité représentée par M ; voici par quel raisonnement on pourrait y parvenir : si l'on avait la quantité a à ajouter avec M, la somme serait $M + a$; mais ce n'est pas a que l'on veut ajouter à M, c'est $a - b$, ou a diminué de b; la somme obtenue $M + a$ est donc trop forte de la quantité b, et,

pour avoir la somme demandée, il faut diminuer $M + a$ de b, et, par conséquent, écrire $M + a — b$... Supposons encore qu'on ait à ajouter à M le polynome $a — b — c$; voici comment on peut raisonner : si l'on avait $a — b$ à ajouter à M, la somme serait $M + a — b$, mais ce n'est pas $a — b$, que l'on veut ajouter à M, c'est $a — b — c$, ou $a — b$ diminué de c ; donc la somme obtenue $M + a — b$, est trop forte de c, et, par conséquent, pour avoir la somme demandée, il faut diminuer $M + a — b$, de c, et, par conséquent, écrire $M + a — b — c$... Supposons enfin qu'on veuille ajouter à M le polynome $a — b — c + d$; voici encore comment on peut raisonner : si l'on voulait ajouter à M, $a — b — c$, on écrirait $M + a — b — c$; mais ce n'est pas seulement $a — b — c$ que l'on veut ajouter à M, c'est $a — b — c + d$ ou $a — b — c$, augmenté de d, la somme obtenue $M + a — b — c$ est donc trop faible de la quantité d, et, pour avoir la somme véritable, il faut l'augmenter de d, et, par conséquent, écrire $M + a — b — c + d$.

36. Le raisonnement que nous venons de faire est tout-à-fait indépendant des quantités que nous avons prises pour exemples, et l'on voit facilement comment on le continuerait, quelques nombreux que fussent les termes du polynome que l'on voudrait additionner avec M. En le généralisant on en conclura la règle suivante : *Pour ajouter un polynome avec une autre quantité algébrique monome ou polynome, écrivez ce polynome à la suite de cette quantité, en conservant à chaque terme le signe qu'il a, le premier terme étant censé avoir le signe +, s'il n'est précédé d'aucun signe* (16.).

Si l'on avait plus de deux polynomes à additionner avec une autre quantité, il faudrait, après avoir ajouté le premier, ajouter le second à la somme trouvée, puis à cette somme le troisième, et ainsi de suite jusqu'au dernier. On trouvera ainsi que la somme des quatre polynomes $a + b$, $3a^2 — c + d$, $5a + m — c$, $3e + f$, est $a + b + 3a^2 — c + d + 5a + m — c + 3e + f$.

37. *Nota.* — Remarquons que la règle renfermée dans le procédé que nous venons d'énoncer, relativement aux signes à donner aux termes d'un polynome que l'on ajoute à une autre quantité, pourrait, en désignant par $(+ a)$ un terme positif et par $(— a)$ un terme négatif de ce polynome, s'exprimer comme il suit :

$$+ (+ a) \text{ donne } + a$$
$$+ (— a) \text{ donne } — a$$

Cet énoncé exprime en effet que dans l'addition d'un polynome avec une autre quantité, il faut, en l'écrivant à la suite de cette autre quantité, conserver aux termes de ce polynome les signes qu'ils ont déjà.

38. Si l'on voulait se contenter d'indiquer qu'un polynome doit être ajouté à une autre quantité, d'après ce que nous avons dit dans le n° 25, il faudrait le mettre entre parenthèses, et le réunir à cette autre quantité par le signe +, ainsi $M + (a - b - c)$, indique qu'à la quantité M il faut ajouter le polynome $a - b - c$, et revient par conséquent à $M + a - b - c$.

39. Il arrive souvent que la somme obtenue renferme des termes semblables, nous verrons bientôt comment on peut alors l'exprimer par un plus petit nombre de termes.

§ II.

De la Soustraction des quantités algébriques entières et rationnelles.

40. Le mot *Soustraction*, en ayant égard, comme nous l'avons fait pour l'addition, à la restriction indiquée dans le n° 30, a dans l'Algèbre le même sens que dans l'Arithmétique : *c'est une opération par laquelle on cherche de combien d'unités ou de parties de l'unité une quantité l'emporte sur une autre, ou quelle est la différence entre deux quantités données.* La soustraction algébrique présente deux cas, suivant que l'on opère sur des monomes ou sur des polynomes.

41. I. PREMIER CAS. *Soustraction des monomes.* — Ce premier cas se subdivise, comme dans l'addition, en deux autres, suivant que les monomes à soustraire l'un de l'autre sont semblables ou non-semblables.

42. 1° *Soustraction des monomes semblables.* — Quand les monomes à soustraire l'un de l'autre sont semblables, la *soustraction*, qui s'indique en mettant le monome à soustraire à la suite du monome dont il faut le soustraire, et en les séparant par le signe —, *s'effectue en retranchant le coefficient du premier du coefficient du second, et en faisant suivre la différence trouvée de la partie littérale des monomes proposés,* c'est-à-dire des lettres avec leurs exposants. Ainsi, en soustrayant $3a^2b^5c$ de $8a^2b^5c$ on trouvera $5a^2b^5c$.

La règle qui précède se déduit immédiatement de la nature des coefficients et du rôle qu'ils jouent dans les quantités algébriques;

car, puisque le coefficient d'un terme indique combien de fois doit être prise la partie littérale qui le suit, il est évident que 8 fois la quantité a^2b^5c, moins 3 fois cette même quantité a^2b^5c, revient à 8 fois moins 3 fois a^2b^5c, ou 5 fois a^2b^5c, ou enfin $5a^2b^5c$.

43. 2° *Soustraction des monomes non-semblables.* — Quand les monomes qu'il faut soustraire l'un de l'autre ne sont pas semblables, *la soustraction ne peut que s'indiquer*, et, comme nous l'avons dit (12.), on le fait au moyen du signe —. Ainsi, pour soustraire autant que possible la quantité $3a^2b$ de $5a^2c$, on écrit $5a^2c - 3a^2b$.

Nota. — Ce qui précède donne encore le moyen de soustraire un monome d'un polynome : il suffit d'écrire ce monome à la suite du polynome en l'en séparant par le signe —. Ainsi pour soustraire $3a^2b$ de $a - b + c$, on écrira $a - b + c - 3a^2b$.

44. II. Deuxième cas. *Soustraction des polynomes.* — Pour voir comment on doit soustraire un polynome d'une autre quantité algébrique monome ou polynome, soit proposé de soustraire le binome $a - b$ d'une autre quantité monome ou polynome représentée par M; voici par quel raisonnement on pourra y parvenir : Si l'on avait la quantité a à retrancher de M, le reste serait $M - a$; mais ce n'est pas a que l'on veut retrancher de M, c'est $a - b$, ou a diminué de b, et, par conséquent, en retranchant a tout entier on a retranché b de trop, et le reste obtenu, à savoir $M - a$, est trop faible de b; donc, pour avoir le reste demandé, il faut augmenter $M - a$ de b, et écrire $M - a + b$... Supposons encore que l'on ait $a - b - c$, à retrancher de M; voici comment on pourra raisonner : si l'on avait $a - b$ à retrancher de M, le reste serait $M - a + b$; mais ce n'est pas $a - b$ que l'on veut retrancher, c'est $a - b - c$, ou $a - b$ diminué de c; donc, en retranchant $a - b$, on a retranché c de trop, et, par conséquent, le reste est trouvé trop faible de c; donc, pour avoir le reste demandé, il faut augmenter $M - a + b$ de c et écrire $M - a + b + c$... Supposons enfin qu'on voulût retrancher $a - b - c + d$ de M : si l'on avait à retrancher $a - b - c$ seulement, on écrirait $M - a + b + c$, mais ce n'est pas seulement $a - b - c$ que l'on veut retrancher, c'est $a - b - c + d$, ou $a - b - c$ augmenté de d; on a donc retranché une quantité trop faible de d, et, par conséquent, le reste obtenu $M - a + b + c$, est trop fort de d, et, pour avoir le reste demandé, il faut le diminuer de d, ou écrire $M - a + b + c - d$.

45. Le raisonnement que nous venons de faire est tout-à-fait in-

dépendant des quantités que nous avons·prises pour exemples, et l'on voit facilement comment on le continuerait, quelques nombreux que fussent les termes du polynome que l'on voudrait retrancher d'une autre quantité. En le généralisant, on en conclura la règle suivante : *Pour soustraire un polynome d'une autre quantité algébrique, écrivez à la suite de cette quantité le polynome en changeant les signes de tous les termes de + en —, et de — en +, le premier terme étant censé avoir le signe +, quand il n'est précédé d'aucun signe* (**16.**).

46. *Nota.* — Remarquons ici, comme nous l'avons fait pour l'addition, que la règle renfermée dans le procédé que nous venons d'énoncer, relativement aux signes à donner aux termes d'un polynome que l'on soustrait d'une autre quantité, pourrait, en désignant par $(+a)$ un terme positif, et par $(-a)$ un terme négatif de ce polynome, s'exprimer comme il suit :

$$- (+a) \text{ donne } - a$$
$$- (-a) \text{ donne } + a.$$

Cet énoncé exprime en effet que pour soustraire un polynome d'une autre quantité, il faut, en l'écrivant à la suite de cette autre quantité, changer les signes des différents termes de + en — et de — en +.

47. Si l'on voulait se contenter d'indiquer qu'un polynome doit être soustrait d'une autre quantité, on devrait le mettre entre parenthèses et le réunir à cette autre quantité en mettant, entre les deux, le signe —. Ainsi $M - (a - b - c)$ indique que de la quantité M, il faut retrancher le polynome $a - b - c$, et revient par conséquent à $M - a + b + c$.

48. Il peut arriver que le reste obtenu par une soustraction renferme des termes semblables; nous allons voir dans le paragraphe suivant comment on peut l'exprimer alors par un plus petit nombre de termes.

§ III.

De la Réduction des termes semblables.

49. Nous avons déjà dit plusieurs fois que lorsqu'un polynome renferme des termes semblables, il peut s'exprimer par un plus petit nombre de termes; et nous avons donné le nom de *réduction*

des termes semblables, à l'opération que l'on fait pour arriver à ce résultat. Nous allons nous occuper de cette opération.

La réduction des termes semblables repose sur ce que nous avons dit, dans les deux paragraphes précédents, de l'addition et de la soustraction des monomes semblables, et sur le principe que *lorsqu'on a un polynome, on peut intervertir à volonté l'ordre des termes de ce polynome, sans en changer la valeur, pourvu que l'on conserve à chaque terme le signe dont il est affecté.*

Ce principe est évident, ou, du moins, se conclut très-facilement de l'idée que nous avons donnée d'un polynome et des signes + et — qui en réunissent les termes. Il résulte en effet de la définition de ces signes que la valeur du polynome se compose, en dernier résultat, de la somme de tous les termes qui ont le signe +, diminuée de la somme de tous les termes qui ont le signe —; or la différence entre ces deux sommes est indépendante de l'ordre dans lequel les termes sont écrits, et, par conséquent, on peut en intervertir l'ordre à volonté sans changer la valeur du polynome, pourvu que l'on conserve à chaque terme le signe dont il est affecté.

50. Soit maintenant proposé, pour exemple de réduction des termes semblables, le polynome suivant : $8a + 5a^2b - 4ab - 3a^2b + 6a^2b - 5b - 4a^2b$. Ce polynome renferme quatre termes semblables dont la partie littérale est a^2b. En les rapprochant les uns des autres, et en écrivant d'abord ceux qui sont affectés du signe +, nous pourrons, au polynome donné, substituer le suivant : $8a + 5a^2b + 6a^2b - 3a^2b - 4a^2b - 4ab - 5b$.

Cela posé, pour avoir la valeur des cinq premiers termes de ce polynome, il faut successivement ajouter à $8a$, $5a^2b$, puis $6a^2b$, et retrancher de la somme trouvée $3a^2b$, puis $4a^2b$; mais ces quatre opérations reviennent évidemment à ajouter à $8a$ la somme des deux termes $5a^2b$ et $6a^2b$, à savoir $11a^2b$, et à en retrancher la somme des deux derniers termes : $3a^2b$ et $4a^2b$, c'est-à-dire $7a^2b$. Mais ajouter à $8a$, $11a^2b$, et retrancher ensuite de la somme trouvée $7a^2b$, revient à ajouter à $8a$ l'excès de $11a^2b$ sur $7a^2b$, à savoir $4a^2b$; donc la valeur des cinq premiers termes du polynome proposé, revient à $8a - 4a^2b$, et les quatre termes $+ 5a^2b + 6a^2b - 3a^2b - 4a^2b$, sont réduits au terme $+ 4a^2b$, que nous avons obtenu en dernier résultat en faisant : 1º la somme des termes positifs; 2º la somme des termes négatifs; 3º en retranchant la seconde de la première, et en donnant au reste le signe de la première, ou le signe +.

Dans le cas particulier sur lequel nous avons opéré, la somme des termes positifs était plus grande que celle des termes négatifs : s'il en était autrement, si, par exemple, après avoir réduit en un seul tous les termes positifs, et en un seul tous les termes négatifs, nous eussions eu : $8a + 7a^2b — 11a^2b$; il est évident qu'aux deux opérations indiquées à savoir l'addition à $8a$ de $7a^2b$, et la soustraction de $11a^2b$; nous aurions dû substituer la soustraction de la différence entre $11a^2b$ et $7a^2b$, c'est-à-dire écrire $8a — 4a^2b$; et ici la réduction des termes semblables aurait été obtenue en faisant : 1° la somme des termes positifs ; 2° la somme des termes négatifs ; 3° en retranchant la première de la seconde, et en donnant au reste le signe de la seconde, ou le signe —.

51. Ce qui précède indique suffisamment le procédé à suivre pour opérer dans tous les cas la réduction des termes semblables qui peuvent entrer dans la composition d'un polynome. Ce procédé peut s'énoncer comme il suit : *faites la somme des termes positifs; faites celle des termes négatifs; retranchez la plus faible de la plus forte, et donnez au reste le signe de la plus forte* : et comme, dans l'addition et dans la soustraction des termes semblables, l'opération porte uniquement sur les coefficients (33.-42.), ce procédé peut encore s'énoncer comme il suit : *Faites la somme des coefficients des termes positifs; faites la somme des coefficients des termes négatifs; retranchez la plus faible de la plus forte; donnez au reste le signe + ou le signe —, selon que la première est plus forte ou plus faible que la seconde, et vous aurez le signe et le coefficient du terme auquel se réduisent les termes semblables dont il s'agit; vous compléterez ce terme en mettant à la suite de ce coefficient la partie littérale commune aux termes semblables.* Si la somme des coefficients des termes positifs était égale à celle des coefficients des termes négatifs, il est évident que l'ensemble des termes semblables se réduirait à zéro.

En appliquant cette règle aux exemples suivants, on trouvera que $8a^2b^2c — 5a^2b — 2a^2b^2c + 11a^2b^2c — d — 4a^2b^2c$, revient à $13a^2b^2c — 5a^2b — d$. De même on trouvera que $5a^3b — 4abc^2 — 6abc^2 + 11\ abc^2 — 4ab — 7abc^2$, revient à $5a^3b — 6abc^2 — 4ab$, et que $3a^4b + 8a^2 + 7a^4b — 6a^4b — c^2 — 4a^4b$, revient à $8a^2 — c^2$.

52. Il est un autre procédé très-souvent employé pour la réduction des termes semblables : il consiste à *réduire le premier des termes semblables avec le second par la règle donnée au numéro précédent, puis le résultat donné par cette première réduction avec le*

troisième terme, puis le résultat donné par cette dernière réduction avec le quatrième, et ainsi de suite jusqu'au dernier. En appliquant ce procédé au polynome sur lequel nous avons opéré d'abord, à savoir : $8a + 5a^2b - 4ab - 3a^2b + 6a^2b - 5b - 4a^2b$, nous écrirons d'abord le terme $8a$; puis nous dirons $+ 5a^2b - 3a^2b$ font $+ 2a^2b$; $+ 2a^2b + 6a^2b$ font $+ 8a^2b$; $+ 8a^2b - 4a^2b$ font $+ 4a^2b$; et nous écrirons $+ 4a^2b$ à la suite de $8a$, ce qui nous donnera $8a + 4a^2b$. Écrivant ensuite avec leurs signes les autres termes du polynome proposé, nous aurons $8a + 4a^2b - 4ab - 5b$.

53. *Nota* 1º — Quand, en faisant la somme des termes positifs et celle des termes négatifs, nous trouvons que la première est plus faible que la seconde, nous obtenons pour produit de la réduction un terme négatif. Mais ce que nous avons dit suppose qu'il y a au moins dans le polynome un terme positif dont la valeur numérique de ce terme négatif puisse être retranchée. S'il en était autrement, si, par exemple, l'on avait le polynome composé de termes tous semblables : $4a^2 - 5a^2 + 7a^2 - 11a^2 - 17a^2$, dans lequel la somme des termes positifs est $11a^2$ et la somme des termes négatifs $33a^2$, le polynome n'exprimerait plus une quantité, mais seulement des soustractions impossibles à effectuer. Nous avons, dès le commencement de ce chapitre (30.), exclu ces polynomes de ceux que nous y considérons. Ce n'est que plus loin, ainsi que nous l'avons déjà dit, que nous verrons comment on les a introduits dans l'Algèbre, quel sens on leur a donné, et comment on a été conduit à leur appliquer le procédé donné plus haut, pour faire la réduction des termes semblables.

54. *Nota* 2º. — Nous avons dit plus haut (39 et 48.) que lorsqu'on a fait une addition ou une soustraction, et que les résultats de ces opérations renferment des termes semblables, on peut en faire la réduction. Ordinairement, du moins pour l'addition, on fait cette réduction en même temps que l'addition; voici comment on dispose ces opérations :

Exemple d'addition.

Polynomes à additionner
$$\begin{cases} 7a^2b - 3abc - 8b^2c - 9c^3 + cd^2 \\ 8abc - 5a^2b + 3c^3 - 4b^2c + cd^2 \\ 4a^2b - 8c^3 + 9b^2c - 3d^3 \end{cases}$$

Somme, toute réduction faite: $6a^2b + 5abc - 3b^2c - 14c^3 + 2cd^2 - 3d^3$

Exemple de Soustraction.

Soustraire de	$9a^2 - 5ab + 3b^2 - 4bc$
le polynome....................	$7a^2 + 8ab - 5b^2 - 5bc + d$
Reste avant la réduction ..... $\Big\{$	$9a^2 - 5ab + 3b^2 - 4bc$
	$-7a^2 - 8ab + 5b^2 + 5bc - d$
Reste après la réduction.....	$2a^2 - 13ab + 8b^2 + bc - d$

Nous engageons les commençants à s'exercer sur beaucoup d'exemples de ces calculs avant de passer plus loin.

§ IV.

Multiplication des quantités entières et rationnelles.

55. On doit se faire de la *multiplication algébrique* la même idée que nous avons donnée de la multiplication dans l'Arithmétique. Ce sera donc pour nous *une opération par laquelle deux quantités algébriques étant données, l'une appelée* multiplicande *et l'autre* multiplicateur, *on en cherche une autre appelée* produit *qui soit faite avec le multiplicande comme le multiplicateur est fait avec l'unité.*

56. Nous avons déjà vu (**18.**) que pour indiquer la multiplication de deux quantités algébriques, on se sert du signe $\times$, ou d'un point que l'on met entre ces deux quantités, ou même qu'on les écrit à la suite l'une de l'autre sans aucun signe de séparation. Ainsi $a \times b$, ou $a \cdot b$, ou ab, expriment que a doit être multiplié par b; de même $(a - b) \times (c - d)$, ou $(a - b) \cdot (c - d)$, ou $(a - b)(c - d)$, indiquent que $a - b$ doit être multiplié par $c - d$.

57. Mais on peut dans bien des cas non-seulement *indiquer* une multiplication algébrique, mais encore l'*effectuer*, c'est-à-dire obtenir une expression du produit qui ne conserve plus la trace de l'indication de l'opération à faire. On conçoit du reste que les règles à suivre pour arriver à ce résultat, pour la multiplication comme pour toutes les autres opérations algébriques, sont une conséquence des notations que nous avons adoptées dans le chapitre précédent. Nous allons rechercher ces règles et nous considèrerons

successivement tous les cas que présente la multiplication, suivant
que l'on a un monome à multiplier par un monome, un polynome
à multiplier par un polynome, ou un monome à multiplier par un
polynome.

58. I. Premier cas. *Multiplication d'un monome par un monome.* — Un monome algébrique se compose de trois choses : le
coefficient, les lettres et les exposants de ces lettres. Le procédé
pour effectuer la multiplication d'un monome par un monome devra évidemment tenir compte de ces trois choses. Pour rechercher
ce procédé nous prendrons d'abord un exemple que nous généra-
liserons ensuite.

Soit donc proposé de multiplier $5a^2b^3cd$, par exemple, par
$3a^3bc^4m$. D'abord, d'après les conventions précédentes nous pourrons représenter le produit par $5a^2b^3cd \cdot 3a^3bc^4m$. Mais nous avons
vu dans l'Arithmétique (Arith. 38 et 112.) que lorsqu'on doit faire
une ou plusieurs multiplications, on peut, sans changer le produit,
intervertir à volonté l'ordre des facteurs; nous pouvons donc à
l'expression précédente substituer $5 \cdot 3 \cdot a^2a^3b^3bcc^4dm$. Or d'après la
définition des exposants, cette quantité est la même chose que
$5 \cdot 3aaaaabbbbcccccdm$, expression qui, d'après la même définition,
et en effectuant la multiplication de 5 par 3, revient à $15a^5b^4c^5dm$.
Tel est le produit cherché. Si l'on compare ce produit avec les facteurs donnés, et si l'on remarque que le moyen employé pour
faire cette multiplication serait le même pour toute autre multiplication d'un monome par un monome, on peut en conclure la règle
suivante :

59. *Pour multiplier deux monomes l'un par l'autre, faites d'a-
bord le produit des coefficients, écrivez ensuite une fois seulement
toutes les lettres qui se trouvent dans les facteurs, puis donnez à
chacune pour exposant la somme des exposants qu'elle a dans les
deux facteurs :* en se rappelant toutefois que quand une lettre n'a
pas d'exposant, elle est censée avoir l'exposant 1, et que le terme
qui n'a pas de coefficient écrit a aussi 1 pour coefficient.

60. Deuxième cas. *Multiplication d'un polynome par un monome.* — Pour exemple d'une multiplication qui rentre dans ce cas,
soit proposé de multiplier $a - b$ par m. D'après la définition de la
multiplication, il faut, pour avoir le produit demandé, faire avec
le multiplicande $a - b$, une quantité de la même manière que m

est fait avec l'unité. Or m est fait avec l'unité en la prenant m fois, donc il faudra prendre $a-b$, m fois. Cela posé, si l'on avait à prendre a, m fois, le produit serait am; mais ce n'est pas a que l'on doit prendre m fois, c'est a diminué de b; donc le produit am que l'on a obtenu est trop fort de b pris m fois, il faut donc, pour avoir le véritable produit, prendre b, m fois, ce qui donne bm, et retrancher bm de am, ce qui donne $am - bm$. Ainsi le produit de $a - b$ par m est $am - bm$.

61. Quelque simple que soit l'exemple que nous venons de proposer, il suffit pour nous faire conclure la règle à suivre pour faire la multiplication d'un polynome par un monome; car, quelques nombreux que soient les termes d'un polynome, ils sont tous ou positifs ou négatifs, et ce que nous avons dit de la multiplication de a et de $-b$ par m, dans l'exemple que nous avons choisi, nous le dirions évidemment de l'ensemble des termes positifs, et de l'ensemble des termes négatifs dans un polynome, quel qu'il soit, à multiplier par un monome. Nous pouvons donc, en généralisant ce que nous venons de faire, en conclure la règle suivante : *Pour multiplier un polynome par un monome, multipliez chaque terme du multiplicande par le monome multiplicateur, et réunissez tous les produits partiels en donnant à chacun le même signe qu'avait le terme du multiplicande dont il est le produit.*

62. TROISIÈME CAS. *Multiplication d'un polynome par un polynome.* — Le cas le plus général est celui où les deux quantités à multiplier ont toutes les deux des termes positifs et des termes négatifs, et, par conséquent, il peut être représenté par $(a - b) \times (m - n)$.

Soit donc $a - b$ à multiplier par $m - n$. En partant encore de l'idée de la multiplication, on voit que, pour obtenir le produit demandé, il faudra faire avec $a - b$, une quantité de la même manière que $m - n$ est fait avec l'unité. Or $m - n$ est fait avec l'unité en prenant l'unité m fois, et en en retranchant l'unité prise n fois. Il faudra donc, pour avoir le produit, prendre $a - b$, m fois, ce qui donnera $am - bm$, puis prendre encore $a - b$, n fois, ce qui donnera $an - bn$, et retrancher ce dernier produit du premier (45.); on trouvera ainsi, $am - bm - an + bn$. Ainsi :

$$(a - b) \times (m - n) \text{ donne } am - bm - an + bn.$$

63. Si l'on observe, avec un peu d'attention, comment se com-

pose ce produit, soit pour les lettres, soit pour les signes, et si l'on généralise ce que nous venons de dire, on en déduira le procédé suivant : *Pour multiplier un polynome par un polynome, multipliez chaque terme du multiplicande par chaque terme du multiplicateur, et donnez à chaque produit partiel le signe + ou le signe —, suivant que les deux termes de la multiplication desquels il résulte, ont les mêmes signes ou des signes contraires.*

64. *Nota.* — Quand on doit multiplier un polynome par un polynome, il y a quatre choses à considérer dans les multiplications partielles que l'on a à effectuer : le signe des termes que l'on multiplie, leur coefficient, leurs lettres et les exposants de ces lettres. Le procédé donné pour la multiplication des monomes (59.) renferme la règle des coefficients, celle des lettres et celle des exposants. Celui que nous venons d'énoncer renferme de plus, la règle des signes. On exprime quelquefois cette règle comme il suit :

$$+ \text{ multiplié par } + \quad \text{donne} \quad +$$
$$+ \ldots\ldots\ldots\ldots - \ldots\ldots\ldots\ldots -$$
$$- \ldots\ldots\ldots\ldots - \ldots\ldots\ldots\ldots +$$
$$- \ldots\ldots\ldots\ldots + \ldots\ldots\ldots\ldots -$$

Et l'on peut remarquer que la règle donnée dans le n° 61, pour la multiplication d'un polynome par un monome rentre dans celle que nous venons d'énoncer.

65. Quand on effectue le produit d'un polynome par un polynome, il arrive souvent que ce produit renferme des termes semblables; il est bon alors d'en faire la réduction comme nous avons appris à la faire dans les n°s 51 et 52. On trouvera ainsi, que le produit de $4a^3 - 5a^2b - 8ab^2 + 2b^3$ par $2a^2 - 3ab - 4b^2$ est, toute réduction faite, $8a^5 - 22a^4b - 17a^3b^2 + 48a^2b^3 + 26ab^4 - 8b^5$.

Voici comment on dispose ordinairement l'opération :

Multiplicande. . $\quad 4a^3 - 5a^2b - 8ab^2 + 2b^3$
Multiplicateur.. $\quad 2a^2 - 3ab - 4b^2$

Produits partiels $\begin{cases} 8a^5 - 10a^4b - 16a^3b^2 + 4a^2b^3 \\ -12a^4b + 15a^3b^2 + 24a^2b^3 - 6ab^4 \\ -16a^3b^2 + 20a^2b^3 + 32ab^4 - 8b^5 \end{cases}$

Produit total.... $\quad 8a^5 - 22a^4b - 17a^3b^2 + 48a^2b^3 + 26ab^4 - 8b^5$

66. On fera bien, avant de passer plus loin, de s'exercer sur quelques exemples. On trouvera ainsi que :

$a^3 + 3a^2b$ multiplié par $a^2 + 2ab + b^2$ donne $a^5 + 5a^4b + 7a^3b^2 + 3a^2b^2$.

De même, $a^3 + a^2b + ab^2 + b^3$ multiplié par $3a^2 - 3ab + 4b^2$, donne $3a^5 + 4a^3b^2 + 4a^2b^3 + ab^4 + 4b^5$.

De même, $4a^3b^2 - 5a^2b^2c + 8a^2bc^2 - 3a^2c^3 - 7abc^3$ multiplié par $2ab^2 - 4abc - 2bc^2 + c^3$, donne

$$8a^4b^4 - 10a^3b^4c + 28a^3b^3c^2 - 34a^3b^2c^3 - 4a^2b^3c^3 - 16a^4b^3c + 12a^3bc^4$$
$$+ 7a^2b^2c^4 + 14a^2bc^5 - 3a^2c^6 - 7abc^6.$$

67. Avant de passer à la division, nous allons fixer le sens de quelques mots que nous emploierons par la suite, et faire quelques remarques importantes.

Un monome qui renferme un, deux, trois, quatre, etc. facteurs littéraux est dit du 1er, du 2me, du 3me, du 4me, etc. degré. Ainsi, abc est du troisième degré, $5a^3b^2c$ est du sixième, puisqu'il y a trois facteurs a, 2 facteurs b et un facteur c. *Il est évident que pour avoir le degré d'un monome, il suffit de faire la somme des exposants qui y entrent* (les termes qui n'ont pas d'exposants étant censés avoir l'unité pour exposant).

Les termes d'un polynome peuvent être de différents degrés, mais *le degré d'un polynome est le degré du terme qui l'emporte sur tous les autres, ou du moins dont le degré n'est surpassé par celui d'aucun autre.* Ainsi, $5a^2b^4 - 8a^3b^7c^2 - 9a^4bcde$ est un polynome du 12me degré.

68. Il est très-facile de voir que *le degré d'un produit est égal à la somme des degrés des facteurs*, car, si ces facteurs sont monomes, le produit se formera en réunissant tous les facteurs littéraux qui entrent dans les deux, il en contiendra donc autant qu'il y en a dans les deux facteurs à la fois, et, par conséquent, il sera d'un degré égal à la somme des degrés des facteurs. De même si les quantités à multiplier sont polynomes, le degré du produit sera marqué par le degré du terme le plus élevé; or ce terme proviendra de la multiplication du terme du multiplicande, dont le degré l'emporte sur tous les autres, par celui du multiplicateur dont le degré l'emporte aussi sur tous les autres. Le degré du produit sera donc encore égal à la somme des degrés des facteurs.

69. *Quand tous les termes d'un polynome sont du même degré, le polynome est dit homogène.* Il est très-facile de voir que si on mul-

*tiplie un polynome homogène par un polynome homogène, le produit
doit aussi être homogène.*

70. Lorsque dans le produit d'une multiplication, il n'y a lieu à
aucune réduction, il est bien facile de savoir combien le produit
doit avoir de termes ; il est évident, en effet, que le nombre de ces
termes sera exprimé par le produit des deux nombres qui marquent
combien il y a de termes dans chaque facteur. Ainsi, par exemple,
si le multiplicande a trois termes et le multiplicateur quatre, le
produit en aura douze (puisque à chaque multiplication partielle
de tout le multiplicande par un terme du multiplicateur on trouve
trois termes, et qu'on doit faire quatre de ces multiplications partielles). De plus, en prenant un terme quelconque de ce produit, il
sera très-facile de trouver quels sont les deux termes du multiplicande et du multiplicateur, qui l'ont donné par voie de multiplication. Par exemple dans le produit $am - bm - an + bn$ de $(a - b)$
$\times (m - n)$, on voit que $- bm$, par exemple, provient de la multiplication du terme $- b$ par m.

71. Mais si le produit donnait lieu à des réductions, alors, les termes se fondant les uns dans les autres, on ne pourrait plus prévoir
(du moins sans une très–grande attention), combien il y en aura.
De plus, en prenant un terme au hasard dans ce produit, on ne
pourrait plus dire quels sont les deux termes du multiplicande et du
multiplicateur qui l'ont produit, puisqu'il peut très–bien se faire
qu'il se compose de plusieurs produits partiels réduits en un seul.
Cependant il est certains produits partiels dont on peut affirmer
qu'ils ne se sont pas réduits avec les autres, et que l'on peut, par
conséquent, reconnaître.

Supposons qu'on ait à multiplier $3a^2b^4 - 5a^3bd + 8a^7cd + 4a^4cd$
par $5ab^2m + 6a^3b^2c - 4a^2m$. Si l'on prend dans les deux facteurs
les deux termes qui renferment le plus haut exposant d'une même
lettre, de a, par exemple (ces deux termes sont ici $8a^7cd$ et $6a^3b^2c$),
il est évident que le produit $48a^{10}b^2c^2d$, renfermera un exposant de a
plus fort que tous les autres produits partiels ; par conséquent il ne
sera semblable à aucun autre, et, par suite, ne se réduira avec aucun autre.

On verrait de même que, généralement, lorsqu'on doit multiplier deux polynomes quelconques, le produit du terme du multiplicande qui renferme le plus haut exposant d'une lettre, par le terme
du multiplicateur qui renferme le plus haut exposant de la même
lettre, donnera un terme qui ne pourra se réduire avec aucun autre.

Nota. — Si, avant de faire la multiplication, on disposait les termes des deux facteurs de manière que, commençant par les plus forts exposants de *a*, les autres allassent en diminuant, de cette sorte :

$$8a^7cd + 4a^4cd - 5a^3bd + 3a^2b^4$$
$$6a^3b^2c - 4a^2m + 5ab^2m$$

il est évident que le premier terme du produit serait celui dont nous venons de parler et qui ne devrait se réduire avec aucun autre, et réciproquement, *si l'on disposait un produit et ses deux facteurs comme nous venons de le faire, il est évident que le premier terme du produit résulterait de la multiplication des deux premiers termes des facteurs.* Cette remarque est très-importante.

72. Disposer un polynome de manière à ce que les exposants d'une lettre aillent en décroissant, c'est ce qu'on appelle *l'ordonner* par rapport à cette lettre.

73. Tout ce que nous venons de dire suppose qu'il n'y a pas dans le multiplicande ni dans le multiplicateur plusieurs termes qui renferment le plus haut exposant de la lettre par rapport à laquelle on ordonne. Supposons qu'il en soit autrement.

Supposons, par exemple, qu'on ait $3a^2b^5c^4 + 5a^3b^2 - 4ab^5c + 3a^3b^4c + 7a^3b^3c^2 - 5a^2b^4$, à multiplier par $5a^5b^2 - 2a^3b^5c^4 + 3ab + 3a^5b^3$; si nous ordonnons ces deux polynomes par rapport à la lettre *a* (en mettant indifféremment les uns après les autres ceux qui ont le même exposant de *a*), nous aurons :

$$5a^3b^2 + 3a^3b^4c + 7a^3b^3c^2 + 3a^2b^5c^4 - 5a^2b^4 - 4ab^5c$$
$$5a^5b^2 + 3a^5b^3 - 2a^3b^5c^4 + 3ab$$

Ici le plus fort exposant de *a*, qui est 3 dans le multiplicande et 5 dans le multiplicateur, se trouvant répété 3 fois dans le multiplicande et 2 fois dans le multiplicateur, nous ne pouvons plus dire que le produit du premier terme $5a^3b^2$ par le terme $5a^5b^2$, renfermera la lettre *a* avec un exposant plus fort que tous les autres produits partiels, et que, par conséquent, il ne pourra se réduire avec aucun autre. Mais nous pouvons affirmer que, si les produits partiels provenant de la multiplication des trois premiers termes du multiplicande par les deux premiers du multiplicateur peuvent se réduire entre eux, du moins ils ne se réduiront avec aucun autre. Reste donc à voir si, parmi ces produits qui renfermeront tous *a* avec l'exposant 8, et qui seront ici au nombre de 6, il n'y en aurait pas un dont on pût affirmer qu'il ne doit se réduire avec aucun autre. Or, si l'on choisit parmi les trois premiers termes du multiplicande et les deux premiers du multiplicateur, ceux qui renferment le plus haut exposant d'une autre lettre, b, par exemple (et ces deux termes sont ici $3a^3b^4c$ et $3a^5b^3$), il est évident que le produit $9a^8b^7c$ contiendra la lettre b avec un exposant 7 plus fort que les cinq autres produits qui renferment a^8, et que, par conséquent, il ne se réduira avec aucun d'entre eux. On verra facilement que, dans tous les cas semblables, si l'on choisit dans les deux facteurs, parmi les termes qui renferment le plus haut exposant d'une même lettre, celui qui renferme le plus haut exposant d'une seconde lettre, le produit de ces deux termes ne doit se réduire avec aucun autre.

Nota. — Si après avoir ordonné les deux facteurs par rapport à la lettre a, comme nous l'avons fait, on ordonnait entre eux par rapport à la lettre b, les termes qui renfermaient le même exposant de a, ce qui disposerait les polynomes comme il suit :

$$3a^3b^4c + 7a^3b^3c^2 + 5a^3b^2 \ + 3a^2b^5c^4 - 5a^2b^4 - 4ab^5c$$
$$3a^5b^3 \ + 5a^5b^2 \ - 2a^3b^5c^4 + 3ab$$

il est clair que le produit des deux premiers termes serait précisément celui dont nous venons de parler et qui ne doit se réduire avec aucun autre.

Disposer un polynome comme nous venons de le faire, c'est ce qu'on appelle l'*ordonner* par rapport aux deux lettres a et b. Il est visible que *si, dans tous les cas semblables à celui que nous venons de traiter, on ordonnait par rapport à deux lettres le multiplicande, le multiplicateur et le produit, le premier terme du produit proviendrait du premier terme du multiplicande multiplié par le premier du multiplicateur.* Cette remarque est très-importante.

74. Ce qui précède suppose que parmi les termes qui renferment le plus haut exposant de la première lettre, il n'y en en a qu'un qui renferme le plus haut exposant de la seconde ; s'il en était autrement, il est visible qu'après avoir ordonné par rapport à deux lettres, a et b, par exemple, il suffirait d'ordonner entre eux et par rapport à une troisième lettre, les termes qui renferment le même exposant de a et de b, pour que le premier produit partiel fut irréductible avec tous les autres. Que si, après avoir ordonné par rapport à trois lettres a, b, c, ces lettres entraient dans différents termes avec les mêmes exposants, il faudrait ordonner ces termes

par rapport à une quatrième lettre, et ainsi de suite. Dans tous les cas, *en ordonnant, par rapport à assez de lettres, le multiplicande, le multiplicateur et le produit, on peut être sûr que le premier terme du produit provient, sans réduction, de la multiplication du premier terme du multiplicande par le premier du multiplicateur.*

On peut, pour exercice, ordonner les deux polynomes suivants, par rapport aux lettres a, b et c : $3a^3b^2c^4 + 5ab^4c^5 + 3a^5b^4c^3 + 3a^3b^2c^3 + 3ab^2c^4 + 8a^2b^3c^5 + 5a^3b^2c - 8a^2b^4c^2 + 5ab^3c$; .... $3a^5b^2c^4 + 5a^3b^2c - 8ab^2c^6 + 5a^3b^3c^2 - 5a^5b^2c^4 + 3a^5b^3c$.

Nota. — Tout ce que nous avons dit depuis le nº 67 jusqu'à la fin du nº 74 aurait peut-être été plus convenablement placé à l'endroit où nous exposons le troisième cas de la division algébrique ; car tout cela est destiné à préparer à la recherche du procédé pour exécuter la division dans ce troisième cas. On pourrait donc, si on le jugeait convenable, le renvoyer au nº 83, où nous traiterons de la division d'un polynome par un polynome. Il ne peut pas cependant y avoir un grand inconvénient à le présenter ici.

75. Nous terminerons ce paragraphe en faisant quelques multiplications qui n'offrent aucune difficulté, et dont les produits sont dignes de remarques.

$$(a + b) \times (a + b) \text{ donne } a^2 + 2ab + b^2$$
$$(a - b) \times (a - b) \text{ donne } a^2 - 2ab + b^2$$
$$(a + b) \times (a - b) \text{ donne } a^2 - b^2$$

Le premier fait voir que le carré de la somme de deux nombres est égal au carré du premier nombre, plus deux fois le produit du premier par le second, plus le carré du second ; ce que nous avions déjà vu dans l'Arithmétique.

La seconde fait voir que le carré de la différence de deux nombres est égal au carré du premier nombre, moins deux fois le produit du premier par le second, plus le carré du second.

La troisième fait voir que la somme de deux quantités multipliées par leur différence donne la différence de leurs carrés.

§ V.

Division des quantités entières et rationnelles.

76. La *Division*, en Algèbre est, comme dans l'Arithmétique, une

opération par laquelle étant donné un produit de deux facteurs et l'un de ces facteurs, on demande l'autre facteur.

Nous avons déjà vu que pour indiquer la division on se sert du signe ∶ que l'on met entre le dividende et le diviseur, ou d'un trait par lequel on les sépare en leur donnant la forme fractionnaire. La division est alors *indiquée* seulement : on *l'effectue* autant que possible, en combinant le dividende et le diviseur de manière à arriver à l'expression la plus simple, et qui contienne le moins possible de traces de l'indication de l'opération à faire. Nous allons rechercher les procédés à suivre pour cela, et nous traiterons d'abord de la division d'un monome par un monome, puis de celle d'un polynome par un monome, et enfin de celle d'un polynome par un polynome.

77. I. Premier cas. *Division d'un monome par un monome.* — Un monome algébrique se composant de trois choses, le coefficient, les lettres, les exposants, la règle pour diviser un monome par un monome devra donc se composer de trois parties ; nous allons nous occuper de rechercher cette règle.

Pour cela, soit proposé de diviser $40a^8b^3c^4d^2m$, par exemple, par $5a^3b^2c^4m$. Voici comment on peut raisonner :

Diviser $40a^8b^3c^4d^2m$ par $5a^3b^2c^4m$, c'est chercher une quantité qui, multipliée par $5a^3b^2c^4m$, donnerait $40a^8b^3c^4d^2m$. Or, pour cela, il faudrait : 1° que son coefficient multiplié par 5 donnât 40 ; nous obtiendrons donc ce coefficient, en divisant 40 par 5, ce qui donne 8 ;.... 2° il

$$40a^8b^3c^4d^2m \,\bigg|\, \frac{5a^3b^2c^4m}{8a^5bd^2}$$

faudrait encore que les facteurs littéraux du quotient réunis avec ceux du diviseur donnassent tous ceux du dividende, il faut donc que le quotient renferme tous ceux qui sont dans le dividende et ne sont pas dans le diviseur. Ainsi, le dividende contenant 8 facteurs a, et le diviseur n'en contenant que 3, le quotient devra en contenir 5, ou a^5. De même, le dividende contenant 3 facteurs b, et le diviseur en contenant seulement 2, le quotient devra en contenir un, ou b. De même, encore, le dividende contenant 4 facteurs c, et le diviseur en contenant aussi 4, le quotient n'en devra contenir aucun ; le dividende contenant 2 facteurs d, et le diviseur n'en contenant pas du tout, le quotient devra en contenir 2, ou d^2 ; enfin, le dividende et le diviseur contenant un facteur m, le quotient n'en contiendra pas, ainsi le quotient devra avoir 8 pour coefficient, et

contenir 5 facteurs a, 1 facteur b, et 2 facteurs d, et, par conséquent, sera $8a^5bd^2$.

78. En généralisant ce qui précède, on voit que pour obtenir le
quotient d'un monome par un monome, au moyen d'une expression entière, toutes les fois que la chose est possible, on doit suivre
la règle suivante : *Divisez d'abord le coefficient du dividende par celui du diviseur, vous obtiendrez celui du quotient; écrivez ensuite
tous les facteurs qui sont dans le dividende et ne sont pas dans
le diviseur, et pour cela :* 1° *S'il y a des lettres qui soient dans
le dividende sans être dans le diviseur, écrivez-les au quotient avec
l'exposant qu'elles ont dans le dividende;* 2° *S'il y a des lettres qui
aient le même exposant dans le dividende et dans le diviseur, ne les
écrivez pas au quotient;* 3° *Si le dividende renferme des lettres qui
soient dans le diviseur avec un exposant plus faible que dans le dividende, écrivez-les dans le quotient avec un exposant égal à la différence qu'on obtient en retranchant celui du diviseur de celui du
dividende.* En suivant cette règle, on doit se rappeler, comme pour
le cas correspondant de la multiplication, que quand un monome
n'a pas de coefficient exprimé, son coefficient est l'unité, et que
les lettres qui n'ont pas d'exposant exprimé, sont censées avoir l'u-
nité pour exposant.

79. On déduit de la règle précédente que, pour que la division
d'un monome par un monome soit possible, c'est-à-dire qu'on
puisse en obtenir le quotient sous la forme d'une quantité entière,
il faut : 1° Que le coefficient du dividende soit exactement divisible
par celui du diviseur; 2° Que toutes les lettres qui sont dans le
diviseur soient aussi dans le dividende; 3° Que les mêmes lettres n'aient pas un exposant plus fort dans le diviseur que dans
le dividende. Si quelqu'une de ces conditions n'était pas remplie, la division ne pourrait que s'indiquer au moyen du signe $\div$,
ou bien en mettant le dividende au-dessus du diviseur et en l'en
séparant par un trait. Le quotient serait alors une *fraction algébrique.*

80. II. DEUXIÈME CAS. *Division d'un polynome par un polynome.* — Supposons maintenant que nous ayons un polynome à diviser par un monome : $9a^3b^2c^4 - 12a^4b^5c^3 + 15a^6b^4c^2m$, par exemple,
à diviser par $3a^2b^2c$.

D'abord il est facile de voir que le dividende ayant trois termes
non-semblables, il faut nécessairement que le quotient ait trois

termes non-semblables, car s'il n'en avait que deux, le produit du diviseur par le quotient ne pourrait pas produire les trois termes du dividende, et s'il en avait plus de trois, le même produit aurait plus de termes que n'en a le dividende. Le quotient doit donc avoir trois termes, ni plus ni moins. Il est facile de voir, généralement, que toutes les fois que le dividende est un polynome et le diviseur un monome, le quotient doit avoir autant de termes que le dividende. Nous supposons toujours qu'il n'y a pas de termes semblables; car alors on pourrait les réduire en un seul.

Cela posé, puisque le quotient doit avoir trois termes, il faut nécessairement que chaque terme du dividende provienne sans réduction de la multiplication d'un terme du diviseur par un terme du quotient, et, par conséquent, on obtiendra les trois termes du quotient en divisant séparément chaque terme du dividende par le diviseur; on obtient ainsi pour les termes du quotient, $3ac^3$, $4a^2b^3c^2$, $5a^4b^2cm$. Il faut maintenant réunir ces trois termes pour avoir le quotient cherché. Mais par quels signes faut-il les réunir? Est-ce par le signe $+$ ou par le signe $-$?

Pour résoudre cette question, ne perdons pas de vue que dans une division, le dividende doit être considéré comme un produit dont le quotient et le diviseur sont les facteurs; or, nous avons vu que, dans la multiplication d'un polynome par un monome, on conserve à chaque produit partiel le signe qu'a, dans le multiplicande, le terme qui, multiplié par le monome multiplicateur, a donné ce produit; donc, chaque terme du quotient doit avoir le même signe que le terme du dividende de la division duquel il résulte, et par conséquent le quotient demandé sera $3ac^3 - 4a^2b^3c^2 + 5a^4b^2cm$.

Voici comment on dispose ordinairement l'opération que nous venons d'effectuer :

$$9a^3b^2c^4 - 12a^4b^5c^3 + 15a^6b^4c^2m \;\bigg|\; \dfrac{3a^2b^2c}{3ac^3 - 4a^2b^3c^2 + 5a^4b^2cm}$$

C'est, on le voit, la même disposition que l'on donne à la division dans l'Arithmétique.

81. En généralisant ce que nous venons de faire, on en déduit facilement le procédé suivant : *Pour diviser un polynome par un monome, divisez chaque terme du polynome par le monome diviseur* *d'après la règle du n° 78, et donnez à chaque quotient partiel le signe qu'a, dans le dividende, le terme qui l'a produit.*

82. On voit, par l'énoncé de cette règle, que pour qu'un polynome (dans lequel il n'y a pas de termes semblables), soit divisible par un monome, il faut que chaque terme soit séparément divisible par ce monome, ce dont on jugera par la règle du n° 79.

S'il en était autrement, on se contenterait d'indiquer la division ; mais si quelques termes du dividende seulement etaient divisibles par le diviseur, on pourrait effectuer la division de ces termes, et on indiquerait celle des autres termes non divisibles. Ainsi : $30a^5b^4c^3$ $-18a^4b^2c-27ab$ divisé par $6a^3b^2c$, donne pour quotient, $5a^2b^2c^2-$ $3a - \dfrac{27ab}{6a^3b^2c}$.

83. III. TROISIÈME CAS. *Division d'un polynome par un polynome.* — Passons maintenant à la division d'un polynome par un polynome ; et, pour trouver le procédé à suivre pour l'effectuer, proposons-nous un exemple d'une semblable division.

Soit donc proposé, par exemple, de diviser $51a^2b^2 + 10a^4 -$ $48a^3b - 15b^4 + 4ab^3$ par $4ab - 5a^2 + 3b^2$.

Ici nous ne pouvons, comme dans le cas précédent de la division algébrique, dire combien le quotient doit avoir de termes, car le produit du diviseur par le quotient pouvant donner lieu à des réductions de termes semblables, il peut très-bien se faire que ce produit se réduise aux cinq termes qui composent le dividende, quoique le quotient ait plus ou moins de termes ; seulement, nous voyons qu'il doit en avoir plusieurs, et il faut essayer de les trouver les uns après les autres.

Or, puisque le dividende doit être considéré comme le produit du diviseur par le quotient, on conçoit que si nous pouvions trouver dans ce dividende un terme qui provînt, sans réduction, de la multiplication d'un terme connu du diviseur par un terme du quotient, nous trouverions ce terme du quotient, en divisant le terme du dividende dont il s'agit par le terme du diviseur de la multiplication duquel il résulte. Mais nous avons vu (71.-73.-74.) que, si l'on ordonne, par rapport à une lettre (ou par rapport à plusieurs, si cela est nécessaire), un produit et ses deux facteurs, le premier terme du produit proviendra, sans réduction, de la multiplication des deux premiers termes des facteurs. Ordonnons donc le dividende et le diviseur par rapport à une lettre, a par exemple (voyez plus bas le calcul; la première ligne représente le dividende et le diviseur ordonnés par rapport à la lettre a), et nous serons sûrs que le premier terme $10a^4$ du dividende provient de la multiplication du premier terme $-5a^2$ du diviseur par le premier terme du quotient. Divisons donc $+10a^4$ par $-5a^2$, ce qui donne $-2a^2$, et $-2a^2$ sera le premier terme du quotient. (Nous disons $-2a^2$, et non pas $+2a^2$, car il n'y a qu'un terme négatif qui, multiplié par le terme négatif $-5a^2$, puisse donner un terme positif $+10a^4$ (64.)

Multiplions maintenant le diviseur par ce premier terme $-2a^2$, le produit sera $10a^4 - 8a^3b - 6a^2b^2$. Si nous le retranchons du dividende, ce qui se fait (45.) en l'écrivant à la suite après avoir changé les signes de chaque terme, nous trouverons pour reste, après avoir fait les réductions qui se présentent, $-40a^3b + 57a^2b^2 + 4ab^3 - 15b^4$. Ce reste est le produit du diviseur par ce qui reste à trouver du quotient, et, sans recommencer tous les raisonnements que nous venons de faire, on voit que si on l'ordonne par rapport à la lettre a (il se trouve ici tout ordonné), le premier terme $-40a^3b$ devra provenir, sans réduction, de la multiplication du premier terme $-5a^2$ du diviseur par le second terme du quotient. Nous obtiendrons donc ce second terme, en divisant $-40a^3b$ par $-5a^2$, ce qui donne $+8ab$ (Nous disons $+8ab$ et non pas $-8ab$, parce qu'il n'y a qu'un terme positif qui, multiplié par $-5a^2$, puisse donner un terme négatif $-40a^3b$ (64.)

Si nous multiplions maintenant le diviseur par ce terme $+8ab$, et que nous retranchions le produit $-40a^3b + 32a^2b^2 + 24ab^3$, du premier reste (comme nous l'avons fait après avoir trouvé le premier terme du quotient), nous trouverons pour second reste, toute réduction faite, $25a^2b^2 - 20ab^3 - 15b^4$.

Ce second reste est le produit du diviseur par ce qui reste à trouver du quotient : si donc nous l'ordonnons par rapport à la lettre a (il se trouve ici tout ordonné), le premier terme $25a^2b^2$ divisé par $-5a^2$, devra nous donner (pour les mêmes raisons que plus haut), le terme suivant du quotient : on trouve que ce terme est $-5b^2$ (Nous disons $-5b^2$, et non pas $+5b^2$ parce qu'il n'y a qu'un terme négatif, qui, multiplié par un terme négatif, puisse donner le terme positif $+25a^2b^2$ (64.).

En multipliant le diviseur par $-5b^2$, le produit $25a^2b^2 - 20ab^3 - 15b^4$, retranché du second reste, ne donne point de reste : on en conclut que le quotient demandé est $-2a^2 + 8ab - 5b^2$. Il serait bon avant de passer plus loin de s'exercer sur quelques exemples.

Voici la disposition qu'on donne ordinairement à l'opération :

$$
\begin{array}{l|l}
10a^4 - 48a^3b + 51a^2b^2 + 4ab^3 - 15b^4 & -5a^2 + 4ab + 3b^2 \\
-10a^4 + 8a^3b + 6a^2b^2 & \overline{-2a^2 + 8ab - 5b^2} \\
\hline
\end{array}
$$

1er reste. $-40a^3b + 57a^2b^2 + 4ab^3 - 15b^4$
$+40a^3b - 32a^2b^2 - 24ab^3$

2me reste.......... $+25a^2b^2 - 20ab^3 - 15b^4$
$-25a^2b^2 + 20ab^3 + 15b^4$

3me reste...................... 0

84. *Nota.* — La division d'un polynome par un polynome, se ramène, ainsi qu'il résulte du calcul précédent, à la division de divers monomes par un monome, à savoir par le premier terme du diviseur. Ces divisions s'exécutent pour les coefficients, les lettres et les exposants, par la règle donnée au n° **78**, mais pour déterminer le signe que doit avoir chaque terme du quotient, il faut avoir égard aux signes des deux termes que l'on divise l'un par l'autre, ainsi que nous l'avons fait pour déterminer les signes des trois termes $-2a^2 + 8ab - 5b^2$.

Il est, du reste, bien facile de généraliser ce que nous avons dit, et d'en conclure généralement la *règle des signes* que l'on doit observer quand on divise deux termes, positifs ou négatifs. En effet, il résulte de ce que nous avons dit plus haut (**64.**), que, *lorsque le terme dividende a le signe* $+$, *le quotient doit avoir le même signe que le diviseur*, car il n'y a que deux termes de même signe qui puissent donner un produit positif, et que, *lorsque le dividende a le signe* $-$, *le quotient doit avoir un signe contraire à celui du diviseur*, car il n'y a que deux termes de signes contraires qui puissent donner un produit négatif. Les mots que nous venons d'écrire en italique donnent la *règle des signes* que nous cherchions. On l'exprime quelquefois comme il suit :

$+$ divisé par $+$ donne $+$
$+$ .... $-$ .... $-$
$-$ .... $+$ .... $-$
$-$ .... $-$ .... $+$

$$\begin{array}{l|l}
12a^3b^2 - 29a^3bc + 15a^3c^2 + 23a^2b^3 - 31a^2b^2c - 9a^2bc^2 + 15a^2c^3 + 10ab^4 - 6ab^2c^2 & 3ab - 5ac + 2b^2 \\
-12a^3b^2 + 20a^3bc - 8a^2b^3 & 4a^2b - 3a^2c + 5ab^2 - 3ac^2
\end{array}$$

1er reste. $- 9a^3bc + 15a^3c^2 + 15a^2b^3 - 31a^2b^2c - 9a^2bc^2 + 15a^2c^3 + 10ab^4 - 6ab^2c^2$
        $+\ 9a^3bc - 15a^3c^2 + 6a^2b^2c$

2me reste. $+ 15a^2b^3 - 25a^2b^2c - 9a^2bc^2 + 15a^2c^3 + 10ab^4 - 6ab^2c^2$
        $-\ 15a^2b^3 + 25a^2b^2c - 10ab^4$

3me reste. $- 9a^2bc^2 + 15a^2c^3 - 6a^2b^2c^3$
        $+\ 9a^2bc^2 - 15a^2c^3 + 6a^2b^2c^3$

4me reste. 0

85. Dans l'exemple que nous avons choisi plus haut, le même exposant de a ne se trouvait pas répété plusieurs fois dans le dividende ni dans le diviseur, et il a suffi de les ordonner par rapport à la lettre a seulement. Mais, s'il en eut été autrement, il aurait fallu les ordonner par rapport à deux lettres, ou même par rapport à un plus grand nombre de lettres, d'après ce qui a été dit (73.-74.), pour être sûr que le premier terme du dividende provient sans réduction de la multiplication du premier terme du diviseur par le premier terme du quotient. Nous donnons ici un exemple de ces sortes de divisions, en proposant de diviser le polynome $12a^3b^2 - 29a^3bc + 15a^3c^2 + 23a^2b^3 - 31a^2b^2c - 9a^2bc^2 + 15a^2c^3 + 10ab^4 - 6ab^2c^2$, par le polynome $3ab - 5ac + 2b^2$. On peut voir ci-contre le calcul auquel conduit cette division, nous laissons au lecteur le soin de faire tous les raisonnements qui expliquent ce calcul.

86. On voit, par ce qui précède, que toutes les fois qu'on a trouvé un terme du quotient, il faut multiplier tout le diviseur par ce terme, écrire le produit à la suite du dividende en changeant tous les signes, et faire la réduction des termes semblables; mais il est facile de faire tout cela à la fois, c'est-à-dire de faire la soustraction et la réduction des termes semblables, à mesure qu'on fait la multiplication.

Appliquons ce que nous disons ici au premier exemple que nous avons traité.

$$10a^4 - 48a^3b + 51a^2b^2 + 4ab^3 - 15b^4 \mid \underline{-5a^2 + 4ab + 3b^2}$$

1er reste.. $-40a^3b + 57a^2b^2 + 4ab^3 - 15b^4 \mid -2a^2 + 8ab - 5b^2$

2me reste.............. $25a^2b^2 - 20ab^3 + 15b^4$

3me reste.............. $0 \qquad 0 \qquad 0$

Voici comment on opère : après avoir trouvé le premier terme du quotient $-2a^2$, on dit : $-5a^2$ multiplié par $-2a^2$ donne $+10a^4$, et, en changeant le signe pour soustraire, $-10a^4$. Ce terme réduit avec le terme $+10a^4$ du dividende le détruit, et l'on n'écrit rien. Passant au second terme du diviseur, on dit : $+4ab$ multiplié par $-2a^2$ donne $-8a^3b$, et, pour soustraire, $+8a^3b$. Ce terme réduit avec $-48a^3b$ du dividende donne $-40 a^3b$, on écrit $-40a^3b$. Passant ensuite au troisième terme du diviseur, on dit : $+3b^2$ multiplié par $-2a^2$ donne $-6a^2b^2$, et, en changeant le signe, $+6a^2b^2$ qui, réduit avec $+51a^2b^2$ donne $+57a^2b^2$, on écrit $+57a^2b^2$. Écrivant après cela, à la suite des termes que l'on vient d'écrire, ceux du dividende qui ne se sont réduits avec aucun autre, on obtient pour premier reste $-40a^3b + 57a^2b^2 + 4ab^3 - 15b^4$.

Il est facile de voir comment on peut continuer. On voit que cette méthode consiste, après qu'on a trouvé un terme provenant de la multiplication du diviseur par le quotient, à en changer le signe, et à examiner, avant de l'écrire, s'il ne peut se réduire avec aucun de ceux du dividende, parce que, dans ce cas, on n'écrit que le résultat de la réduction.

87. On voit, par tout ce qui précède, que, si après avoir ordonné soit le dividende, soit les restes qu'on obtient successivement et qui deviennent de nouveaux dividendes, le premier terme ne pouvait se diviser exactement par le premier terme du diviseur ordonné de la même manière, la division serait alors impossible, et le dernier reste se mettrait sous forme de fraction à la suite de la partie du quotient qu'on aurait obtenue en donnant à ce reste le diviseur pour dénominateur.

88. De tout ce qui précède, on peut conclure la règle suivante : *Pour diviser deux polynomes l'un par l'autre, ordonnez-les par rapport à une même lettre ou par rapport à plusieurs, s'il est nécessaire ; divisez ensuite le premier terme du dividende par le premier du diviseur, vous obtiendrez le premier terme du quotient ;*

multipliez le diviseur par ce premier terme du quotient, retranchez le produit du dividende, et vous obtiendrez un premier reste. Ordonnez ensuite, s'il ne l'est pas, ce reste par rapport aux mêmes lettres que le diviseur, et divisez-en le premier terme par le premier du diviseur vous aurez le second terme du quotient; multipliez le diviseur, par ce second terme, et retranchez le produit du premier reste, et vous aurez un second reste; continuez toujours ainsi jusqu'à ce que vous obteniez zéro pour reste, auquel cas vous aurez exactement le quotient sous forme d'entier, ou jusqu'à ce que le premier terme du reste obtenu ne puisse se diviser exactement par le premier terme du diviseur, dans ce cas, écrivez à la suite de la partie entière du quotient le dernier reste obtenu, en lui donnant le diviseur pour dénominateur.

Il serait intéressant, avant d'aller plus loin, de comparer tout ce que nous venons de dire, dans ce paragraphe sur la division algébrique, avec ce que nous avons dit dans l'Arithmétique sur la division des nombres entiers (ARITH., du n° 54 au n° 62.). On remarquerait de nombreuses analogies entre les procédés donnés pour faire ces deux genres d'opérations, et les raisonnements qui ont conduit à ces procédés.

89. Il est clair du reste qu'en Algèbre, comme en Arithmétique, *on peut faire la preuve de la division en multipliant le diviseur par le quotient, et en ajoutant le reste, s'il y en a : on doit alors retrouver le dividende. Réciproquement, on peut faire la preuve de la multiplication en divisant le produit par l'un des facteurs : on doit alors retrouver l'autre facteur.*

90. Avant de passer au chapitre suivant, il est *extrêmement* important de s'exercer sur beaucoup d'exemples et de se rendre très-familiers tous les procédés de calcul que nous venons d'exposer. On pourrait, pour application des règles de la division, faire les preuves des multiplications indiquées dans le n° 66.

91. RÉSUMÉ. — Nous avons traité dans ce chapitre de l'addition, de la soustraction, de la réduction des termes semblables, de la multiplication, et de la division des quantités algébriques entières, rationnelles et positives, c'est-à-dire, non précédées du signe —, si elles sont monomes; et, si elles sont polynomes, telles que la somme des termes positifs ne soit pas inférieure à celle des termes négatifs.

I. *Addition.* — Nous avons d'abord défini l'addition algébrique, puis nous l'avons vue se partager en deux cas, suivant que les quantités à additionner sont monomes, ou polynomes. Le premier cas s'est lui-même subdivisé en deux autres, suivant que les monomes à additionner sont semblables ou ne le sont pas; et nous avons fait remarquer la forme indiquée dans le n° 37, sous laquelle on énonce quelquefois ce qu'on peut appeler la *régle des signes pour l'addition*. (Observons qu'à la rigueur ces divisions et subdivisions des cas que présente l'addition ne sont pas complètes et conformes aux règles que l'on donne dans la logique pour une bonne division. Pour qu'il en fût ainsi, il aurait fallu diviser d'abord l'addition en trois cas, suivant que toutes les quantités à additionner sont monomes, ou toutes polynomes, ou en partie monomes et en partie polynomes. Le premier cas, si on voulait y établir une subdivision fondée sur la considération de la similitude ou non-similitude des termes à additionner, devrait se subdiviser aussi en trois cas, suivant que tous les termes à additionner sont semblables, ou tous dissemblables, ou quelques-uns seulement semblables. Mais en étudiant l'addition algébrique dans tous les cas que présente cette nouvelle division, nous aurions allongé sans utilité ce que nous avons à dire; et c'est pour cela que nous nous en sommes abstenus).

II. *Soustraction.* — Après avoir défini la soustraction algébrique, nous l'avons vue se partager comme l'addition en deux cas, suivant que les quantités sur lesquelles on doit opérer sont monomes ou polynomes. Le premier cas s'est subdivisé en deux autres suivant que les monomes sont semblables ou non-semblables, et nous y avons rattaché celui où la quantité à soustraire est un monome, la quantité dont il faut la soustraire étant un polynome; puis nous avons fait remarquer la forme indiquée dans le n° 46, sous laquelle on énonce quelquefois ce qu'on peut appeler la *règle des signes pour la soustraction*. (Du reste, nous pourrons faire sur cette division des cas que présente la soustraction une remarque analogue à celle que nous venons de faire dans l'alinéa précédent.)

III. *Réduction des termes semblables.* — Nous avons rappelé ce qu'on entend par *réduction des termes semblables;* puis nous avons énoncé le principe sur lequel repose cette opération, et après nous être proposé un exemple d'une semblable réduction, nous avons cherché à opérer en nous laissant conduire par le raisonnement, nous en avons conclu les deux énoncés d'un premier procédé pour réduire en général les termes semblables. Ce procédé nous a conduits à une seconde manière de faire la même opération. Enfin, nous avons terminé ce paragraphe par deux remarques : l'une sur une condition nécessaire pour qu'on puisse effectuer la réduction des termes semblables dans une quantité algébrique; et l'autre sur la disposition que l'on donne ordinairement à l'addition et à la soustraction, lorsqu'on veut effectuer la réduction des termes semblables dont le résultat de ces opérations est quelquefois susceptible.

IV. *Multiplication.* — Après avoir donné la définition de la multiplication algébrique, et rappelé les signes par lesquels on indique cette opération, nous l'avons suivie dans les trois cas qu'elle présente, suivant que les deux facteurs à multiplier sont des monomes, ou que l'un étant un monome, l'autre est un polynome, ou qu'enfin ils sont tous les deux polynomes. Le procédé auquel nous avons été conduits dans le premier cas, ne porte que sur les coefficients, les lettres et les exposants des quantités à multiplier. Mais les procédés donnés pour les deux autres cas, portent aussi sur les signes des termes qui composent les quantités sur lesquelles on avait à opérer. De là la règle des signes que nous avons énoncée sous la forme renfermée dans le n° 64. Nous avons dit ensuite quelle disposition on donne ordinairement à la multiplication algébrique, et nous avons indiqué quelques opérations à effectuer.

Avant de passer au paragraphe suivant, nous avons ajouté à celui-ci quelques définitions et quelques remarques importantes. Voici l'ordre dans lequel nous les avons placées : — 1° Définition de ce qu'on appelle *degré d'un monome, d'un polynome*, et conséquence qu'on en tire sur le degré d'un produit relativement au degré de ses facteurs ; définition d'un *polynome homogène*, et conclusion qu'on en tire sur l'homogénéité ou le défaut d'homogénéité d'un produit, suivant que les facteurs sont homogènes ou ne le sont pas ; — 2° Remarque sur le nombre de termes que doit avoir le produit de deux polynomes, suivant que ce produit a donné ou n'a pas donné lieu à des réductions de termes semblables, et sur le moyen de reconnaître, dans tous les cas, un terme d'un produit qui n'ait pu se réduire avec aucun autre, et qui, par conséquent, provienne sans réduction de la multiplication de deux termes des facteurs que l'on peut facilement déterminer ; — 3° Ce qui précède nous a conduits à dire ce qu'on appelle : *ordonner un polynome par rapport à une lettre, deux lettres, trois lettres, etc.*, et à établir que lorsque, dans une multiplication, les deux facteurs et le produit ont été ordonnés par rapport à un nombre suffisant de lettres, le premier terme du produit provient sans réduction du premier terme du multiplicande multiplié par le premier terme du multiplicateur ; — 4° Nous avons enfin terminé en indiquant la forme du carré de la somme et de la différence de deux quantités, et aussi celle du produit de la somme de deux quantités multipliée par leur différence.

V. *Division.* — Après avoir donné la définition de la division algébrique, et rappelé les signes par lesquels on indique cette opération, nous l'avons partagée en trois cas, suivant que l'on a à diviser un monome par un monome, un polynome par un monome, ou un polynome par un polynome. Ici, comme pour la multiplication, quand les quantités sur lesquelles nous avons eu à opérer ont été toutes deux monomes, le procédé auquel nous avons été conduits pour le faire, n'a dû porter que sur les coefficients, les lettres et les exposants, mais, dans les deux autres cas, le procédé a dû s'étendre jusqu'aux signes, et nous avons vu dans le n° 84, comment s'exprime ce que nous avons appelé *la règle des signes.* — Nous avons, en terminant, appelé l'attention sur l'analogie qui existe entre les procédés donnés pour faire, avec ou sans la simplification indiquée au n° 86, la division algébrique et ceux indiqués dans l'Arithmétique pour faire la division des nombres entiers, puis nous avons indiqué quelques divisions à effectuer. — (On peut remarquer encore ici que nous n'avons pas donné une énumération complète des cas que présente la division algébrique ; mais si nous avons omis celui de la division d'un monome par un polynome, c'est que, dans ce cas, la division est impossible, et ne peut que s'indiquer au moyen d'une fraction.)

CHAPITRE III.

DES FRACTIONS ALGÉBRIQUES.

92. Nous avons vu (79.) que lorsqu'une division ne peut s'exécuter exactement, on se contente souvent de l'indiquer, en écrivant le dividende au-dessous du diviseur et en les séparant par un trait. L'expression que l'on obtient par ce moyen porte le nom de *fraction algébrique*. Et, en général, *on appelle* fraction algébrique *toute expression de cette forme* $\frac{a}{b}$, *indiquant une division, soit que la division puisse s'effectuer, soit qu'elle ne le puisse pas. La quantité écrite au-dessus de la ligne de séparation, s'appelle* numérateur, *et l'autre* dénominateur *de la fraction.*

93. Cette idée d'une fraction algébrique est précisément la même que celle des fractions numériques prise dans toute sa généralité, (c'est-à-dire en tant qu'elle comprend les fractions proprement dites et improprement dites), d'où l'on voit que toutes les opérations que l'on fait sur les fractions numériques pourront se faire aussi sur les fractions algébriques de la même manière et pour les mêmes raisons. Il suffit donc de rappeler ce que nous avons dit dans l'Arithmétique au chapitre des fractions. Ainsi :

1° *Pour mettre une expression entière sous forme de fraction* dont le dénominateur soit donné, il suffit de multiplier la quantité entière par ce dénominateur, et d'écrire le dénominateur au-dessous d produit. On trouvera ainsi que $a = \frac{ab}{b}$, et que $a + b = \frac{a^2 - b^2}{a - b}$.

2° Pour *réduire en une seule expression fractionnaire une quantité entière suivie d'une fraction*, il suffit de multiplier la quantité entière par le dénominateur, d'ajouter au produit ou d'en retrancher le numérateur de la fraction (suivant qu'elle est précédée du signe + ou —), et d'écrire le dénominateur au-dessous du résultat obtenu; on trouvera par ce procédé que $a + \frac{b}{c} = \frac{ac + b}{c}$, de même $a - \dfrac{b}{c} = \dfrac{ac - b}{c}$; de même encore $a + b + \dfrac{b^2}{a - b} = \dfrac{a^2}{a - b}$.

3° Réciproquement, pour *extraire la partie entière contenue dans une fraction algébrique*, lorsque cela est possible, il faut diviser le numérateur par le dénominateur, le quotient donne la partie entière, et, s'il y a un reste, on l'écrit à la suite de ce quotient, en indiquant qu'il doit être divisé par le dénominateur. On trouvera ainsi que $\dfrac{a^2 - b^2}{a + b} = a - b$; de même $\dfrac{ac + b}{c} = a + \dfrac{b}{c}$.

4° En multipliant le numérateur d'une fraction, ou en en divisant le dénominateur par une quantité, la fraction se trouve multipliée par cette quantité; et, au contraire, en divisant le numérateur, ou en multipliant le dénominateur, on divise la fraction. D'où il suit *qu'on peut sans changer la valeur d'une fraction, multiplier ou diviser les deux termes par une même quantité*; on voit par là que $\dfrac{a}{b} = \dfrac{ac}{bc}$; $\dfrac{a^3}{a^2 b} = \dfrac{a}{b}$.

5° De ce qui précède on conclut qu'on peut quelquefois *simplifier une fraction*, et qu'il suffit pour cela d'en diviser les deux termes par une même quantité. Ainsi la fraction $\dfrac{3a^2}{3ab}$ se réduit à $\dfrac{a}{b}$, en divisant les deux termes par $3a$. La fraction $\dfrac{a^2 + 2ab + b^2}{a^2 - b^2}$ se réduit à $\dfrac{a + b}{a - b}$, en divisant les deux termes par $a + b$. Nous reviendrons bientôt sur la réduction des fractions à une plus simple expression.

6° Pour *réduire plusieurs fractions au même dénominateur*, on peut suivre les différents procédés donnés en Arithmétique. Ainsi, — 1° on peut multiplier les deux termes de chaque fraction par le produit des dénominateurs de toutes les autres; — 2° on peut faire d'abord le produit de tous les dénominateurs, ce qui donne le dénominateur commun, et alors pour obtenir le numérateur d'une fraction, il faudra diviser le dénominateur commun par le dénominateur de cette fraction, et multiplier le quotient par le numérateur; on trouvera de ces deux manières que les fractions

$$\frac{a}{b}, \; \frac{c}{d}, \; \frac{e}{f}, \; \frac{g}{h} \text{ deviennent } \frac{adfh}{bdfh}, \; \frac{bcfh}{bdfh}, \; \frac{bdeh}{bdfh}, \; \frac{bdfg}{bdfh}.$$

Ici, comme lorsqu'il s'agit de fraction numérique, on peut quelquefois trouver un multiple de tous les dénominateurs plus simple que celui qu'on obtient en en faisant le produit; alors leur calcul se simplifie. Nous reviendrons bientôt sur cette simplification.

7° Pour *additionner des fractions*, il faut, si elles ont le même dénominateur, additionner les numérateurs et donner à la somme le dénominateur commun. Et, si elles ont des dénominateurs différents, il faut commencer par les réduire au même dénominateur. On trouvera d'après cela que $\dfrac{a}{b} + \dfrac{c}{b} + \dfrac{m}{b} = \dfrac{a+c+m}{b}$, et que

$$\frac{a}{b} + \frac{c}{d} = \frac{ad+cb}{bd}; \text{ de même } \frac{3a}{5b} + \frac{c}{4d} + \frac{dh}{d} = \frac{12ad^2 + 5bcd + 20bd^2h}{20bd^2}.$$

8° Pour *soustraire deux fractions l'une de l'autre*, il faut les réduire au même dénominateur, si les dénominateurs sont différents; retrancher le numérateur de l'une du numérateur de l'autre, et donner au reste le dénominateur commun. On trouvera ainsi que

$$\frac{a}{c} - \frac{b}{c} = \frac{a-b}{c}; \quad \frac{a+b}{2m} - \frac{a-b}{2m} = \frac{b}{m}; \quad \frac{a}{a+m} - \frac{m}{a-m} =$$
$$\frac{a^2 - 2am - m^2}{a^2 - m^2}.$$

9° Pour *multiplier une quantité par une fraction*, il faut la multiplier par le numérateur et diviser le produit par le dénominateur; et, si cette quantité est une autre fraction, cela se fait en multipliant les numérateurs entre eux et les dénominateurs aussi entre eux. On trouvera ainsi que $\dfrac{a}{b} \times \dfrac{c}{d} = \dfrac{ac}{bd}$; $\dfrac{a+b}{a} \times \dfrac{a-b}{b} = \dfrac{a^2-b^2}{ab}$.

10° Pour *diviser une quantité par une fraction*, il suffit de renverser les deux termes de la fraction diviseur, et de multiplier par la fraction ainsi renversée. Ainsi $\dfrac{a}{b} : \dfrac{c}{d} = \dfrac{a}{b} \times \dfrac{d}{c} = \dfrac{ad}{bc}$;

$$\frac{a+b}{m} : \frac{n}{a-b} = \frac{a+b}{m} \times \frac{a-b}{n} = \frac{a^2-b^2}{mn}.$$

11° Si *les quantités à multiplier ou à diviser étaient jointes à des fractions*, il faudrait commencer par réduire tout en fraction. Ainsi

$$\left(a + b + \frac{b^2}{a-b}\right) \times \frac{m}{n} = \frac{a^2}{a-b} \times \frac{m}{n} = \frac{a^2m}{an-bn}.$$

94. Nous allons compléter ce que nous venons de dire sur les fractions algébriques par trois additions : la première, relative à la réduction des fractions à une plus simple expression; la seconde, à leur réduction au même dénominateur, et la troisième, aux chan-

gements que l'on peut faire sur le signe qui précède une fraction, et sur le signe du numérateur ou du dénominateur, sans en changer la valeur.

95. I. Nous avons vu dans l'Arithmétique (ARITH. 90.) qu'un moyen de réduire tout d'un coup une fraction à sa plus simple expression, c'est d'en diviser les deux termes par leur plus grand commun diviseur, et nous avons donné un procédé pour trouver ce plus grand commun diviseur. En Algèbre, on appelle le *plus grand commun diviseur de deux quantités entières, la quantité entière, la plus grande par rapport aux lettres, aux exposants et aux coefficients, qui puisse diviser exactement ces deux quantités* (a).

On peut trouver le plus grand commun diviseur de deux quantités algébriques par un procédé analogue a celui donné dans l'Arithmétique pour les nombres (ARITH. 93.); nous ne l'exposerons pas cependant ici; et nous préférons donner un autre procédé pour trouver le plus grand commun diviseur de deux nombres qui s'applique également aux quantités algébriques (b).

96. Soit proposé de trouver le plus grand commun diviseur des deux nombres 360 et 2100. Décomposons ces nombres en facteurs premiers par le procédé donné dans l'Arithmétique (ARITH. 79.), nous trouverons $360 = 2.2.2.3.3.5$, et $2100 = 2.2.3.5.5.7$. Maintenant, si nous prenons chaque facteur premier autant de fois qu'il se trouve dans le nombre qui le contient le moins de fois, et que nous multipliions ces facteurs entre eux, le nombre que nous trouverons (et qui sera ici $2.2.3.5$ ou 60), sera évidemment diviseur des deux nombres 360 et 2100, puisqu'il ne contient pas de facteur qui ne soit dans chacun des deux autres au moins autant de fois que dans 60, et que, dans l'Arithmétique (ARITH. 78.), on a vu qu'un nombre est divisible par les produits de ses facteurs premiers; en second lieu, ce nombre 60 sera le plus grand commun

---

(a) Il ne suit pas de là que le plus grand commun diviseur de deux quantités soit la plus grande quantité numérique possible qui puisse les diviser. Par exemple, le plus grand commun diviseur de $abcd$, $bcmn$ est bc. Si b égale 6 et c égale $\frac{1}{3}$, ce plus grand commun diviseur ne vaut que 2, pendant que le diviseur b vaut 6.

(b) Lorsque nous écrivions la fin de ce chapitre, nous n'avions pas encore composé les notes troisième et cinquième du Traité d'Arithmétique, où nous avons exposé avec tous les détails convenables le procédé dont nous parlons ici pour trouver le plus grand diviseur commun de deux nombres, et celui pour trouver le plus petit multiple de plusieurs nombres dont nous parlerons un peu plus loin. Nous n'avons pas voulu toucher cependant à notre première rédaction. Il ne peut pas y avoir un grand inconvénient dans la répétition qui en résulte, et elle peut être utile à ceux qui n'auraient pas à leur disposition notre Traité d'Arithmétique.

diviseur des deux nombres proposés. (Voir pour la démonstration de cette dernière assertion la note troisième du Traité d'Arithmétique.)

Ce que nous venons de faire pour trouver le plus grand commun diviseur des deux nombres 360 et 2100, nous pourrions évidemment le faire pour trouver celui de deux autres nombres quelconques. Nous pouvons donc établir le procédé suivant : *Pour trouver le plus grand diviseur commun de deux nombres, décomposez-les en facteurs premiers; faites ensuite un produit de tous les facteurs premiers commun à ces deux nombres, en prenant chacun autant de fois qu'il se trouve dans le nombre qui le contient le moins de fois. Ce produit sera le plus grand diviseur commun de deux nombres proposés.* On trouverait ainsi que le plus grand commun diviseur de 1764 et 5670 est 126.

97. En Algèbre, on appelle *facteurs simples* d'une quantité les facteurs qui ne peuvent pas se décomposer en d'autres facteurs entiers. Ainsi a^2 n'est pas un facteur simple, puisque c'est la même chose que $a \times a$; $(a^2 - b^2)$ n'est pas un facteur simple, car il peut se décomposer en $(a+b) \times (a-b)$. Mais a, $a+b$, $a-b$, a^2+b^2 sont des facteurs simples, car il n'est pas possible de les décomposer en d'autres facteurs entiers.

98. Si l'on pouvait décomposer deux quantités en leurs facteurs simples, en faisant le produit de tous les facteurs simples communs à ces deux quantités, ce produit serait un diviseur, et même le plus grand commun diviseur des quantités proposées. Mais la décomposition d'une quantité en ses facteurs simples présente souvent de grandes difficultés; nous nous contenterons donc de remarquer ici quelques cas où la décomposition d'une quantité en facteurs est très-facile.

1° S'il s'agit d'un monome tel que $36a^2b^4c^5m$, la décomposition pour les facteurs littéraux est, pour ainsi dire, toute faite. On voit, en effet, qu'il y a deux facteurs a, quatre facteurs b, cinq facteurs c, et un facteur m. Il n'y a donc qu'à décomposer le coefficient 36 en ses facteurs premiers, et on trouve que le monome proposé, décomposé en facteurs simples, est $2.2.3.3.a.a.b.b.b.b.c.c.c.c.c.m$.

2° Lorsque tous les termes d'un polynome contiennent un ou plusieurs facteurs communs, on peut le décomposer en deux facteurs, dont l'un est un monome composé de tous les facteurs communs, et l'autre est le polynome, après qu'on a supprimé dans tous ses termes les facteurs communs. Ainsi $am + bm - cm$ se décompose en

$m \cdot (a + b - c)$, c'est-à-dire en deux facteurs m et $a + b - c$. De même $24ab^3d - 12a^2b^4c^2 + 18a^3b^6c^4$, dont tous les termes ont pour facteur commun $6ab^3$, se décompose en $6ab^3 \cdot (4d - 2abc^2 + 3a^2b^3c^4)$. Le monome $6ab^3$ peut se décomposer en facteurs simples; mais pour le polynome renfermé entre parenthèses nous ne savons point faire cette décomposition, si elle est possible.

3° Nous avons vu (75.) que $(a + b) \times (a + b)$, ou le carré de $a + b$, est $a^2 + 2ab + b^2$, c'est-à-dire que le carré de la somme de deux quantités est égal au carré de la première, plus deux fois le produit de la première par la seconde, plus le carré de la seconde. Par conséquent, quand, dans un trinome, tous les termes seront positifs, et que, deux de ces termes étant des carrés, l'autre terme sera égal à deux fois le produit de leurs racines carrées, le polynome pourra se décomposer en deux facteurs égaux et qui seront la somme de ces racines carrées. Ainsi, $m^2 + 2mn + n^2$, se décompose en $(m + n)(m + n)$. De même, $9a^4 + 24a^2b^2 + 16b^4$, se décompose en $(3a^2 + 4b^2)(3a^2 + 4b^2)$, car $9a^4$ et $16b^4$ sont les carrés de $3a^2$ et $4b^2$, et $24a^2b^2$ est le double du produit de ces racines carrées;

4° Comme $(a - b)(a - b) = a^2 - 2ab + b^2$, on en conclut que si un polynome est composé de trois termes, dont deux soient positifs et des carrés exacts, et l'autre négatif et égal au double produit des racines carrées des deux autres termes, le polynome peut se décomposer en deux facteurs égaux, et qui sont la différence des racines carrées des deux termes qui sont des carrés parfaits. Ainsi, $m^2 - 2mn + n^2$ se décompose en $(m - n)(m - n)$; $9a^4 - 24a^2b^2 + 16b^4$, se décompose en $(3a^2 - 4b^2)(3a^2 - 4b^2)$; $a^2 - 4ab^5 + 4b^{10}$ se décompose en $(a - 2b^5)(a - 2b^5)$;

5° Nous avons encore vu (75.) que $(a + b)(a - b)$ donne $a^2 - b^2$; c'est-à-dire que la somme de deux quantités multipliée par leur différence donne la différence de leurs carrés; par conséquent, si un binome est la différence de deux carrés, il pourra se décomposer en deux facteurs, dont l'un sera la somme des racines carrées des deux termes du binome et l'autre leur différence. Ainsi, $m^2 - n^2 = (m + n)(m - n)$; $9a^4 - 4b^6 = (3a^2 + 2b^3)(3a^2 - 2b^3)$; car $9a^4$ et $4b^6$ sont les carrés de $3a^2$ et $2b^3$.

Nous nous bornerons à ces différents cas où la décomposition d'une quantité en facteurs est possible et facile; nous remarquerons toutefois, que les facteurs qu'on obtient ainsi ne sont pas toujours des facteurs simples; mais dans l'état actuel de nos connaissances, nous ne savons pas pousser plus loin la décomposition.

Si l'on applique ce qui précède à la quantité $5a^{12} - 5a^4b^8$, on trouvera qu'elle devient successivement :

$$5a^{12} - 5a^4b^8 = 5a^4 \left(a^8 - b^8 \right)$$
$$= 5a^4 \left(a^4 + b^4 \right) \left(a^4 - b^4 \right)$$
$$= 5a^4 \left(a^4 + b^4 \right) \left(a^2 + b^2 \right) \left(a^2 - b^2 \right)$$
$$= 5a^4 \left(a^4 + b^4 \right) \left(a^2 + b^2 \right) \left(a + b \right) \left(a - b \right)$$

Quand on a décomposé deux quantités en facteurs simples, nous avons déjà dit, sans le démontrer il est vrai, que pour trouver le plus grand diviseur commun, il suffit de multiplier entre eux tous les facteurs simples communs. Mais, dans tous les cas, *si deux quantités sont décomposées en facteurs soit simples soit composés, on formera un diviseur commun à ces deux quantités en réunissant les facteurs communs. Et si les deux quantités sont les deux termes d'une fraction que l'on veut simplifier, il suffira, pour le faire, de supprimer les facteurs communs aux deux termes.*

On trouvera ainsi, que :

$$\frac{5a^3b^2c^4m^4}{10a^5b^2c^7m^3} \text{ se réduit à } \frac{m}{2a^2c^3}$$

$$\frac{4m^2b^4}{12m^3b^5} \text{ se réduit à } \frac{1}{3mb}$$

$$\frac{7a^5 + 14a^4b + 7a^3b^2}{14a^4 - 14a^2b^2} \text{ se réduit à } \frac{a(a+b)}{2(a-b)} \text{ ou } \frac{a^2 + ab}{2a - 2b}$$

99. II. Nous avons vu dans l'Arithmétique que, pour réduire plusieurs fractions au même dénominateur, on peut d'abord faire le produit de tous les dénominateurs, ce qui donne le dénominateurcommun, et nous avons dit (93-6°.) qu'on peut employer le même moyen pour trouver le dénominateur commun de plusieurs fractions algébriques. Mais nous avons encore vu dans l'Arithmétique (ARITH. 101.) qu'on peut quelquefois obtenir un dénominateur commun de plusieurs fractions plus faible que le produit de tous les dénominateurs. Nous avons donné un moyen pour y arriver qui consiste dans une espèce de tâtonnement ; mais il y a un moyen sûr d'arriver, dans tous les cas, à ce plus petit dénominateur commun, qui doit être le plus petit multiple de tous les dénominateurs des fractions proposées. Nous allons exposer ce moyen.

100. Supposons que les fractions à réduire au même dénominateur soient :

$$\frac{5}{24} \; , \; \frac{7}{12} \; , \; \frac{5}{18} \; , \; \frac{9}{10} \; , \; \frac{5}{36}$$

Il faut, pour avoir le dénominateur commun, trouver un multiple de tous les dénominateurs; et pour que ce dénominateur soit aussi simple que possible, il faut que ce multiple soit aussi le plus petit possible. Pour le trouver, décomposons les dénominateurs des fractions proposées en fractions premières :

Aux nombres   24   12   18   10   36
Répondront les facteurs..   2.2.2.3   2.2.3   2.3.3   2.5   2.2.3.3.

Maintenant, prenons tous les facteurs, chacun autant de fois qu'il se trouve dans le nombre qui le contient le plus de fois : il est évident que le nombre 2.2.2.3.3.5 ou 360, qui en résultera, sera multiple de tous les nombres proposés, puisque, par la manière dont on a composé 360, il n'y en a aucun dont tous les facteurs premiers ne se trouvent dans ceux de 360. En second lieu 360 sera le plus petit multiple des dénominateurs proposés. (Voyez, pour en avoir la preuve, la note 5me du Traité d'Arithmétique.)

Comme le moyen que nous venons d'employer pour trouver le plus petit multiple des nombres proposés pourrait évidemment s'employer dans tous les autres cas, nous en conclurons la règle suivante : *Pour trouver le plus petit multiple de plusieurs nombres, décomposez-les en facteurs premiers; puis, réunissez tous les facteurs de ces nombres en prenant chacun autant de fois qu'il se trouve dans le nombre qui le contient le plus de fois; le produit de tous ces facteurs sera le plus petit multiple demandé.* On trouvera ainsi, que le plus petit multiple des nombres, 1764, 5670, 720 est 317520.

101. Le procédé que nous venons de donner pour trouver le plus petit multiple de plusieurs nombres, peut aussi servir à trouver celui de plusieurs quantités algébriques. *Toutes les fois qu'elles seront décomposées en facteurs on formera un multiple commun de toutes ces quantités, en prenant tous les facteurs, chacun autant de fois qu'il se trouve dans la quantité qui le contient le plus de fois; et, si ces quantités étaient décomposées en facteurs simples, le produit que l'on formerait ainsi serait le plus petit multiple.* Mais nous nous contentons d'énoncer, sans la prouver, cette dernière assertion.

102. Quand on aura ainsi trouvé un multiple des dénominateurs de plusieurs fractions que l'on veut réduire au même dénominateur, ce multiple sera le dénominateur commun, et la réduction s'effectuera en suivant la règle donnée dans le n° 93–6°.

Supposons, par exemple, qu'on veuille réduire au même dénominateur les fractions suivantes :

$$\frac{3ab}{12a^2b^4c^5}, \quad \frac{m}{3a^4b^7cr}, \quad \frac{5m^2n}{8a^2b^4cr^3}, \quad \frac{8a^4b^2}{3mp}$$

la règle du n° **101** donne, pour le plus petit multiple des dénominateurs, $24a^4b^7c^5mpr^3$ et les fractions réduites au même dénominateur sont :

$$\frac{6a^3b^4mpr^3}{24a^4b^7c^5mpr^3}, \quad \frac{8c^4m^2pr^2}{24a^4b^7c^5mpr^3}, \quad \frac{15a^2b^3c^4m^3np}{24a^4b^7c^5mpr^3}, \quad \frac{64a^8b^9c^5r^3}{24a^4b^7c^5mpr^3}$$

De même, si l'on avait les fractions,

$$\frac{a}{b^2cd}, \quad \frac{h}{b^3c^2g}, \quad \frac{ad}{bc^3g^2}$$

Le plus petit multiple des dénominateurs est $b^3c^3g^2d$, et les fractions réduites au même dénominateur deviennent :

$$\frac{abc^2g^2}{b^3c^3g^2d}, \quad \frac{hcgd}{b^3c^3g^2d}, \quad \frac{ad^2b^2}{b^3c^3g^2d}$$

Soit proposé de réduire au même dénominateur et de réunir en une seule fraction les fractions suivantes :

$$\frac{3}{4-8x+4x^2} + \frac{3}{8-8x} + \frac{1}{8+8x} - \frac{1-x}{4+4x^2}$$

On trouvera, en décomposant les dénominateurs en facteurs par les procédés donnés plus haut, que $8(1-x)(1-x)(1+x)$ $(1+x^2)$, ou $8-8x-8x+8x^5$ est un multiple commun, et, en réduisant au même dénominateur, additionnant les trois premières fractions et retranchant la quatrième, on trouve :

$$\frac{1+x+x^2}{1-x-x^4+x^5}$$

103. III. Nous avons prévenu dans le n° 30, du chapitre précédent, que nous ne considérions dans ce chapitre que les monomes positifs, ou ceux précédés du signe $+$, et les polynomes dans lesquels la somme des termes positifs l'emporterait sur celle des termes négatifs ; et cette observation s'étend au présent chapitre sur les fractions algébriques. Il suit de là qu'une fraction dans laquelle l'un ou les deux termes ne satisfairont pas à ces conditions, outre qu'elle n'aurait pour nous aucun sens, sortirait des limites dans lesquelles nous avons dit que nous nous renfermerions quant à présent.

Cependant, nous avons dit (30.), que les algébristes ont introduit dans les calculs ces quantités, qu'ils ont appelées *quantités négatives*, et qu'il leur ont appliqué les règles de calcul pour les signes qu'ils ont établies pour les termes négatifs. (Rappeler ces règles pour l'addition, la soustraction, la multiplication et la division, nos 37, 46, 75, 84.) Il suit de là, que l'on peut faire sur les signes du numérateur ou du dénominateur, et aussi sur les signes qui précèdent les fractions, certains changements qui en modifient la valeur, et d'autres qui ne la modifient pas. Ainsi :

1° Soit donnée la fraction $\dfrac{+a}{+b}$, dont nous représenterons par r, la valeur numérique, c'est-à-dire le quotient de a par b. Si nous changeons les signes des deux termes, ou celui d'un des termes seulement, nous aurons, d'après la règle des signes donnée pour la division (84.) :

$$\frac{+a}{+b} = + r, \quad \frac{-a}{-b} = + r, \quad \frac{-a}{+b} = - r, \quad \frac{+a}{-b} = - r.$$

D'où l'on voit qu'*une fraction ne change pas si l'on change en même temps le signe de ses deux termes; mais qu'elle devient de positive négative, ou de négative positive, si l'on change le signe d'un de ses termes seulement.*

2° Soit maintenant donnée la quantité $m + \dfrac{a}{b}$; appelons toujours r, la valeur numérique de a divisé par b, et pour nous mettre dans l'impossibilité de perdre de vue les signes de a et de b, écrivons la quantité proposée sous cette forme : $m + \left(\dfrac{+a}{+b} \right)$, nous aurons :

$$m + \left(\frac{+a}{+b} \right) = m + (+ r) = m + r.$$

Si nous changeons maintenant le signe qui précède la fraction et celui d'un des termes de la fraction, et que nous appliquions aux expressions qui en résulteront les règles des signes données dans les nos 37, 46, 84, pour l'addition, la soustraction et la division des termes positifs ou négatifs, nous aurons :

$$m - \left(\frac{-a}{+b} \right) = m - (- r) = m + r$$

$$m - \left(\frac{+a}{-b} \right) = m - (- r) = m + r$$

$$m + \left(\frac{-a}{-b} \right) = m + (+ r) = m + r$$

D'où l'on peut conclure que quand *une fraction entre dans une quantité*

algébrique on peut, sans changer cette quantité, changer : 1º *le signe qui précède la fraction et celui du numérateur ;* 2º *le signe qui précède la fraction et celui du dénominateur ;* 3º *celui du numérateur et celui du dénominateur.*
(Tous les autres changements de signes altèreraient la quantité, comme il est aisé de le voir en essayant ces changements.) Concluons, de ce qui précède, que la quantité $a + \dfrac{m - n}{r - s}$ peut se mettre sous les quatre formes :

$$a + \frac{m - n}{r - s} , \quad a - \frac{n - m}{r - s} , \quad a - \frac{m - n}{s - r} , \quad a + \frac{n - m}{s - r} .$$

Car mettre $n - m$ et $s - r$, à la place de $m - n$ et de $r - s$, c'est changer le signe de ces quantités, puisque si les premières sont positives, les secondes sont négatives et réciproquement.

Nota. — Ce que nous venons de dire dans ce numéro, sort des limites dans lesquelles nous avons prévenu plus haut (30.) que nous nous renfermerions. Mais nous l'avons mis ici pour qu'on trouve dans un même chapitre tout ce qui est relatif aux fractions algébriques. La pleine intelligence de ce numéro suppose ce que nous dirons plus tard des causes qui ont fait introduire dans les calculs les quantités négatives et du sens qu'on leur a donné.

104. RÉSUMÉ. I. — Après avoir, dans le chapitre qu'on vient de lire, défini ce qu'on entend par *fraction algébrique*, et par *numérateur* et *dénominateur* d'une fraction algébrique, d'où nous avons conclu que tout ce qu'on a dit dans l'Arithmétique des fractions numériques peut se dire également des fractions algébriques, nous avons vu comment on doit opérer : — 1º pour mettre une expression entière sous la forme d'une fraction dont le dénominateur est donné ; — 2º pour réduire une quantité entière accompagnée d'une fraction en une seule expression fractionnaire ; — 3º pour extraire la partie entière contenue dans une fraction algébrique ; — 4º pour modifier par multiplication ou division les deux termes d'une fraction, sans en changer la valeur ; — 5º pour réduire une fraction à une plus simple expression ; — 6º pour réduire plusieurs fractions au même dénominateur ; — 7º pour additionner des fractions ; — 8º pour les soustraire ; — 9º pour les multiplier ; — 10º pour les diviser ; — 11º pour multiplier ou diviser des quantités entières réunies à des fractions.

II. Nous avons terminé ce chapitre par trois additions relatives, la première à la réduction des fractions à une plus petite expression ; la seconde à la réduction de plusieurs fractions au même dénominateur, et la troisième aux changements que l'on fait quelquefois sur les signes des termes d'une fraction, et aussi sur le signe qui précède une fraction qui entre dans une quantité algébrique.

1º Ce que nous avions à dire sur la réduction d'une fraction à une plus simple expression, nous a conduits à dire ce qu'on appelle le *plus grand diviseur commun de deux quantités algébriques,* et nous avons donné un procédé pour trouver le plus grand diviseur commun de deux nombres d'abord, puis celui de deux quantités algébriques ; mais ce procédé, quand il s'agit de quantités algébriques, supposant que l'on peut les décomposer en facteurs simples, nous avons enseigné à faire cette décomposition dans quelques cas particuliers, ce qui nous a conduits au procédé que nous avions en vue pour réduire une fraction à une plus simple expression ou à sa plus simple expression.

2º Ce que nous avions à dire sur la réduction de plusieurs fractions au même dénominateur, nous à conduits à exposer un procédé pour trouver le plus petit multiple de plusieurs nombres ; procédé que nous avons étendu à la recherche du plus petit multiple de plusieurs quantités algébriques : d'où nous avons conclu le procédé que nous avions en vue pour réduire plusieurs fractions au même dénominateur.

3º Enfin, nous avons dit quel effet produit sur une fraction le changement du signe d'un de ses termes, ou de tous les deux en même temps, et aussi quel changement on peut faire sur le signe qui précède une fraction et sur celui d'un de ses termes sans changer la valeur de la quantité algébrique dans laquelle entre cette fraction.

CHAPITRE IV.

DE LA RÉSOLUTION DES ÉQUATIONS DU PREMIER DEGRÉ A UNE SEULE INCONNUE.

105. Nous avons déjà dit qu'une *équation* est *l'expression de l'égalité de deux quantités ;* ainsi $a = b$, par exemple, est une équation. Tout ce qui se trouve dans une équation devant le signe $=$ forme ce qu'on appelle le *premier membre*, et ce qui suit ce signe forme le *second membre* de cette équation.

106. Lorsqu'une équation renferme des quantités inconnues qu'il faut déterminer, elles sont ordinairement représentées par les dernières lettres de l'alphabet x, y, z. Les quantités connues se représentent par des nombres ou par des lettres différentes de celles-ci. Lorsqu'une équation renferme seulement des nombres et des lettres destinées à représenter des inconnues, on dit qu'elle est *numérique ;* mais si elle renferme quelque lettre de plus que celles destinées à représenter les inconnues, elle est dite *littérale.* Ainsi $x +$ $3x + 10 = 7$ est une équation numérique ; $7ax + 3b = c$ est une équation littérale.

107. Soit l'équation $m - 4 = 7$; il est évident qu'on ne peut donner à m qu'une seule valeur qui puisse satisfaire à l'équation ; et cette valeur est ici **11.** Mais si nous avions l'équation $(a + b)\,(a - b)$

$= a^2 - b^2$, on y satisferait, quelque valeur qu'on donnât aux lettres a et b; car nous avons vu que la somme de deux nombres, multipliée par leur différence, donne la différence de leurs carrés, quels que soient ces nombres. Quand on peut satisfaire à une équation par des valeurs quelconques mises à la place des lettres qui y entrent, elle prend le nom d'*identité*. Il est évident qu'on formera une identité, si l'on met dans un des membres l'indication d'une opération à effectuer, et dans l'autre le résultat de cette opération.

108. Lorsqu'une équation ne renferme qu'une inconnue, elle est dite *du premier, du second, du troisième, etc., degré*, suivant que cette inconnue y entre au premier, au second, au troisième, etc., degré; et, en général, le *degré de l'équation est marqué par le plus fort exposant de l'inconnue;* ainsi l'équation $3x + a^4 = b$ est du premier degré, et la suivante $8 + ax^2 + x^5 = 4x^3$ est du cinquième degré. Si l'*équation renfermait plusieurs inconnues, le degré de l'équation serait marqué par la somme des exposants des inconnues dans le terme où cette somme est la plus forte.* Ainsi, $xy^4 + x^3y^3 + ax + by^5 = m$ est du sixième degré, $x^7 + x^3y^3 = m$ est du septième.

109. Après avoir fixé le sens de quelques mots qui reviendront souvent dans la suite de ces leçons, nous allons nous occuper de la résolution des équations du premier degré à une inconnue.

Résoudre une équation c'est, avons-nous dit (9.), la transformer de manière à n'avoir, dans l'un des membres, que la lettre qui représente l'inconnue, et, dans l'autre membre, que des quantités connues. Examinons donc quelles sont les transformations qu'on peut faire subir à une équation sans la détruire.

110. Pour peu qu'on fasse attention à la définition que nous avons donnée d'une équation, on verra :

1° Qu'on peut ajouter aux deux membres ou en retrancher une même quantité. Ainsi, si l'on a l'équation $a = b$ on pourra en déduire $a + m - n = b + m - n$.

Une conséquence de ce qui précède, c'est que, lorsqu'on a une équation, on peut faire passer un terme d'un membre dans l'autre, et qu'il suffit pour cela de changer le signe de ce terme. Soit, par exemple, l'équation $a - b + c = d - m$: si nous retranchons c des deux membres, nous aurons $a - b + c - c = d - m - c$, ou $a - b = d - m - c$, et l'on voit que c a passé du premier membre dans le second, mais il s'y trouve avec un signe contraire à celui qu'il avait dans le premier. Veut-on encore faire passer le terme b dans le second membre, il suffit d'ajouter b aux deux membres, car ce terme b avec le signe $+$ détruira le terme $-b$ du premier membre, mais en même temps il se trouvera dans le second avec le signe $+$; on aura, en effet, $a - b + b = d - m - c + b$, ou $a = d - m - c + b$. Il arrive fréquemment, qu'on fait passer tous les termes d'une équation dans le premier membre, le second devient alors zéro. Par ce changement, l'équation $a - b + c = d - m$ deviendrait, $a - b + c - d + m = 0$. On exprime alors que deux quantités sont égales, en disant que leur différence est nulle; car la différence entre $a - b + c$ et $d - m$, est $a - b + c - d + m$, ainsi que cela résulte du procédé donné pour faire la soustraction des polynomes (45.).

2º On peut multiplier ou diviser par une même quantité tous les termes qui entrent dans les deux membres d'une équation, sans détruire l'équation (car, multiplier ou diviser tous les termes des deux membres, c'est multiplier ou diviser les deux membres, et si les deux membres sont égaux avant la multiplication ou la division, ils le seront encore après). Ainsi, si l'on a l'équation $a + b = c - d$, on pourra en déduire les suivantes : $am + bm = cm - dm$; $\dfrac{a}{m} + \dfrac{b}{m} = \dfrac{c}{m} - \dfrac{d}{m}$; $\dfrac{am}{n} + \dfrac{bm}{n} = \dfrac{cm}{n} - \dfrac{dm}{n}$.

Une conséquence de ce qui précède, c'est qu'on peut facilement faire disparaître les dénominateurs des fractions qui entrent dans une équation. Soit, par exemple, l'équation, $\dfrac{a}{b} - c = \dfrac{m}{n} - d$. Réduisons d'abord les fractions au même dénominateur, nous aurons $\dfrac{an}{bn} - c = \dfrac{bm}{bn} - d$. Réduisons ensuite les entiers en fractions dont le dénominateur soit bn, nous aurons $\dfrac{an}{bn} - \dfrac{bcn}{bn} = \dfrac{bm}{bn} - \dfrac{bdn}{bn}$; multiplions enfin tous les termes par le dénominateur bn, ce qui se fait en supprimant ce dénominateur (ARITH. 89.), et nous aurons $an - bcn = bm - bdn$, équation qui ne renferme plus de dénominateur. De là, on déduit facilement la règle suivante : *Pour faire disparaître les dénominateurs qui entrent dans une équation, réduisez les fractions au même dénominateur, et les entiers en fractions dont le dénominateur soit aussi le même; puis supprimez les dénominateurs.*

Nota. — En supprimant les dénominateurs, il faut bien faire attention au signe qui précède chaque fraction, car, si c'est le signe $+$, il faut écrire, à la suite des quantités qui précèdent, le numérateur de la fraction, en laissant à chaque terme le signe qu'il a; mais si c'est le signe $-$, il faut l'écrire en changeant le signe de tous les termes. Ainsi l'équation $\dfrac{a}{b} + \dfrac{bn - c}{b} - \dfrac{-m + c}{b} +$ $\dfrac{-ac + b}{b} = \dfrac{t}{b}$ devient, en supprimant les dénominateurs, $a + bn - c + m - c - ac + b = t$.

111. Nous pouvons passer maintenant à la résolution des équations du premier degré à une inconnue. En y réfléchissant un peu, on voit que, dans ces équations, l'inconnue peut se trouver combinée avec des quantités connues de cinq manières : 1° par addition, comme dans l'équation $x + a = b$; 2° par soustraction, comme dans l'équation $x - a = b$; 3° par multiplication, comme dans l'équation $ax = b$; 4° par division, comme dans $\dfrac{x}{a} = b$; 5° de plusieurs de ces manières à la fois, comme dans $\dfrac{ax}{n} + b - c = d$.

1° et 2° Si l'inconnue est combinée avec des quantités connues, par addition et soustraction seulement, rien n'est plus facile que de la dégager de ces quantités; il suffit pour cela de faire passer dans un des membres l'inconnue, et, dans l'autre, toutes les quantités connues comme on a vu (109-1°.) qu'on peut le faire, c'est-à-dire en changeant les signes des termes qu'on fait passer d'un membre dans l'autre. Ainsi, l'équation $x + a - b = c$ donne $x = c - a + b$; l'équation $a = c - x$ donne $x = c - a$; et la suivante, $a = c + x$, donne $a - c = x$.

3° Supposons maintenant que l'inconnue soit engagée avec des quantités connues par multiplication; qu'on ait $ax = b$, par exemple. Rien n'est plus facile encore que de la dégager de son multiplicateur a, il suffit, pour cela, de diviser les deux termes par a, on trouve ainsi $x = \dfrac{b}{a}$.

Dans l'exemple que nous avons choisi, l'inconnue n'entrait que dans un seul terme : supposons qu'elle entre dans plusieurs, que l'on ait, par exemple, $ax + bx - cx = d - c$; il faut chercher à ramener cette équation, à la forme de la dernière équation résolue, c'est-à-dire à faire que x n'y entre qu'une fois, et qu'il soit multiplié par une seule quantité. Or, nous avons vu (98.-2°) qu'un polynome, tel que $ax + bx - cx$, peut se décomposer en deux facteurs dont l'un est x et l'autre ce polynome lui-même, après qu'on a supprimé x dans tous les termes; d'après cela, l'équation précédente deviendra $(a + b - c) x = d - c$; et, en divisant maintenant les deux membres par $a + b - c$, on aura : $x = \dfrac{d - c}{a + b - c}$. On trouvera de même que l'équation $ax = c - bx - x$, devient successivement $ax + bx + x = c$, $(a + b + 1) x = c$, $x = \dfrac{c}{a + b + 1}$.

4° Si l'inconnue est engagée avec des quantités connues par voie de division, alors il y a des fractions dans l'équation, on en fait disparaître les dénominateurs d'après la règle du n° 109-2°, et l'inconnue se trouve dégagée de ses diviseurs. Soit, par exemple, l'équation $\dfrac{x}{a} + \dfrac{x}{b} = c$: elle devient successivement $\dfrac{bx}{ab} + \dfrac{ax}{ab} = \dfrac{abc}{ab}$, $bx + ax = abc$, $(b + a) x = abc$, $x = \dfrac{abc}{b + a}$.

On peut remarquer que, lorsque l'inconnue entre une fois seulement dans l'équation, et qu'elle se trouve au numérateur, l'opération que nous venons d'indiquer se réduit à multiplier tous les termes de l'équation par la quantité qui divise l'inconnue. Par ce moyen l'équation $\dfrac{x}{a} = b$ donnera tout d'un coup $x = ab$; de même, l'équation $\dfrac{x}{a + b} = m + \dfrac{c}{dm}$ donnera $x = (a + b) m + \dfrac{c (a + b)}{dm}$.

5° Enfin, si l'inconnue se trouve combinée de différentes manières à la fois avec les quantités connues, on la dégage successivement de ces quantités. Ordinairement on commence par la dégager de ses diviseurs, puis des quantités combinées par addition et soustraction, puis, de celles combinées par multiplication. Ainsi, l'équation $\dfrac{ax}{b} - c = \dfrac{bx}{m} + n - r$ devient successivement : $\dfrac{amx}{bm} - \dfrac{bmc}{bm} = \dfrac{b^2x}{bm} + \dfrac{bmn}{bm} - \dfrac{bmr}{bm}$, $amx - bcm = b^2x + bmn - bmr$, $amx - b^2x = bmn - bmr + bcm$, $(am - b^2) x = bmn - bmr +$

bcm, $x = \dfrac{bmn - bmr + bcm}{am - b^2}$. Quand il y a lieu, dans l'opération, à des réductions de termes semblables, il est bon de ne pas les omettre.

Nota.— Quand on a fait disparaître les dénominateurs, si les deux membres, ou l'un d'eux seulement, renferme l'indication de quelques opérations à effectuer, il est quelquefois nécessaire d'effectuer ces opérations, pour dégager l'inconnue des quantités avec lesquelles elle se trouve combinée. Supposons, par exemple, qu'on ait :

$$\frac{ax}{b - c} - \frac{m^2x + r}{b + c} = m$$

Si l'on fait disparaître les dénominateurs (en se contentant d'indiquer les opérations), on aura :

$$(b + c) ax - (b - c) (m^2x + r) = (b - c) (b + c) m.$$

Maintenant il est impossible de dégager l'inconnue si l'on n'effectue au moins une partie des opérations indiquées. En les effectuant toutes, on a :

$$abx + acx - bm^2x - br + cm^2x + cr = b^2m - c^2m ,$$

équation qui étant résolue donne :

$$x = \frac{b^2m - c^2m + br - cr}{ab + ac - bm^2 + cm^2}$$

112. En résumant tout ce qui précède, on en déduira la règle suivante : *Pour résoudre une équation du premier degré à une seule inconnue, faites d'abord disparaître les dénominateurs, s'il y en a, en suivant la règle du n° 109-2°. Effectuez, ensuite les opérations indiquées, puis faites passer dans un même membre tous les termes qui renferment l'inconnue, et, dans l'autre membre, tous les termes qui sont censés connus, et faites, s'il y a lieu, la réduction des termes semblables. Cela fait, le membre qui renferme l'inconnue, sera, en général, un polynome; décomposez-le en deux facteurs, dont l'un soit l'inconnue, et l'autre ce même polynome, après qu'on a supprimé l'inconnue dans tous ses termes. Divisez enfin les deux membres de l'équation par le multiplicateur de l'inconnue, et l'équation sera résolue.*

113. *Nota* 1o. — Avant d'aller plus loin, nous devons faire deux remarques sur ce procédé :

1° Nous avons dit dans son énoncé : *faites passer dans un même membre, tous les termes qui renferment l'inconnue,* etc. Le choix du membre dans lequel on doit faire passer l'inconnue, ne doit pas, au premier aperçu du moins, être regardé comme arbitraire. Soit, par exemple, l'équation $5x - 17 = 3x - 7$; x ayant un coefficient plus fort dans le premier membre que dans le second, c'est dans ce premier membre qu'il faut faire passer les termes qui renferment l'inconnue : on aura ainsi, $5x - 3x = 17 - 7$. Soit, au contraire, l'équation $7x - 10 = 10x - 19$; x ayant un coefficient plus fort dans le second membre que dans le premier, c'est dans le second membre qu'il faut faire passer les termes renfermant l'inconnue, ce qui donnera $19 - 10 = 10x - 7x$. Si l'on avait opéré la translation des termes dans un autre ordre, on aurait eu, pour la première équation, $7 - 17 = 3x - 5x$, et pour la seconde, $7x - 10x = 10 - 19$, équations qui ne représenteraient que des égalités, non plus entre des quantités, mais entre des symboles d'opérations impossibles à effectuer, ce qui, au premier aperçu du moins, ne paraît pas avoir de sens.

2° Admettons cependant que, pour résoudre la seconde équation, par exemple, on ait fait passer dans le premier membre les termes renfermant les inconnues, et les termes connus dans le second, nous aurions alors, ainsi que nous venons de le dire, $7x - 10x = 10 - 19$. Si maintenant nous changeons les signes de chaque terme, dans cette équation, nous aurons $-7x + 10x = -10 + 19$, ou bien (16.), $10x - 7x = 19 - 10$, équation qui est précisément celle que nous aurions trouvée en faisant passer dans le second membre les termes qui renferment l'inconnue, et les termes connus dans le premier ; et, comme la même chose se présenterait évidemment dans tous les cas semblables, nous pouvons modifier, comme il suit, le procédé énoncé plus haut : *Pour résoudre une équation du premier degré à une inconnue, faites d'abord disparaître les dénominateurs, s'il y en a, d'après la règle du n° 109-2°; effectuez ensuite les opérations indiquées, puis faites passer dans le premier membre tous les termes qui renferment l'inconnue, et, dans le second, tous les termes censés connus. Cela fait, si l'ensemble des termes positifs qui renferment l'inconnue, était plus faible que celui des termes négatifs, changez les signes de tous les termes, puis opérez la réduction des termes semblables,* etc., etc. (Terminez l'énoncé du procédé comme dans le numéro précédent.) — Du reste, nous verrons plus loin, que cette précaution de changer les signes de tous les termes, dans le cas indiqué par l'énoncé du procédé, n'est même pas nécessaire pour arriver à connaître la valeur de l'inconnue, lorsqu'on introduit dans les calculs la considération des quantités négatives, et qu'on leur applique les règles de calcul dont nous parlerons un peu plus tard.

114. *Nota* 2°. — Dans l'alinéa précédent, nous avons passé de l'équation $7x - 10x = 10 - 19$ à l'équation $10x - 7x = 19 - 10$, en changeant les signes de tous les termes. Les algébristes admettent en principe que, dans une équation quelconque, on peut changer les signes de tous les termes, et que la nouvelle équation qui en résulte peut remplacer la première. Pour comprendre cette assertion dans toute la généralité qu'elle présente, représentons par A et par B les sommes des termes positifs dans le premier et dans le second membre, et par a et b les sommes des termes négatifs, les termes positifs étant supposés être numériquement plus forts que les termes négatifs. Nous aurons alors l'équation

$$A - a = B - b,$$

laquelle exprime que A l'emporte sur a d'une quantité égale à celle dont B l'emporte sur b. Cela posé, si nous changeons les signes de tous les termes, nous aurons

$$- A + a = - B + b \text{ ou } a - A = b - B.$$

Dans cette nouvelle équation $a - A$ n'est plus une quantité (dans le sens positif du moins que nous avons donné jusqu'ici à ce mot), mais l'indication d'une soustraction impossible à effectuer, parce que A est plus grand que a. De même, et pour la même raison, le second membre $b - B$ n'est que l'indication d'une semblable soustraction. Or, l'équation

$$a - A = b - B$$

indique que ces deux impossibilités tiennent absolument à la même cause, c'est-à-dire que la quantité dont A l'emporte sur a est précisément la même que celle dont B l'emporte sur b, et, par conséquent, les deux équations

$$A - a = B - b \text{ et } a - A = b - B$$

expriment de deux manières différentes la relation qui existe entre les quatre quantités qui entrent dans ces équations, et l'on peut remplacer, par conséquent, l'une par l'autre. Donc, en général, *lorsqu'on a une équation, on peut changer les signes de tous les termes, et se servir de l'équation ainsi obtenue, comme on aurait fait de la première.* — Du reste, si le raisonnement que nous venons de faire présentait quelque difficulté, cette difficulté disparaîtrait devant ce que nous dirons plus tard de l'introduction dans les calculs des quantités négatives.

115. Nous engageons, avant de passer au chapitre suivant, à s'exercer à la résolution d'un certain nombre d'équations. En voici quelques-unes avec la valeur de l'inconnue qui leur correspond :

$$\frac{x}{5} + \frac{64-x}{3} = 14, \qquad x = 55$$

$$\frac{x}{5} + 4 = \frac{x+6}{3}, \qquad x = 15$$

$$2x + \frac{x}{2} + \frac{x}{4} + 1 = 100, \qquad x = 36$$

$$\frac{x+100}{3} = 20 + x, \qquad x = 20$$

$$ax - ac = bx - bc - cx, \qquad x = \frac{ac - bc}{a - b + c}$$

$$(3a - x)(a - b) + 2ax = 4b(x - a), \qquad x = \frac{7ab - 3a^2}{a - 3b + c}$$

$$\frac{ax}{b} - c = \frac{dx}{e} + \frac{fg}{h}, \qquad x = \frac{befg + bceh}{aeh - bdh}$$

$$2x - 3a + \frac{(a+b)(x-b)}{a-b} = \frac{4ab - b^2}{a+b} + \frac{a^2 - bx}{b},$$

$$x = \frac{a^4 + 3a^3b + 4a^2b^2 - 6ab^3 + 2b^4}{4a^2b + 2ab^2 - 2b^3}$$

116. RÉSUMÉ. — Après avoir, dans le chapitre que nous venons de terminer, rappelé ou donné le sens des mots : *équation, premier membre, second membre* d'une équation, *équation numérique et littérale, identité, degré* d'une équation à une ou plusieurs inconnues, nous nous sommes occupés de la résolution des équations du premier degré à une seule inconnue, et pour cela :

1° Nous avons indiqué différents changements que l'on peut faire aux termes d'une équation sans la détruire, à savoir : — 1° ajouter à ses deux membres ou en retrancher une même quantité ; — 2° faire passer un terme d'un membre dans un autre, et aussi tous les termes dans le même membre ; — 3° multiplier ou diviser par une même quantité tous les termes qui en composent les deux membres, et, par suite, — 4° faire disparaître les dénominateurs des fractions qui pourraient y entrer.

2° Nous avons énuméré les différentes manières dont l'inconnue peut être combinée avec des quantités connues dans une équation du premier degré à une inconnue, à savoir : — 1° par addition ; — 2° par soustraction ; — 3° par multiplication ; — 4° par division ; — 5° de plusieurs de ces manières à la fois.

3° Nous avons enseigné à dégager l'inconnue dans les différents cas que nous venons d'énumérer, et nous avons donné la règle générale pour la résolution des équations du premier degré à une inconnue.

4° Enfin, nous avons terminé ce chapitre par les deux observations renfermées dans les n°s 112 et 113, et nous avons indiqué, comme application de ce qui précède, quelques équations à résoudre.

CHAPITRE V.

RÉSOLUTION DES PROBLÈMES DU PREMIER DEGRÉ A UNE INCONNUE. — THÉORIE DES QUANTITÉS NÉGATIVES.

117. Nous venons d'apprendre, dans le chapitre précédent, à résoudre les équations du premier degré à une inconnue, et, par conséquent, à faire, pour les problèmes qui conduisent à de semblables équations, la seconde des deux choses que nous avons dit être nécessaires (9.) pour résoudre un problème par le moyen de l'Algèbre. Nous allons maintenant nous occuper de la première, c'est-à-dire de la méthode à suivre pour *mettre un problème en équation.*

Mettre un problème en équation, c'est, avons-nous dit (9.), considérer attentivement l'énoncé de ce problème, pour en déduire les relations qui existent entre les données et l'inconnue, ou les inconnues que l'on cherche, et écrire ces relations dans le langage algébrique. Or ce travail, souvent très-facile, demande quelquefois un esprit assez exercé. Nous allons, pour apprendre à le faire, nous proposer quelques problèmes à résoudre ; nous nous laisserons guider par le bon sens et le raisonnement, comme nous l'avons fait pour le problème que nous nous sommes proposé au commencement de ce Traité (2.), et nous tâcherons de déduire, de ce que nous aurons fait, une règle propre à nous diriger dans tous les autres cas.

118. PREMIER PROBLÈME. — *Trouver quel nombre il faut ajouter à 30 et à 10, pour rendre le premier double du second.*

Solution. — Si nous connaissions le nombre demandé, il faudrait, pour vérifier si réellement il satisfait aux conditions du problème, l'ajouter à 30 et à 10, et voir si la première somme est égale au double de la seconde. Désignons ce nombre par x : la première somme sera $30 + x$, la seconde $10 + x$, et le double de la seconde $2(10 + x)$; il faut donc que l'on ait

$$30 + x = 2(10 + x).$$

Telle est l'équation d'où dépend la résolution du problème : on en tire $x = 10$, c'est le nombre demandé.

119. DEUXIÈME PROBLÈME. — *Trouver un nombre dont la moitié, le tiers et le cinquième fassent 31.*

Solution. — Si, connaissant le nombre demandé, on voulait vérifier si réellement il satisfait aux conditions du problème, il faudrait en prendre la moitié, le tiers et le cinquième, ajouter ces différentes parties, pour voir si leur somme est 31. Imitons ce procédé : en désignant par x le nombre demandé, sa moitié, son tiers et son cinquième seront représentés par $\frac{x}{2}$, $\frac{x}{3}$, $\frac{x}{5}$, et l'on devra avoir

$$\frac{x}{2} + \frac{x}{3} + \frac{x}{5} = 31.$$

Telle est l'équation d'où dépend la solution du problème : on en tire $x = 30$; c'est le nombre demandé, comme il est facile de s'en assurer en le vérifiant.

120. TROISIÈME PROBLÈME. — *Un bassin a 100 mètres cubes de dimension, et il contient déjà 40 mètres cubes d'eau; on y pratique une ouverture par laquelle il s'échappe 3 mètres cubes d'eau par minute, mais en même temps on ouvre un robinet qui laisse entrer 5 mètres cubes d'eau aussi à chaque minute. On demande combien il faut attendre de minutes pour que le bassin soit plein.*

Solution. — Si l'on connaissait ce nombre de minutes et qu'on voulût le vérifier, il faudrait voir ce que fournit le premier bassin pendant ce temps, et ce que laisse échapper l'ouverture. En ajoutant la première de ces quantités aux 40 mètres cubes de liquide qui sont déjà dans le bassin, et en retranchant de la somme ce que laisse échapper l'ouverture, on devrait obtenir 100 mètres cubes. Imitons ce procédé. Soit x le nombre de minutes demandé : dans une minute, le robinet donnera 5 mètres cubes ; dans 2 minutes, 2 fois 5 mètres cubes ; dans 3 minutes, 3 fois 5 mètres cubes ; etc. ; dans x minutes, x fois 5 mètres cubes ou $5x$ mètres cubes. On verra de même que, pendant x minutes, l'ouverture laissera échapper $3x$ mètres cubes. On aura donc :

$$40 + 5x - 3x = 100.$$

En résolvant cette équation, on trouve $x = 30$; c'est le nombre de minutes nécessaires pour que le bassin soit rempli. Il est facile de le vérifier.

121. Si l'on considère attentivement la marche que nous avons suivie pour mettre en équation les problèmes précédents, on comprendra qu'il faudrait se conduire de la même manière pour mettre en équation un autre problème quelconque, et l'on pourra établir la règle suivante : *Représentez la quantité cherchée par une lettre, puis examinez avec attention l'état de la question, et faites, à l'aide des signes algébriques sur cette quantité et sur les quantités connues, les mêmes opérations que vous feriez si, connaissant la valeur de l'inconnue, vous vouliez la vérifier : vous serez conduit à égaler deux expressions d'une même quantité, et vous écrirez ainsi l'équation d'où dépend la solution du problème.*

Cette règle est celle que donnent les auteurs des Traités d'Algèbre. Elle s'appliquerait aussi aux problèmes qui renferment plusieurs inconnues, ou qui sont d'un degré supérieur au premier.

Nous allons maintenant passer à d'autres problèmes qui donneront lieu à des remarques importantes, et nous ferons connaître le sens de certaines expressions algébriques auxquelles conduisent quelquefois les problèmes que l'on veut résoudre.

122. QUATRIÈME PROBLÈME. — *Trouver quel nombre il faut ajouter à 7 pour avoir 4.*

Solution. — En désignant ce nombre par x, nous serons conduits à l'équation :

$$7 + x = 4, \text{ d'où l'on tire } x = 4 - 7,$$

équation qui nous dit que, pour avoir la valeur de l'inconnue, il faudrait retrancher 7 de 4, c'est-à-dire effectuer une soustraction impossible. D'où nous devons conclure que le problème proposé est impossible à résoudre, ce qui est évident, du reste, par le simple énoncé de ce problème.

123. Cette réponse de l'Algèbre va nous conduire à quelques remarques importantes.

1° Quand les algébristes sont conduits à un résultat semblable à celui-ci $x=4-7$, ils le présentent ordinairement sous une autre forme, et pour cela ils effectuent la soustraction en sens inverse, et donnent au reste le signe —. Ainsi, au lieu de $4-7$, par exemple, ils écrivent -3; au lieu de $40-50$, ils écrivent -10. Ces expressions -3, -10 ont, du reste, le même sens que $4-7$, $40-50$, et sont, par conséquent, le symbole d'une soustraction impossible à effectuer, parce que le nombre à soustraire l'emporte sur le nombre dont il fallait le soustraire, de 3 unités dans le premier cas, et de 10 unités dans le second.

2° Les expressions telles que celles-ci : -3, -7, $-a$, ont reçu, ainsi que nous l'avons déjà dit (30.), le nom de *quantités négatives*. Nous avons déjà fait remarquer qu'il ne faut pas confondre une *quantité négative* avec ce que nous avons appelé un *terme négatif*, puisqu'un terme négatif est tout simplement un terme qui doit être soustrait d'une autre quantité qui le précède, ou même qui le suit (16.), au lieu qu'une quantité négative n'est pour nous, jusqu'ici du moins, que le symbole d'une soustraction impossible à effectuer. Une quantité qui n'est pas négative prend le nom de *quantité positive;* et, pour exprimer plus explicitement qu'une quantité n'est pas négative, on la fait souvent précéder du signe $+$, comme il suit $+3$, $+a$, etc.

3° Quoique les quantités négatives ne soient pas, à proprement parler, du moins au point de vue où nous les considérons ici, des quantités, mais des symboles de soustractions impossibles à effectuer; les algébristes les ont cependant admises dans les calculs, et sont parvenus, au moyen de ces symboles, à donner aux problèmes qu'ils ont à résoudre, et aux formules auxquelles conduit la résolution de ces problèmes, une extension qu'ils n'auraient pas sans cela, et, pour leur donner cette extension, ils ont appliqué aux *quantités négatives* les règles des signes données plus haut (37, 46, 64, 84.) pour les *termes négatifs*. Ainsi, pour ajouter à une autre quantité une quantité négative, ils la mettent à la suite de la première avec le signe —; pour la soustraire, ils l'écrivent avec le signe $+$; quand ils ont à multiplier une quantité positive par une quantité négative, ou réciproquement, ils donnent au produit le signe —; et, si les facteurs sont tous les deux négatifs, ils lui donnent le signe $+$; et de même pour la division. En réunissant ces règles avec celles données pour opérer sur les termes positifs, on pourra former le tableau suivant pour effectuer les opérations sur les quantités soit positives, soit négatives, tableau qui n'est, du reste, que la réunion de ceux déjà donnés dans les n°s 37, 46, 64 et 84.

Addition............ $a + (+ b) = a + b,$ $a + (- b) = a - b$

Soustraction........ $a - (+ b) = a - b,$ $a - (- b) = a + b$

Multiplication ...... $\begin{cases} (+ a)(+ b) = + ab, & (+ a)(- b) = - ab \\ (- a)(+ b) = - ab, & (- a)(- b) = + ab \end{cases}$

Division............. $\begin{cases} \dfrac{(+ a)}{(+ b)} = + \dfrac{a}{b}, & \dfrac{(+ a)}{(- b)} = - \dfrac{a}{b} \\ \dfrac{(- a)}{(+ b)} = - \dfrac{a}{b}, & \dfrac{(- a)}{(- b)} = + \dfrac{a}{b} \end{cases}$

4° Nous exposerons dans une note placée à la fin de ce chapitre les raisons qu'ont eues les algébristes pour appliquer aux quantités négatives les règles que renferme ce tableau; mais, les supposant ici démontrées pour ces quantités, nous allons faire voir comment on peut, en s'appuyant sur ces règles, donner aux problèmes algébriques une extension qu'ils n'auraient pas sans cela.

124. Pour cela, reprenons le problème précédent : *Trouver quel nombre il faut ajouter à* 7 *pour avoir* 4.

Nous avons déjà vu que ce problème conduit à l'équation

$$7 + x = 4; \text{ d'où } x = 4 - 7; \text{ ou } x = - 3.$$

Cela posé, puisque nous trouvons pour x une valeur négative, nous pouvons la représenter par $(- x')$, x' etant une quantité essentiellement positive (a), et si nous mettons $(- x')$ à la place de x dans l'équation $7 + x = 4$, nous aurons $7 + (- x') = 4$; ou, en faisant l'addition indiquée dans le premier membre, $7 - x' = 4$.

En considérant cette équation $7 - x' = 4$, on voit qu'elle est la

---

(a) Dès que nous admettons des quantités négatives, une lettre pourra représenter indifféremment une quantité positive ou négative, mais si nous convenons de représenter par une lettre, a par exemple, une quantité toujours positive, ce que nous exprimerons en disant que a représente *une quantité essentiellement positive*, alors $+ a$ sera essentiellement positif, $- a$ sera essentiellement négatif. Au contraire, si nous convenons de représenter par a une quantité toujours négative, ce que nous exprimerons en disant que a représente *une quantité essentiellement négative*, alors $+ a$ serait essentiellement négatif, et $- a$ essentiellement positif.

traduction de ce nouveau problème : *Quel nombre faut-il retrancher de 7 pour avoir 4?* problème possible à résoudre, et qui ne diffère du précédent qu'en ce que le nombre cherché doit être retranché de 7 pour qu'on obtienne 4, au lieu que dans le premier problème il fallait, pour avoir 4, ajouter à 7 le nombre demandé. Du reste, ce problème résolu donne $x = 3$ pour le nombre cherché. C'est précisément le même nombre qu'avait donné le premier problème, mais avec un signe contraire.

Ainsi, dans le problème que nous venons de résoudre, nous devons remarquer deux choses : 1° une solution négative, preuve de l'impossibilité du problème proposé ; 2° en remplaçant x par $-x'$, ou, ce qui revient au même, en changeant le signe de x, dans la première équation, nous avons obtenu une équation qui est la traduction d'un nouveau problème qui ne diffère du premier qu'en ce que le nombre qu'il faut ajouter à 7 dans le premier problème, en doit être retranché dans le second.

125. Cinquième problème. — *Un père a 50 ans et son fils en a 20, on demande combien il y a d'années que l'âge du père était double de celui du fils.*

Solution. — En appelant x ce nombre d'années, on voit qu'alors l'âge du père était $50 - x$, celui du fils $20 - x$; l'âge du père devant être double de celui du fils, on a l'équation :

$$50 - x = 2(20 - x).$$

Cette équation, lorsqu'on la résout, devient successivement,

$$50 - x = 40 - 2x, \; 2x - x = 40 - 50, \; x = 40 - 50, \; x = -10$$

Nous trouvons encore ici pour x une valeur négative, et, par conséquent, le problème proposé est impossible, puisqu'il faudrait pour y satisfaire retrancher un nombre d'un autre nombre plus petit. Mais si, comme dans le problème précédent, nous représentons x par $(-x')$, en substituant $(-x')$ à x dans l'équation,

$$50 - x = 2(20 - x)$$

nous trouverons... $50 - (-x') = 2(20 - (-x'))$

ou.................. $50 + x' = 2(20 + x')$ *.

* En substituant $-x'$ à x, l'expression $50 - x$ devient $50 - (-x')$ ou $50 + x'$ d'après les règles de la soustraction.

Et cette nouvelle équation est la traduction de ce problème : *Un père a 50 ans et son fils en a 20, trouver dans combien d'années l'âge du père sera double de celui du fils;* problème qui ne diffère du précédent qu'en ce que, dans celui-ci, le nombre d'années demandé devait être retranché de l'âge actuel du père et de celui du fils, au lieu que dans celui que nous venons d'énoncer ce nombre doit être ajouté à ces âges. On peut donc faire ici les remarques déjà faites sur le problème quatrième que renferme le n° 122., et, en généralisant cette remarque, nous pourrons en conclure ce qui suit :

126. *En général, toutes les fois qu'une équation est la* traduction *fidèle d'un problème, et qu'elle donne pour l'inconnue une valeur négative :*

1° *On peut conclure que le problème proposé est impossible, puisque, pour trouver un nombre qui y satisfît, il faudrait faire une soustraction impossible;*

2° *Si, dans l'équation qui est la traduction de ce problème, on substitue* $(-x')$ *à* x, *ou, ce qui revient au même, si l'on change le signe de la lettre qui représente le nombre inconnu, on écrira une nouvelle équation qui sera ordinairement la traduction d'un nouveau problème, et ce problème ne différera du premier, qu'en ce que certaines quantités, qui devaient être ajoutées dans le premier cas, doivent être retranchées dans le second cas, ou réciproquement.*

On voit donc que, du moins dans certains cas, si le problème proposé est impossible, l'Algèbre ne se contente pas de le dire, mais elle dit encore d'où vient cette impossibilité, et quels changements il faut faire à la question proposée pour qu'elle soit susceptible d'une solution. Par exemple, la solution $x = -3$ du quatrième problème, équivalait à ces mots : « Vous demandez quel nombre il faut » ajouter à 7 pour avoir 4 : cette question est absurde; il faut de- » mander quel nombre on doit retrancher de 7. » La solution $x = -10$ du cinquième problème, équivalait à ces mots : « Vous de- » demandez combien il y avait d'années que l'âge du père était dou- » ble de celui du fils : question encore absurde; il faut deman- » der dans combien d'années l'âge du père sera double de celui du » fils. «

127. *Nota* 1° — Nous avons, dans le numéro précédent, écrit en caractères romains quelques mots sur lesquels ils est important de revenir. Et d'abord, nous avons dit qu'une solution négative est la marque d'une impossibilité dans un problème, si l'équation qui donne pour l'inconnue cette valeur est la *traduction fidèle* de ce problème.

On conçoit, en effet, que si l'équation était la traduction d'un problème plus restreint que le problème proposé, alors le problème proposé pourrait être possible, quoique l'équation donnât pour l'inconnue une valeur négative. Comme aussi, si l'équation n'exprimait pas toutes les conditions du problème, il pourrait se faire que le problème fut impossible quoique l'équation donnât pour l'inconnue une valeur positive. Pour ne laisser aucun doute sur le sens de ce passage, proposons-nous les problèmes suivants :

SIXIÈME PROBLÈME. — *Quel nombre faut-il ajouter à 6 ou retrancher de 6 pour avoir 3 ?*

Solution. — Représentons le nombre cherché par x et supposons qu'il faille l'ajouter à 6 ; nous aurons $6 + x = 3$, d'où $x = -3$, solution négative, et cependant le problème est possible car on demande quel nombre il faut ajouter à 6 ou retrancher de 6 pour avoir 3, et il est certain que le nombre 3 retranché de 6, donne pour reste 3. Mais aussi l'équation $6 + x = 3$, n'est pas la traduction fidèle du problème proposé, mais bien d'un problème plus restreint, à savoir : *Quel nombre faut-il ajouter à 6 pour avoir 3 ?*

SEPTIÈME PROBLÈME. — *Quel nombre entier faut-il ajouter à 2 pour avoir* $5 \frac{1}{2}$?

Solution. — En représentant par x le nombre cherché, on a $2 + x = 5 + \frac{1}{2}$, d'où $x = 3 + \frac{1}{2}$. L'équation donne pour x une valeur positive, et cependant le problème est impossible, car il n'est pas possible de trouver $5 + \frac{1}{2}$ en ajoutant à 2 un nombre entier, mais aussi l'équation n'est-elle pas la traduction fidèle du problème, car dans le problème proposé on demande que le nombre cherché soit entier, et dans l'équation $2 + x = 5 + \frac{1}{2}$, rien n'indique que x doit être un nombre entier, il est même impossible de l'indiquer, et cette équation est la traduction de ce problème moins restreint que celui proposé : *Quel nombre faut-il ajouter à 2 pour avoir* $5 + \frac{1}{2}$

Les exemples que nous venons de donner sont bien simples, et certes il n'était pas besoin de l'Algèbre pour résoudre de pareilles questions ; mais nous les avons choisis ainsi, pour que l'esprit, moins distrait, saisit mieux les choses que nous voulions lui faire remarquer.

128. *Nota* 2º. — En second lieu nous avons dit, dans le nº 126, que lorsqu'un problème donne une solution négative, en changeant le signe de la lettre qui représente l'inconnue dans l'équation qui est la traduction de ce problème, on obtient une équation qui est *ordinairement* la traduction d'un nouveau problème qui ne diffère du premier qu'en ce que certaines quantités, qui devaient être ajoutées dans le premier, doivent être retranchées dans le second, ou réciproquement. Nous avons dit, *ordinairement*, parce qu'il est quelquefois très-difficile de faire sur la nouvelle équation l'énoncé d'un nouveau problème qui remplisse cette condition.

129. *Nota* 3º. — Quoiqu'il en soit, quand on a fait ce changement de signe de la lettre qui représente l'inconnue, si l'on résout la nouvelle équation, on trouvera pour x, une quantité positive et qui ne différera que par le signe de la valeur donnée par la première équation. C'est ce dont on se convaincra facilement avec un peu de réflexion.

En effet, supposons qu'on eût obtenu, dans la première équation, $x = -$ A. Si, dans l'équation qui a donné pour x cette valeur, on change le signe de x, ou ce qui revient au même, si l'on remplace x par $(-x')$, et que, dans la nouvelle équation, on considère $(-x')$ comme inconnue, cette équation ne différera de la première que par la forme de l'inconnue, en la résolvant on obtiendra donc $(-x') = -$ A; et, en changeant les signes des deux termes, puis en retranchant les parenthèses désormais inutiles, on aura $x = $ A; valeur qui ne diffère que par le signe de celle donnée par la première équation.

130. *Nota* 4º. — Quand on a un peu l'habitude de l'Algèbre, il y a une multitude de cas où, sans faire subir à l'équation donnée par un problème le changement indiqué dans le nº 126, on peut savoir comment il faut modifier l'énoncé de ce problème pour le rendre possible, et quel est le sens de la solution négative que l'on a trouvée. L'usage fera reconnaître la vérité de cette observation.

131. *Nota* 5º. — Terminons cette série de remarques en faisant observer que dans ce que nous venons de dire nous avons supposé que l'inconnue x n'admet qu'une valeur, et que cette valeur est négative. Si l'inconnue admettait deux valeurs, comme cela a lieu pour les équations du second degré, et que l'une de ces valeurs fût positive et l'autre négative, la première résoudrait le problème proposé, et la seconde répondrait à un autre problème, ayant de l'ana-

logie avec le premier, et à l'expression duquel on arriverait ordinairement par le procédé indiqué au n° **125**.

132. HUITIÈME PROBLÈME. — *Deux courriers marchent sur une
même ligne DC et se dirigent tous les deux vers le point C; le premier (c'est-à-dire celui qui est en avant), fait deux lieues par heure,
et le second en fait trois. De plus, quand le premier passe par le
point B, le second passe par le point A, distant de B de 12 lieues.
On demande à quelle distance du point A ces deux courriers se rencontreront?*

D   A   B   C

Solution. — Appelons x le nombre de lieues que doit faire le second courrier pour atteindre le premier : pendant qu'il fait une
lieue, le premier fait seulement $\frac{2}{3}$ de lieue, et, par conséquent, pendant qu'il fera x lieues, le second fera seulement les $\frac{2}{3}$ de x lieues
ou $\frac{2x}{3}$ lieues; mais comme celui-ci a **12** lieues d'avance sur le second, quand le second sera à x lieues du point A, l'autre sera à $\frac{2x}{3}$
+ **12** lieues. Pour qu'ils se rencontrent alors, il faut que ces deux
distances soient égales; on a donc l'équation

$$x = \frac{2x}{3} + 12. \quad \text{D'où l'on tire } x = 36.$$

C'est le nombre de lieues que doit faire le second courrier pour
atteindre le premier.

133. Jusqu'ici, dans les problèmes que nous avons résolus, nous
avons représenté par des nombres les quantités connues; et les solutions que nous avons trouvées ne convenaient qu'aux problèmes que
nous considérions. Mais nous avons vu (**4.**) qu'un des principaux
avantages de l'Algèbre est de généraliser la résolution d'un problème, et qu'il suffit, pour obtenir ce résultat, de représenter par des
lettres les quantités connues elles-mêmes. Essayons de généraliser
le problème précédent, et, pour cela, reproduisons-en l'énoncé
comme il suit :

*Deux courriers marchent sur une même ligne DC, et se dirigent
tous les deux vers le point C. Le premier (c'est-à-dire celui qui est
en avant) fait par heure un nombre de lieues représenté par v, et
le second en fait un nombre représenté par v'; de plus, quand le*

premier passe par le point B, *le second passe par le point* A, *distant de* B *d'un nombre de lieues représenté par* d. *On demande à quelle distance du point* A *ces deux courriers se rencontreront?*

Un raisonnement tout semblable à celui que nous avons fait tout à l'heure, nous conduira à l'équation

$$x = \frac{vx}{v'} + d.$$ D'où nous tirons $x = \frac{v'd}{v'-v}$;

formule qui nous fait voir que, pour trouver la quantité demandée, il faut, dans tous les problèmes de ce genre, multiplier la distance des deux villes par la vitesse du second courrier, c'est-à-dire par le nombre de lieues qu'il fait en une heure, et diviser le produit par l'excès de la vitesse du second courrier sur celle du premier.

134. Examinons maintenant en détail la formule que nous venons de trouver, $x = \frac{v'd}{v'-v}$;

c'est-à-dire, examinons toutes les formes des valeurs que peut recevoir x lorsqu'on fait varier les quantités connues d, v, v'. (Examiner toutes les valeurs que peut prendre x, lorsqu'on fait varier les quantités qui entrent dans son expression, c'est ce qu'on appelle *discuter* les valeurs de x, ou discuter l'équation qui a donné la valeur de x.)

1° Supposons la distance de 12 lieues, la vitesse du premier courrier 2 lieues, celle du second 3 lieues, on a $d = 12$, $v = 2$, $v' = 3$; donc $x = \frac{3 \times 12}{3-2} = 36$. C'est précisément ce que nous avons trouvé dans le problème particulier que nous avons déjà résolu. Il est évident qu'on trouvera une solution analogue, c'est-à-dire positive, toutes les fois que, la distance d n'étant pas nulle, la vitesse du second courrier sera plus grande que celle du premier.

2° Supposons que la distance étant toujours de 12 lieues, le second courrier aille moins vite que le premier, qu'il fasse, par exemple, 2 lieues pendant que l'autre en fait 3 ; alors $d = 12$, $v = 3$, $v' = 2$, et l'on a $x = \frac{2 \times 12}{2-3} = \frac{24}{-1} = -24$. La solution est ici négative, nous pouvons donc conclure que le problème proposé est impossible. Il est clair, en effet, que le courrier qui est en avant allant plus vite que l'autre, celui-ci ne l'atteindra jamais.

Mais nous avons vu que, lorsque l'équation fournie par un problème conduit à une solution négative, si l'on change le signe de x dans cette équation, elle devient ordinairement la traduction d'un nouveau problème qui a une grande analogie avec celui qui avait été d'abord proposé. Dans le cas particulier qui nous occupe, l'équation générale $x = \dfrac{vx}{v'} + d$ devient $x = \dfrac{3x}{2} + 12$. Si nous changeons le signe de x elle deviendra $- x = - \dfrac{3x}{2} + 12$. Sous cette forme il n'est pas facile de voir de quel problème cette équation serait la traduction ; mais changeons les signes de tous les termes, ce qui est permis (**114.**), et l'équation $x = \dfrac{3x}{2} - 12$ que nous obtiendrons sera la traduction de ce problème : *Deux courriers marchent sur une même ligne* DC, *et se dirigent tous les deux vers le point* C. *Le premier fait* 3 *lieues par heure, et le second en fait* 2 *seulement ; de plus, lorsque le premier passe en* B, *le second passe en* A, *distant de* 12 *lieues du point* B. *On demande à quelle distance du point* A *ces deux courriers s'étaient rencontrés ?* On voit, en effet, que ce problème conduit à l'équation $x = \dfrac{3x}{2} - 12$, car, en appelant x le nombre de lieues qu'a fait le second courrier depuis sa rencontre avec l'autre, pendant qu'il a fait ces x lieues, le premier a fait un nombre de lieues représenté par $\dfrac{3x}{2}$, puisqu'il fait 3 lieues lorsque l'autre en fait 2. Or, le premier se trouve avoir avancé sur l'autre de 12 lieues. Il faut donc que $\dfrac{3x}{2}$ lieues, diminué de 12 lieues, soient égal à x lieues ; c'est-à-dire qu'on ait l'équation $x = \dfrac{3x}{2} - 12$. En résolvant cette équation, on trouve $x = 12$; c'est-à-dire que les deux courriers se sont rencontrés en un point O placé à une distance de 12 lieues du point A.

$$\overline{\quad\text{D}\qquad\qquad\text{O}\qquad\qquad\text{A}\qquad\qquad\text{B}\qquad\qquad\text{C}\quad}$$

Nous retrouvons donc ici ce que nous avons vu plus haut, à savoir, que l'Algèbre, en nous apprenant par une solution négative que le problème proposé est impossible, nous apprend aussi quel changement il faut faire dans son énoncé pour le rendre possible. Elle nous dit, en effet, qu'il fallait demander dans le cas présent, *non pas à quelle distance du point* A *les courriers se rencontreront,* *mais à quelle distance du point* A *ils s'étaient déjà rencontrés.* Le point de rencontre est à gauche du point A, au lieu d'être à droite, comme le supposait l'énoncé du problème.

3° Supposons maintenant que la distance des deux villes étant nulle, c'est-à-dire que les courriers passant en même temps au point A, aillent avec des vitesses inégales, ou qu'ayant $d = 0$, on ait, par exemple, $v = 2\,v' = 3$. Alors on a : $x = \dfrac{3 \times 0}{3-2} = \dfrac{0}{1} = 0$. La valeur de x est, dans ce cas, zéro; c'est-à-dire que les courriers se rencontrent au point A, chose évidente, puisqu'ils passent à ce point en même temps, et qu'ils vont inégalement vite; ils ne seront donc ensemble qu'au moment où ils passent à ce point. Il est clair qu'il en serait de même toutes les fois que, la distance étant nulle, les vitesses seront inégales.

4° Supposons encore que la distance des deux villes étant nulle, les courriers aillent également vite, qu'on ait, par exemple, $v = 3$, $v' = 3$ en même temps que $d = 0$. Alors la valeur de x devient $x = \dfrac{3 \times 0}{3-3}$ ou $x = \dfrac{0}{0}$. Nous n'avons pas jusqu'ici rencontré de résultat de cette forme. Pour l'interpréter, reprenons l'équation générale $x = \dfrac{vx}{v'} + d$, et résolvons-la dans l'hypothèse de $d = 0$, $v = 3$, $v' = 3$, elle devient alors successivement :

$$x = \frac{3x}{3} + 0, \quad 3x = 3x + 0, \quad 3x - 3x = 0,$$

$$(3-3)x = 0, \quad 0 \times x = 0, \quad x = \frac{0}{0}.$$

Or, toutes ces équations sont des identités (**107.**); dans l'avant-dernière, par exemple, et, par conséquent, dans la dernière, qui en est une conséquence immédiate, on peut mettre à la place de x un nombre quelconque, puisqu'un nombre quelconque, multiplié par zéro, donne zéro pour produit; nous devons donc regarder cette valeur de x, $\frac{0}{0}$, comme le signe d'une indétermination, et, par conséquent, dire que les courriers se rencontreront à toutes les distances; ce qui est d'ailleurs évident, puisqu'ils passent au même point en même temps et qu'ils vont également vite; ils seront donc toujours ensemble. On peut encore voir, indépendamment de la considération précédente, que $\frac{0}{0}$ doit être regardé comme l'expression d'une valeur quelconque, puisqu'on peut dire que zéro renferme zéro autant de fois que l'on voudra.

5° Supposons enfin que les deux villes étant distantes d'un certain nombre de lieues, 12, par exemple, les vitesses des courriers soient égales, et de 3 lieues chacune, alors $d = 12$, $v = 3$, $v' = 3$, et la valeur de x devient $x = \dfrac{3 \times 12}{3 - 3} = \dfrac{36}{0}$. Voici encore une expression que nous n'avons pas rencontrée jusqu'ici : essayons de l'interpréter.

La valeur de x est représentée par une fraction dont le dénominateur est zéro. Pour savoir ce que peut signifier une pareille expression, considérons ce que devient une fraction dont le dénominateur décroît continuellement jusqu'à finir par s'évanouir, le numérateur demeurant constant. Supposons donc que le numérateur soit 36, par exemple, et que le dénominateur soit 1, la fraction vaudra $\dfrac{36}{1}$ ou 36. Si le dénominateur devient 10 fois plus petit, c'est-à-dire 0,1, la fraction $\dfrac{36}{0,1}$ vaudra 10 fois plus, c'est-à-dire 360.

Si le dénominateur devient encore 10 fois plus petit, la fraction $\dfrac{36}{0,01}$ vaudra 3600. Le dénominateur devenant encore 10 fois plus petit, la fraction $\dfrac{36}{0,001}$ deviendra encore 10 fois plus grande et vaudra 36000, etc. On voit qu'en continuant à rendre le dénominateur de dix en dix fois plus petit, on pourra rendre la valeur de la fraction plus grande que quelque nombre que ce soit ; mais quelque petit qu'on rende le dénominateur, en suivant ce mode de décroissement, on ne le rendra jamais égal à zéro, et, par conséquent, quelque grande qu'on rende la fraction, on ne la rendra jamais aussi grande que $\dfrac{36}{0}$. Cette fraction $\dfrac{36}{0}$ doit donc être considérée comme l'expression de quelque chose plus grand que toute quantité assignable, et, par conséquent, comme le symbole de l'infini.

Ainsi la réponse de l'Algèbre est que le second courrier atteindra le premier quand il aura parcouru un espace infini, par conséquent, qu'il ne l'atteindra jamais, et que le problème est impossible. C'est, du reste, ce qu'il est facile de voir, puisque les deux courriers partent de différents points en même temps, et qu'ils vont aussi vite l'un que l'autre.

Cette manière de dire que le problème est impossible n'est pas la même que celle que nous avons rencontrée jusqu'ici. Aussi c'est en vain que nous ferions marcher les deux courriers en sens inverses, c'est-à-dire vers le point D, ils ne se rencontreraient pas davantage. Mais la forme de la valeur de x, dans ce cas, nous indique encore d'où vient l'impossibilité du problème et ce qu'il faudrait faire pour qu'il devînt possible. En effet, dans cette expression $x =$ $\frac{v'd}{v'-v}$, on voit que tant que les vitesses seront égales le dénominateur sera zéro; mais que si les vitesses étaient presque les mêmes (celle du premier courrier étant plus petite), le dénominateur serait très-petit, la fraction très-grande, et, par conséquent, les courriers se rencontreraient excessivement loin. Donc, pour rendre le problème possible, il faut diminuer un peu la vitesse du premier courrier ou augmenter celle du second, et la rencontre se fera d'autant plus loin que les vitesses différeront moins.

Pour comprendre la justesse de la réponse de l'Algèbre qui nous dit que les courriers se rencontreront à l'infini, il faut considérer que les courriers se rencontreront lorsqu'ils seront à égale distance du point A. Or, supposons qu'ils aient fait chacun 12 lieues, le premier sera à 24 lieues du point A, l'autre n'en sera qu'à 12 lieues; ces deux distances sont très-inégales, l'une est double de l'autre. S'ils avaient fait chacun 100 lieues, les deux distances seraient 112 lieues et 100, elles sont encore inégales, mais l'inégalité se fait moins sentir, car la différence 12 lieues est beaucoup moindre, par rapport à 112 lieues que par rapport à 24. Si les courriers avaient fait 10000 lieues les distances seraient 10012 lieues et 10000 lieues, et la différence seraient bien peu de chose par rapport à ces distances. On voit ainsi que plus les courriers ont fait de lieues, et moins il y a d'erreur à négliger la différence des distances qui les séparent du point A; par conséquent, après un nombre excessivement grand de lieues, on pourra presque dire, sans erreur, qu'ils sont à la même distance de ce point, et que le second a atteint le premier. Et c'est ce que l'Algèbre exprime, en disant qu'ils se rencontreront à l'infini.

La manière dont nous avons fait voir que $\frac{36}{0}$ doit être considéré comme le symbole de l'infini, s'appliquerait évidemment à toute autre fraction dont le dénominateur serait zéro. *En général, toute* *expression de cette forme* $\frac{a}{0}$ *représente l'infini, que l'on exprime aussi par* ∞ ; *Et, pour exprimer zéro, on se sert quelquefois d'expressions de la forme* $\frac{a}{\infty}$, *dans laquelle* a *représente une quantité finie.* Nous laissons le soin de chercher la raison de cette notation.

135. *Nota* 1º — Nous aurions pu, dans la discussion du problème proposé, faire quelques autres suppositions, par exemple, l'une des vitesses nulles ; mais nous n'aurions rien trouvé qui ne soit équivalemment compris dans ce que nous avons dit. Nous engageons toutefois à chercher les conséquences de ces suppositions.

136. *Nota* 2º. — Dans la quatrième supposition que nous avons faite sur les valeurs de d, v et v', nous avons trouvé que $x = \frac{0}{0}$ et nous en avons conclu que l'on pouvait donner à x une valeur quelconque et, qu'en général, l'expression $\frac{0}{0}$ est la marque d'une indétermination ou d'une quantité quelconque. Cependant, il n'en est pas toujours ainsi, et, pour comprendre à quoi cela tient, supposons que nous ayons pour valeur de x, $x = \frac{a}{b}$, nous pouvons, sans changer cette valeur, multiplier les deux termes de la fraction $\frac{a}{b}$ par une quantité quelconque, m, par exemple, nous aurons alors, $x = \frac{a.m}{b.m}$. Maintenant, m pouvant avoir une valeur quelconque, s'il nous plaît de la supposer égale à zéro, x deviendra $\frac{0}{0}$ et cependant les changements que nous avons faits, n'ont pas dû changer la valeur de x, x vaut donc encore $\frac{a}{b}$, et $\frac{0}{0}$ ne peut être ici le signe d'une indétermination. Mais on voit facilement que cela tient à ce que, dans la valeur de x, à savoir $\frac{a.m}{b.m}$, il y a un facteur commun aux deux termes de la fraction, et qui, par cela même, ne peut influer sur la valeur de cette fraction, quelque valeur qu'on lui suppose. On voit donc que, pour que $\frac{0}{0}$ soit la marque d'une indétermination dans la valeur de x, il faut s'assurer qu'il n'y a pas, dans les deux termes de la fraction qui se réduit à $\frac{0}{0}$, un facteur commun qui s'évanouit par une supposition par-

ticulière. Il y a des règles pour connaître, dans tous les cas, s'il n'y a pas de facteurs de cette espèce, et pour les mettre en évidence; mais nous ne pouvons exposer ici ces règles. Disons seulement que dans certains cas, il est facile de reconnaître l'existence de pareils facteurs. Soit, par exemple, l'expression $\dfrac{a^2 - b^2}{ac - cb}$, si l'on y suppose $a = b$, elle deviendra $\dfrac{0}{0}$; mais si l'on en décompose les deux termes en facteurs (98.), on aura $\dfrac{(a + b)\,(a - b)}{c\,(a - b)}$, et le facteur commun $a - b$ est ici en évidence; si on le supprime, la fraction proposée devient $\dfrac{a + b}{c}$, et la supposition de $a = b$ ne donne plus $\dfrac{0}{0}$, mais bien $\dfrac{2a}{c}$.

Nous avons discuté avec un grand détail le problème précédent pour faire voir comment on doit se conduire dans ces discussions, nous allons encore, dans le même but, reprendre deux des problèmes précédemment résolus, le cinquième et le troisième, en modifiant un peu leur énoncé.

137. NEUVIÈME PROBLÈME. — *Un père a un nombre d'années représenté par* p, *son fils a un nombre d'années représenté par* f, *on demande dans combien d'années l'âge du père sera double de celui du fils?*

Solution. — En représentant le nombre d'années demandé par x, et en appliquant à ce problème les règles données plus haut, on arrivera à l'équation

$$p + x = 2\,(f + x), \text{ d'où l'on déduit } x = p - 2f.$$

Si nous voulons maintenant discuter cette valeur de x, cette discussion ne pourra donner lieu qu'à trois hypothèses, suivant que l'on supposera

$$p > 2f, \; p = 2f \text{ ou } p < 2f.$$

1° Si nous supposons $p > 2f$, c'est-à-dire l'âge du père plus grand que le double de celui du fils, la valeur de x sera positive, et répondra au problème proposé. Elle donnera le nombre d'années qu'il faut attendre pour que l'âge du père soit le double seulement de celui du fils. Par exemple, si $p = 60$ et $2f = 40$, et, par conséquent, si l'âge du père est 60 ans et l'âge du fils 20 ans, la valeur de x sera 20. En effet, après 20 ans le père aura 80 ans et le fils 40. Le premier sera donc deux fois plus âgé que le second.

2° Si nous supposons $p = 2f$, c'est-à-dire l'âge du père double de celui du fils, la valeur de x sera zéro. En effet, dans cette hypothèse, il ne faudra pas attendre du tout pour que l'âge du père soit double de celui du fils.

3° Si nous supposons $p < 2f$, c'est-à-dire l'âge du père plus petit que le double de celui du fils, la valeur de x sera négative, et le problème proposé insoluble dans cette hypothèse; mais la valeur de x, au lieu de répondre à la question : *Dans combien d'années l'âge du père sera-t-il double de celui du fils?* répond à cette autre question : *Combien y a-t-il d'années que l'âge du père était double de celui du fils* (129.)? Supposons, par exemple, que $p = 60$ et $2f = 70$, et, par conséquent, que l'âge du père étant 60 ans, l'âge du fils soit de 35 ans, la valeur de x sera — 10. En effet, dans cette hypothèse, 10 ans auparavant le père avait 50 ans et le fils en avait 25; le premier était donc alors deux fois plus âgé que le second.

138. DIXIÈME PROBLÈME. — *Un bassin est disposé de manière à recevoir par un robinet et dans une minute un nombre de mètres cubes d'eau représenté par* A, *et en laisse échapper aussi en une minute, par une ouverture, un nombre de mètres cubes représenté par* a; *à un moment donné, il contient déjà m mètres cubes de liquide. On demande dans combien de minutes il en renfermera un nombre de mètres cubes représenté par* M?

Solution. — En représentant par x le nombre de minutes demandées, le bassin recevra pendant ce temps un nombre de mètres cubes d'eau représenté par Ax, et en laissera échapper un nombre représenté par ax. La quantité d'eau qu'il contiendra après x minutes sera donc exprimée par $m + Ax - ax$; et comme cette quantité doit être égale à M, nous aurons l'équation :

$$m + Ax - ax = M; \quad \text{d'où nous tirons } x = \frac{M - m}{A - a}.$$

Discussion de la valeur de x. — Pour faire cette discussion, nous supposerons successivement $M > m$, $M < m$, $M = m$, et, dans chacune de ces hypothèses, nous supposerons aussi $A > a$, $A < a$, $A = a$.

1° Supposons $M > m$, c'est-à-dire supposons que le bassin contienne d'abord moins d'eau qu'il ne doit en contenir après x minutes.

Dans ce cas : — 1° Si l'on a $A > a$, c'est-à-dire si le robinet qui verse de l'eau dans le bassin en verse plus que n'en laisse échapper l'ouverture qu'on y a pratiquée, la valeur de x sera positive et répondra au problème proposé. — 2° Si l'on a $A < a$, la valeur de x sera négative, et le problème sera impossible à résoudre. On conçoit, en effet, que, si le bassin contient d'abord moins d'eau que l'on n'en veut avoir après un certain temps, et si le robinet en donne moins que l'ouverture n'en laisse échapper, l'on n'arrivera jamais à avoir dans le bassin l'eau qu'on veut y avoir; mais si la valeur de x, dans ce cas, ne répond pas à cette question : *Dans combien de minutes le bassin renfermera-t-il* M *mètres cubes d'eau*, elle répond à cette autre question : *Combien y a-t-il de minutes que le bassin renfermait* M *mètres cubes d'eau?* Car, puisque le bassin, recevant moins d'eau qu'il n'en laisse sortir, en perd à chaque minute une certaine quantité, un certain nombre de minutes avant le moment où il ne renferme plus que m mètres cubes d'eau, il devait en renfermer M mètres cubes. — 3° Si, dans la même hypothèse M $> m$, on suppose $A = a$, la valeur de x se présente sous la forme $\dfrac{M - m}{0}$, ou $\dfrac{d}{0}$ (en appelant d la différence en M et m), c'est-à-dire que cette valeur est infinie et que le problème est impossible. On conçoit, en effet, que, puisque A est égal à a, la quantité de liquide qui entre à chaque minute dans le bassin est égale à celle qui en sort, et que le bassin n'en renfermera jamais M mètres cubes.

⋅ 2° Supposons maintenant M $< m$, c'est-à-dire, supposons que le bassin contienne d'abord plus d'eau qu'on ne veut en avoir après x minutes. Dans ce cas : — 1° Si l'on a $A > a$, la valeur de x sera négative, et le problème sera impossible à résoudre. On conçoit en effet que puisque le bassin contient d'abord plus d'eau qu'on ne veut en avoir après un certain temps, et, si le robinet en verse à chaque instant plus que l'ouverture n'en laisse sortir, l'on n'arrivera jamais à n'avoir dans le bassin que la quantité d'eau qu'on veut y avoir. Mais si la valeur de x ne répond pas à cette question : *Dans combien de minutes le bassin renfermera-t-il* M *mètres cubes d'eau?* elle répond à celle-ci : *Combien y a-t-il de minutes que le bassin ne renfermait que* M *mètres cubes d'eau?* Car, puisque le bassin reçoit plus d'eau qu'il n'en laisse écouler, et, par suite, en acquiert à chaque minute une certaine quantité, un certain nombre de minutes avant le moment où il renferme m mètres cubes d'eau, il devait n'en renfermer que M mètres cubes; — 2° Si, dans la même hypothèse $M < m$, on a $A < a$, la valeur de x est positive, et répond directement au problème proposé; — 3° Enfin, si l'on a, en même temps, $M < m$ et $A = a$, la valeur de x se présente sous la forme de $\dfrac{M - m}{0}$ ou $\dfrac{-d}{0}$ (en appelant, comme précédemment d, la différence entre M et m); c'est-à-dire, sous la forme de l'infini négatif, et, par conséquent, le problème est impossible. On conçoit, en effet, que puisqu'il y a dans le bassin plus d'eau qu'on n'en veut avoir, et que le robinet en verse à tout instant autant que l'ouverture en laisse sortir, le bassin en contiendra toujours la même quantité m, et par conséquent n'arrivera jamais à en contenir M seulement;

3° Supposons enfin que $M = m$, c'est-à-dire que le bassin contienne d'abord précisément la quantité d'eau que l'on veut qu'il renferme après le nombre de minutes cherché. Dans ce cas : 1° soit que l'on suppose $A > a$ ou $A < a$, la valeur de x sera égale à zéro. On conçoit, en effet, que dans cette hypothèse, puisque le bassin contient dès le commencement du temps que l'on considère la quantité d'eau que l'on veut avoir, et que la quantité d'eau versée par le robinet est inégale à celle qui en sort, le seul moment où le bassin contiendra l'eau qu'on veut y avoir, sera le commencement du temps que l'on considère, et qu'avant, comme après ce moment, il ne contiendra plus la quantité d'eau demandée; — 2° Si, dans la même hypothèse $M = m$, on suppose $A = a$, la valeur de x se présentera sous la forme $\frac{0}{0}$, et, par conséquent, on pourra prendre pour x un nombre quelconque. Il est facile de voir, en effet, que le bassin contenant d'abord précisément la quantité d'eau que l'on veut qu'il contienne après le nombre de minutes demandé, il en contiendra toujours la même quantité, puisqu'à chaque instant il en reçoit autant qu'il en laisse échapper. On pourra donc prendre pour x tel nombre de minutes que l'on voudra.

Nota. — Si l'on avait éprouvé quelques difficultés à suivre cette discussion, il faudrait la reprendre en mettant pour M, m, A et a, des nombres convenables choisis pour satisfaire aux diverses hypothèses que l'on a faites, comme nous l'avons fait dans la discussion des problèmes précédents; et si l'on ne voyait pas bien la raison que nous donnons de l'interprétation des solutions négatives que présente cette discussion, on devrait faire subir à l'équation trouvée plus haut, à savoir : $m + Ax - ax = M$, les modifications indiquées dans le n° **126**.

139. Dans les problèmes que nous avons résolus jusqu'ici, nous avons trouvé pour l'inconnue des valeurs positives, négatives, égales à zéro, indéterminées, infinies : il est curieux de savoir si ce sont les seules solutions que l'on puisse obtenir en résolvant les équations du premier degré à une inconnne. Nous résoudrions évidemment cette question, si nous pouvions trouver une équation à laquelle on pût ramener toutes celles du premier degré à une inconnue, car, en résolvant et discutant cette équation, nous devrions obtenir toutes les solutions qu'il est possible de trouver. Or, rien n'est plus facile que de ramener toutes les équations qui nous occupent à une forme générale ; car si, après avoir fait disparaître les dénominateurs, on fait passer dans le premier membre tous les termes qui renferment l'inconnue, et dans le second tous ceux qui sont connus, on pourra décomposer le premier membre en deux facteurs, à savoir x et une quantité monome ou polynome qui multipliera x. Représentons par a cette quantité, représentons aussi par b l'ensemble des quantités connues qui forment le second membre, et l'équation prendra la forme $ax = b$. Telle est, en effet, la forme générale à laquelle on peut ramener une équation quelconque du premier degré à une inconnue : cette équation résolue donne $x = \dfrac{b}{a}$. C'est cette valeur qu'il faut discuter.

140. Pour faire cette discussion et en représenter dans un tableau les résultats, convenons de faire suivre les lettres a et b du signe $+$ pour indiquer une quantité positive, du signe $-$ pour indiquer une quantité négative, et d'un zéro pour indiquer que ces quantités se réduisent à zéro. Cela posé, voici toutes les suppositions que l'on peut faire, avec l'indication de l'espèce de valeur de l'inconnue dans ces différentes suppositions :

$$b+, \quad a+, \quad x = \frac{+b}{+a}, \quad \text{une seule valeur positive ;}$$

$$b+, \quad a-, \quad x = \frac{+b}{-a}, \quad \text{une seule valeur négative ;}$$

$$b+, \quad a\ 0, \quad x = \frac{+b}{0}, \quad \text{une seule valeur infinie ;}$$

$$b-, \quad a+, \quad x = \frac{-b}{+a}, \quad \text{une seule valeur négative ;}$$

$$b-, \quad a-, \quad x = \frac{-b}{-a}, \quad \text{une seule valeur positive ;}$$

$$b-, \quad a \; o, \qquad x = \frac{-b}{0}, \qquad \text{une seule valéur infinie et négative ;}$$

$$b \; o, \quad a+, \qquad x = \frac{0}{+a}, \qquad \text{une seule valeur égale à zéro ;}$$

$$b \; o, \quad a-, \qquad x = \frac{0}{-a}, \qquad \text{une seule valeur égale à zéro ;}$$

$$b \; o, \quad a \; o, \qquad x = \frac{0}{0}, \qquad \text{valeurs tout-à-fait indéterminées.}$$

On voit par là que toutes les valeurs que l'on peut obtenir en résolvant les équations qui nous occupent sont positives, négatives, nulles, infinies ou indéterminées, et qu'on ne peut en obtenir d'autres.

On voit encore que, dans ces équations, on ne trouve jamais pour l'inconnue qu'une seule valeur, excepté dans le cas où l'on a $x = \frac{0}{0}$, mais alors l'équation que l'on obtient est une identité.

141. Avant de passer au chapitre suivant, on fera bien de s'exercer à résoudre les problèmes suivants :

1° *Partager* 360 *fr. entre* 4 *personnes, de manière que la deuxième ait le triple de la première, la troisième le double de la deuxième, et la quatrième la moitié de ce qu'ont les trois autres ensemble. Que revient-il à chacune?* — (Réponse : La première aura 24 francs, la deuxième aura 72 francs, la troisième 144 francs, et la quatrième aura 120 francs.)

2° *Une personne, rencontrant un certain nombre de pauvres, se propose de faire à tous la même aumône, et de donner à chacun 3 sous; mais s'étant aperçu qu'il lui faudrait 5 sous de plus, elle ne donne que 2 sous à chacun, et il lui reste 3 sous. Combien avait-elle de sous, et combien y avait-il de pauvres?* — (Réponse : 19 sous et 8 pauvres.)

3° *Une fruitière dit avoir vendu la moitié d'une caisse d'oranges, moins trois oranges, et qu'il lui reste à vendre les $\frac{2}{5}$ de la même caisse plus 7 oranges. Combien en avait-elle?* — (Réponse : 40 oranges.)

4° *Un officier ayant perdu au jeu la moitié plus le tiers de son argent, ne trouva de retour chez lui que 144 fr. dans sa bourse. Combien avait-il avant de se mettre au jeu?* — (Réponse : 864 fr.)

5° *Quelle heure est-il, demandait-on à une personne? Cette personne répondit, ce qui reste du jour est égal à deux fois les deux tiers de ce qui s'est écoulé. Quelle heure était-il?* — (Réponse : 10 h. 17 m. 8 s $+ \frac{4}{7}$.)

6° *Une femme portant des œufs se présente successivement à trois portes, et, pour y passer, elle est obligée de donner à chaque porte la moitié de ce qu'elle a d'œufs (ou de ce qui lui en reste), plus la moitié d'un œuf, sans en casser aucun; or, elle donne, par ce moyen, tous ses œufs. Combien en avait-elle? — (*Réponse : 7 œufs.*)

7° *Une montre marquant midi, l'aiguille des minutes se trouve sur celle des heures. On demande quel est le point du cadran où se fera la prochaine rencontre des aiguilles? — (*Réponse : 1 h. 5 m.* $\frac{5}{11}$ de minutes.)

8° *Un père interrogé sur l'âge de son fils, répond : si, du double de l'âge qu'il a maintenant, vous retranchez le triple de celui qu'il avait il y a 6 ans, vous aurez son âge actuel. Quel âge a le fils? —* (Réponse : 9 ans.)

142. RÉSUMÉ. — Après avoir, dans le chapitre qui précède celui que nous venons de terminer, appris à résoudre les équations du premier degré à une inconnue, nous avons dû nous occuper dans celui-ci de rechercher une règle pour mettre un problème en équation, et de nous rendre bien compte de tous les genres de solutions auxquelles peut conduire un problème du premier degré à une inconnue.

I. Pour faire la première chose, nous nous sommes proposé quelques problèmes simples, et, nous laissant conduire par le raisonnement, nous les avons mis en équations; puis, en observant ce que nous venions de faire, nous en avons déduit la règle générale renfermée dans le n° 121, pour mettre en équations les problèmes qu'on peut se proposer.

II. Quelques autres problèmes, qui nous ont donné des solutions négat — ves, nous ont aussi donné l'occasion de dire comment les algébristes ont été conduits à admettre dans leur calcul des *quantités négatives*, et à leur appliquer les règles données pour opérer sur les *termes négatifs*. En généralisant les conclusions auxquelles nous avait conduits l'examen de ces problèmes, nous en avons conclu quel est en général le sens d'une solution négative relativement au problème que l'on cherche à résoudre, lorsque l'équation qui donne une telle solution est la traduction fidèle de ce problème.

III. L'examen d'un nouveau problème et sa résolution d'une manière générale nous a donné l'occasion de faire connaître le sens des expressions de ces formes $x = \frac{a}{0}$, $x = \frac{0}{0}$, et les conclusions que l'on en tire relativement à la possibilité de résoudre les problèmes qui conduisent à de semblables solutions. N'oublions pas la condition nécessaire pour que la seconde de ces deux expressions soit réellement le signe d'une indétermination dans la valeur de l'inconnue (136.).

IV. Nous avons discuté encore quelques autres problèmes; et, pour nous rendre bien exactement compte de toutes les espèces de solutions qui peuvent se présenter dans les problèmes qui donnent lieu à des équations du premier degré à une inconnue, nous avons recherché la forme générale à laquelle on peut ramener toutes ces équations, et nous avons résolu, puis discuté cette équation.

V. Nous avons terminé ce chapitre par l'indication de quelques problèmes à résoudre.

NOTE

Sur la théorie des quantités négatives.

143. Nous avons dit, dans le chapitre qu'on vient de lire, ce que l'on entend en Algèbre par *quantités négatives*, et comment les algébristes ont été conduits à introduire dans leurs calculs des quantités de cette espèce, en leur appliquant les règles établies pour opérer sur les *termes négatifs*.

La démonstration de ces règles appliquées aux quantités négatives a beaucoup occupé les algébristes. Pour les établir directement, ils ont fait des efforts souvent infructueux; et, au lieu de cette clarté dans les idées, de cette exactitude dans les raisonnements qui sont presque toujours un des caractères distinctifs des sciences mathématiques, on ne trouve souvent, dans ce qu'ils ont dit sur ce sujet, que des idées assez obscures et des raisonnements qui sont loin d'être incontestables.

La présente note est destinée à répandre quelque jour sur la nature et sur l'emploi des *quantités négatives*, et à justifier l'application qu'on a faite à ces quantités des règles données pour le calcul des *termes négatifs*. Nous allons, pour cela, exposer deux théories fondées sur deux points de vue différents sous lesquels on peut envisager ces quantités.

144. Quand on considère les quantités négatives, ainsi que nous l'avons fait jusqu'ici, non comme l'expression de quantités proprement dites, ayant ou pouvant avoir une existence réelle, mais comme des symboles de soustractions impossibles à effectuer, dès-lors non-seulement les règles des signes qu'on leur applique ne sont pas susceptibles d'une démonstration proprement dite, mais on ne comprend même plus, au premier aperçu du moins, ce que peuvent signifier les mots que désignent les différentes opérations qu'on effectue sur les quantités proprement dites, quand on les applique aux quantités négatives. Qu'est-ce, en effet, qu'additionner ou soustraire des symboles de soustractions impossibles? Qu'est-ce que multiplier et diviser des symboles, ou par des symboles de pareilles impossibilités? Évidemment ces expressions ne présentent aucun sens.

Et cependant nous avons déjà vu, et nous allons mieux voir encore comment, en introduisant dans les calculs de pareils symboles, on est parvenu à donner aux réponses de l'Algèbre une extension qu'elles ne pourraient avoir sans cela. Or, c'est précisément pour arriver à ce résultat que l'on applique aux *quantités négatives* les règles données pour opérer sur les *termes négatifs*; et c'est par le succès qu'on obtient ainsi, que l'on justifie cette application, ainsi que nous allons le montrer.

145. Nous savons ce que c'est qu'une formule algébrique : c'est, en général, un assemblage de lettres représentant des quantités (ou plutôt des nombres), unies par des signes qui expriment des opérations à effectuer sur ces quantités pour arriver à la détermination d'une inconnue que l'on cherche. Nous savons encore qu'une formule peut ordinairement servir, sans aucune considération de quantités négatives, à résoudre un grand nombre de problèmes semblables, qui ne diffèrent entre eux que par les valeurs données aux lettres qui entrent dans cette formule. Mais elle peut aussi, en y introduisant la considération des quantités négatives, servir à résoudre d'autres problèmes qui diffèrent davantage du premier, tout en conservant avec lui de grandes analogies. Le chapitre qui précède la présente note nous a fourni plusieurs exemples de ce que nous disons ici; mais pour justifier les règles des signes que nous avons supposées établies dans le n° 123, nous avons besoin de nous proposer quelques autres problèmes, et c'est ce que nous allons faire.

146. PREMIER PROBLÈME. — *On sait que la fortune de Pierre est égale à une certaine somme représentée par* A, *augmentée de celle de Jean, représentée par* m, *et diminuée de celle de Paul, représentée par* n, *on demande l'expression de la fortune de Pierre?*

Solution. — Pour peu qu'on fasse attention à l'énoncé de la question, on verra qu'en représentant par X la valeur de la fortune de Pierre, on doit avoir

$$X = A + m - n.$$

Cela posé, supposons que la fortune de Jean soit plus grande que celle de Paul, c'est-à-dire que l'on ait $m > n$, il sera facile de voir qu'au lieu d'ajouter à A la quantité m, pour retrancher de la somme la quantité n, ou arrivera au même résultat en prenant l'excès de m sur n, qui est $(m - n)$, et en l'ajoutant à A. Par là, la formule précédente deviendra :

$$X = A + (m - n).$$

Et cette formule pourra évidemment servir à trouver X, dans tous les cas où Jean sera plus riche que Paul, sans qu'on ait jamais besoin d'y considérer le second terme de l'expression de X, à savoir $(m - n)$, comme une quantité négative, puisque dans tous ces cas l'on a $m > n$.

Si, au contraire, Jean était moins riche que Paul, la valeur de X ne serait plus donnée par la formule précédente; mais si nous remontons à l'expression de X donnée plus haut, à savoir $X = A + m - n$, nous verrons que dans ce cas X sera moins grand que A; et puisque, pour avoir la valeur de X, il faut ajouter à A une certaine quantité m, et en retrancher une autre quantité n plus grande que m, ces deux opérations conduiront au même résultat que si l'on retrauchait de A l'excès de n sur m, ou $(n - m)$; ce qui donnera :

$$X = A - (n - m),$$

formule qui nous servira à trouver la valeur de X dans tous les cas où Jean est moins riche que Paul, sans qu'on ait jamais besoin d'y considérer le second terme de l'expression de X, à savoir $(n - m)$, comme une quantité négative, puisque dans tous ces cas on a $n > m$.

Ainsi nous avons deux formules :

$$(1) \quad X = A + (m - n), \qquad\qquad (2) \quad X = A - (n - m)$$

qui serviront à résoudre les problèmes particuliers compris dans le problème général proposé plus haut : la première, dans le cas ou m est plus grand que n; la seconde, dans le cas contraire, sans qu'on ait jamais besoin d'y considérer le second terme, à savoir : $(m - n)$ ou $(n - m)$, de la valeur de X comme une quantité négative.

Mais si nous voulions consentir à considérer l'excès de la fortune de Jean sur celle de Paul comme une quantité négative dans le cas où Jean est moins riche que Paul, et où l'on a, par conséquent, $n > m$, et si, de plus, nous appliquions à cette quantité négative la règle donnée plus haut (37.) pour faire l'addition quand on opère sur un terme négatif, dès-lors la première formule pourrait servir pour les deux cas. En effet, puisque n est plus grand que m, la valeur de $(n - m)$ est positive; en les représentant par s, la seconde des deux formules précédentes deviendra

$$X = A - s.$$

Mais si $n - m$ est positif et représenté par s, $m - n$ sera négatif et devra être représenté par $(- s)$; dès-lors la première formule deviendra

$$X = A + (- s);$$

et, en appliquant à l'addition de la quantité négative $- s$, la règle du n° 37, nous aurons

$$X = A - s,$$

précisément comme par la seconde formule.

Ainsi la formule (1) établie seulement pour le cas où Jean est plus riche que Paul, s'applique aussi au cas contraire, et donne le même résultat que le formule (2) en y considérant l'excès de la fortune de Jean sur celle de Paul comme une quantité négative, et en lui appliquant la règle donnée (37.) pour faire l'addition quand on opère sur un terme négatif.

147. DEUXIÈME PROBLÈME. — *On sait que la fortune de Pierre est égale à une somme* A, *diminuée de la fortune de Jean représentée par* m, *et augmentée de la fortune de Paul représentée par* n ; *on demande l'expression de la fortune de Pierre.*

Solution. — Soit X la fortune de Pierre ; la plus légère attention à l'énoncé du problème précédent donnera

$$X = A - m + n.$$

Cela posé, supposons que la fortune de Jean soit plus grande que celle de Paul, c'est-à-dire que l'on ait $m > n$, il sera facile de voir qu'au lieu de retrancher de A la quantité m, pour ajouter au reste la quantité n, on arrivera au même résultat en prenant l'excès de m sur n, à savoir $(m - n)$, et en le retranchant de A. Par là, la formule précédente deviendra

$$X = A - (m - n),$$

et cette formule pourra évidemment servir pour trouver $\dot{X}$ dans tous les cas où Jean est plus riche que Paul, sans qu'on ait jamais besoin d'y considérer le second terme de l'expression de X, à savoir $(m - n)$, comme une quantité négative, puisque, dans tous ces cas, l'on a $m > n$.

Si, au contraire, Jean était moins riche que Paul, c'est-à-dire, si l'on avait $n > m$, la valeur de X ne serait plus donnée par la formule précédente ; mais si nous remontons à l'expression de X donnée plus haut, à savoir $X = A - m + n$, nous verrons que, dans ce cas, X sera plus grand que A ; et puisque, pour avoir la valeur de X, il faut de A retrancher une certaine quantité m et y ajouter une autre quantité n plus grande que m, ces deux opérations conduiront au même résultat que si l'on ajoutait à A l'excès de n sur m, ou $(n - m)$ ce qui donnera

$$X = A + (n - m),$$

formule qui nous servira à trouver la valeur de X dans tous les cas où Jean est moins riche que Paul, sans qu'on ait jamais besoin d'y considérer le second terme de l'expression de X, à savoir $(n - m)$ comme une quantité négative, puisque, dans tous ces cas, on a $n > m$.

Ainsi, nous avons deux formules :

$$(1) \quad X = A - (m - n), \qquad (2) \quad X = A + (n - m)$$

qui serviront à résoudre les problèmes particuliers compris dans le problème général proposé plus haut : la première, dans le cas où m est plus grand que n, la seconde dans le cas contraire, sans qu'on ait jamais besoin d'y considérer le second terme de la valeur de X, à savoir $(m - n)$ ou $(n - m)$, comme une quantité négative.

Mais si nous voulions consentir à considérer l'excès de la fortune de Jean sur celle de Paul comme une quantité négative dans les cas où Jean est moins riche que Paul, et où l'on a, par conséquent, $n > m$, et si de plus nous appliquions à cette quantité négative la règle donnée plus haut (46.) pour faire la soustraction, quand on opère sur des termes négatifs, dès-lors la première formule pourrait servir pour les deux cas. En effet, puisque n est plus grand que m, la valeur de $(n - m)$ est positive et, en la représentant par s, la seconde des deux formules précédentes deviendra

$$X = A + s.$$

Mais si $(n - m)$ est positif et représenté par s, $(m - n)$ sera négatif et devra être représenté par $(- s)$, dès-lors la première formule deviendra

$$X = A - (- s),$$

et, en appliquant à la soustraction de la quantité négative $(- s)$, la règle du n° 46, nous aurons

$$X = A + s,$$

précisément comme par la seconde formule.

Ainsi, ici comme dans le problème précédent, la formule (1) établie seulement pour le cas où Jean est plus riche que Paul, s'applique aussi au cas contraire, et donne le même résultat que la formule (2), en y considérant l'excès de la fortune de Jean sur celle de Paul comme une quantité négative, et en lui appliquant la règle donnée plus haut (46.) pour faire la soustraction, quand on opère sur des termes négatifs.

148. TROISIÈME PROBLÈME. — *Les fortunes de Pierre, Jean, Paul, Matthieu et Guillaume, sont représentées par* X, m, n, p, q. *Or on sait que la fortune de Pierre est égale à une somme* A, *augmentée du produit de la différence qui existe entre la fortune de Jean et de Paul, multipliée par la différence qui existe entre les fortunes de Matthieu et de Guillaume, lorsqu'on a en même temps* m $>$ n *et* p $>$ q, *ou* n $>$ m *et* q $>$ p, *et qu'elle est égale à la même somme* A *diminuée du même produit lorsqu'on a en même temps* m $>$ n *et* q $>$ p, *ou* n $>$ m *et* p $>$ q. *On demande quelle est la valeur de* X (a).

Solution. — L'énoncé du problème proposé nous montre qu'il renferme quatre cas, pour lesquels il est facile de trouver les quatre formules suivantes :

1° Pour $m > n$ et $p > q$ .... $X = A + (m - n)(p - q)$
2° Pour $n > m$ et $q > p$ .... $X = A + (n - m)(q - p)$
3° Pour $m > n$ et $q > p$ .... $X = A - (m - n)(q - p)$
4° Pour $n > m$ et $p > q$ .... $X = A - (n - m)(p - q)$

(a) L'énoncé de ce problème est assez compliqué, mais nous l'avons choisi de manière à avoir dans les quatre formules que nous donnons ici les diverses combinaisons possibles d'additions, de soustractions et de multiplications de quantités positives et négatives. Nous aurions encore pu arriver au même résultat par le problème suivant :

Les fortunes de Pierre, de Jean, de Paul, de Matthieu et de Guillaume sont représentées par X, m, n, p et q. *On sait que la fortune de Pierre est égale à une certaine somme* A *augmentée des produits de* m *par* p *et de* n *par* q, *et diminuée des produits de* m *par* q *et de* n *par* p. *Trouver les formules qui donnent la valeur de* X, *lorsqu'on veut faire entrer dans ces formules la différence qui existe entre la fortune de Jean et celle de Paul, et aussi celle qui existe entre la fortune de Matthieu et de Guillaume sans employer de quantités négatives.*

L'énoncé du problème fournirait d'abord

$$X = A + mp + nq - mq - np,$$

et cette formule par des transformations analogues à celles que nous avons employées dans les n. 146 et 147, se décomposerait dans les quatre formules que nous donnons dans le texte.

Chacune de ces formules ne pourra servir que pour le cas pour lequel elle a été faite, tant qu'on ne voudra admettre dans le calcul de la valeur de X que des quantités positives; mais, si l'on veut consentir à admettre des quantités négatives, et à leur appliquer les règles données pour faire l'addition, la soustraction et la multiplication, quand on opère sur des termes négatifs (37, 46, 64), l'une quelconque de ces formules, la première, par exemple, pourra servir pour les trois autres cas, ainsi qu'on va le voir.

En effet : 1° Si, dans la seconde formule, nous supposons $(n-m)$ positif et représenté par $(+s)$, et aussi $(q-p)$ positif et représenté par $(+t)$, $(m-n)$ et $(p-q)$ seront négatifs dans la première formule, et devront être représentés par $(-s)$ et $(-t)$. Si maintenant nous substituons ces expressions dans les deux formules, et si nous effectuons les opérations indiquées en appliquant les règles données pour opérer sur les termes négatifs, nous aurons

Pour la seconde formule,............ $X = A +(+s)(+t)$ ou $X = A + st$
et pour la première,.................. $X = A + (-s)(-t)$ ou $X = A + st$

Ainsi, la première formule donne le même résultat que la seconde et peut, par conséquent, servir à calculer la valeur de X dans le cas où l'on a $n > m$ et $q > p$;

2° Si, dans la troisième formule, nous supposons $(m-n)$ positif et représenté par $(+s)$, $(q-p)$ positif et représenté par $(+t)$, dès-lors $(m-n)$, dans la première formule devra être aussi représenté par $(+s)$, mais $(p-q)$ devra l'être par $(-t)$. En substituant ces expressions dans la troisième et dans la première formule, et en effectuant les calculs indiqués, nous aurons

Pour la troisième formule,.......... $X = A - (+s)(+t)$ ou $X = A - st$
et pour la première,.................. $X = A + (+s)(-t)$ ou $X = A - st$

Ainsi, encore ici, la première formule donne le même résultat que la troisième, et peut, par conséquent, servir à calculer la valeur de X, dans le cas où l'on a $m > n$ et $q > p$;

3° Si, dans la quatrième formule, nous supposons $(n-m)$ et $(p-q)$ positifs et représentés par $(+s)$ et $(+t)$, dans la première formule on devra aussi représenter $(p-q)$ par $(+t)$, mais $(m-n)$ sera négatif et devra être représenté par $(-s)$. En substituant comme précédemment ces expressions dans la quatrième et dans la première formule, et en effectuant les calculs, on aura

Pour la quatrième formule,.......... $X = A - (+s)(+t)$ ou $X = A - st$
et pour la première,........ .... $X = A + (-s)(+t)$ ou $X = A - st$

et, par conséquent, la première formule pourra servir à la place de la quatrième, et donnera la valeur de X dans le cas où l'on aura $n > m$ et $p > q$.

149. Ce que nous avons dit jusqu'ici, nous fait voir comment en appliquant aux quantités négatives les règles des signes données pour l'addition, la soustraction et la multiplication, quand on opère sur des termes négatifs,

on donne à des formules une extension qu'elles ne peuvent avoir qu'à cette condition, et l'on justifie par là cette application. Quand on a admis ces règles pour la multiplication des quantités négatives, on doit les admettre aussi pour la division des mêmes quantités, car, la règle des signes pour la division est une conséquence nécessaire de celle adoptée pour la multiplication. On pourrait, du reste, donner un exemple de l'application aux quantités négatives des règles des signes données pour faire la division, quand on opère sur des termes négatifs, en reprenant l'énoncé du problème précédent, et en y substituant aux mots *produit* et *multiplié par*, les mots *quotient* et *divisé par*, nous trouverions, pour résoudre ce problème dans tous les cas qu'il présente, les quatre formules suivantes :

$$1^{\circ} \dots \dots \ X = A + \frac{m-n}{p-q} \qquad 3^{\circ} \dots \dots \ X = A - \frac{m-n}{q-p}$$

$$2^{\circ} \dots \dots \ X = A + \frac{n-m}{q-p} \qquad 4^{\circ} \dots \dots \ X = A - \frac{n-m}{p-q}$$

Et l'on verrait, comme pour le problème précédent, qu'une quelconque de ces formules, la première, par exemple, peut remplacer les trois autres si l'on veut y admettre des quantités négatives, et leur appliquer les règles données pour faire l'addition, la soustraction et la division, quand on opère sur des termes négatifs.

150. Dans tout ce que nous avons dit jusqu'ici, l'application aux quantités négatives des règles des signes établies pour le cas où l'on opère sur des termes négatifs nous a conduits à des valeurs de X toujours positives (nous pouvons du moins le supposer, puisque nous pouvons supposer A aussi grand que nous le voudrons); mais, si la valeur de X se présentait comme négative, nous avons vu (126.) comment alors elle répondrait en général à un autre problème différent de celui que l'on a eu en vue, et qui aurait avec celui-ci de grandes analogies qu'il est presque toujours facile de découvrir. La discussion des problèmes que nous avons résolus dans le chapitre qui précède cette note, ne peut laisser aucun doute à cet égard.

151. Il suit de tout ce qui précède, qu'en considérant les quantités négatives au point de vue où nous nous sommes placés jusqu'ici, c'est-à-dire comme des symboles de soustractions impossibles à effectuer, il ne faut pas chercher une démonstration proprement dite et *à priori* des règles des signes qu'on leur applique : ces règles, en effet, ne sont pas une conséquence de la nature de ces quantités. Ce sont des règles faites *à posteriori*, après que l'on a remarqué l'usage que l'on peut en faire pour donner aux calculs algébriques une extension qu'ils n'auraient point sans cela, et ces règles sont tellement faites dans ce but, qu'il faut, ou bien les suivre, ou bien renoncer à donner aux formules algébriques l'extension dont elles sont susceptibles en les suivant. (*a*)

(*a*) Nous ne connaissons aucun ouvrage où se trouve développée la théorie que nous venons d'exposer. Cependant tout n'est pas de nous dans cette exposition : nous en devons l'idée fonda-

152. Jusqu'ici, nous avons considéré les quantités négatives comme le symbole de soustractions impossibles à effectuer, mais nous avons vu (126.) que, lorsqu'après avoir résolu un problème qui conduit à une solution négative, on cherche à se rendre compte du sens de cette solution, on trouve qu'elle répond ordinairement à un autre problème, dans l'énoncé duquel entre une quantité qui est dans un état d'opposition avec une quantité correspondante du problème proposé, de telle sorte que cette dernière quantité est devenue soustractive, d'additive qu'elle était, ou réciproquement.

Ainsi, les quantités négatives qui, jusqu'ici, n'ont été pour nous que des symboles de soustractions impossibles à effectuer, peuvent être considérées comme l'expression de quantités réellement existantes, mais dans un état d'opposition avec d'autres quantités, de telle sorte que les unes produiront une augmentation là où les autres produiront une diminution, et réciproquement. Telles sont, par exemple, des dettes par opposition à des créances ; le temps qui suit un évènement par rapport à celui qui le précède, quand ce temps est considéré comme servant à rapprocher ou à éloigner d'une époque fixe à laquelle cet évènement est rapporté ; un trajet exécuté dans un sens sur une ligne, et par lequel on s'éloigne d'un point donné, comparativement à celui que l'on ferait sur cette ligne en marchant en sens inverse. Nous pourrions multiplier ces exemples.

153. Cette manière de considérer les quantités négatives conduit à une autre théorie de ces quantités que nous allons exposer.

Quand on considère une quantité isolément, ou seulement dans son rapport avec une quantité de la même espèce prise pour unité, on ne voit naître de cette considération que l'idée de sa grandeur et celle du nombre qui la représente. C'est ce que nous avons fait dans l'Arithmétique ; mais si, de plus, on considère cette quantité comme pouvant servir à l'accroissement ou, au décroissement d'une autre quantité, comme s'y ajoutant ou s'en retranchant naturellement, pour ainsi dire, dès-lors à l'idée de sa grandeur vient s'adjoindre l'idée de cette autre qualité par laquelle elle peut modifier de deux manières si différentes une quantité donnée. Or, dès qu'on a remarqué cette qualité par laquelle deux quantités sont dans ce genre d'opposition que nous venons d'indiquer, on peut chercher à exprimer cette opposition par des signes algébriques, et voici comment on le fait ordinairement : on met le signe + devant l'expression (numérique ou littérale) qui correspond aux quantités prises dans un sens, et le signe — devant l'expression des quantités qui sont prises en sens inverse. On appelle alors *quantités positives* les quantités de la première classe, et *quantités négatives* celles de la seconde classe. Les signes + et —, employés dans ce sens,

mentale à M. Larrouy, ancien professeur de mathématiques spéciales au Lycée de Bordeaux. Il aurait sans doute bien d'autres choses à revendiquer dans ce Traité d'Algèbre, et, lorsque nous le composions, il y a vingt ans, le souvenir de son enseignement si lucide et si méthodique a dû souvent présider à notre rédaction. Nous sommes heureux de trouver cette occasion de témoigner notre reconnaissance à un ancien Maître dont tant de disciples ont conservé un si précieux souvenir.

peuvent être comparés, comme on en a fait la remarque, à des adjectifs joints à un substantif et destinés à en exprimer une qualité.

154. Remarquons 1° que quand on considère les quantités sous le point de vue que nous venons d'indiquer, le choix des quantités que l'on regarde comme positives (et par suite de celles qu'on regarde comme négatives), est arbitraire. Ainsi, dans les mouvements qui s'exécutent sur une ligne allant du nord au sud, par exemple, si les mouvements qui rapprochent du nord sont regardés comme positifs, ceux qui rapprochent du sud seront négatifs; et, au contraire, si les mouvements vers le sud étaient positifs, ceux exécutés vers le nord seraient négatifs. De même, dans l'appréciation de l'état de fortune d'un homme, on pourra considérer à volonté son actif comme positif; et alors son passif sera négatif, ou réciproquement.

155. Remarquons 2° que souvent, quand une quantité est prise positivement, on sous-entend le signe $+$, de sorte que a ou $+a$, désigneraient indifféremment une quantité positive, mais on ne sous-entend jamais le signe $-$.

156. Remarquons 3° que les signes $+$ et $-$ ont, comme il résulte de ce qui précède, deux sens bien distincts et qu'il ne faut pas confondre : d'abord le sens que nous leur avons donné plus haut (12.), quand nous avons dit qu'on les emploie pour exprimer l'addition et la soustraction, et celui que nous venons de leur donner. — Nous pensons que ce double sens des signes $+$ et $-$ entre pour beaucoup dans l'obscurité que présente en général, dans les Traités d'Algèbre, la théorie des quantités négatives. Si l'on était convenu d'une autre notation, si l'on avait écrit, par exemple, avec de l'encre de deux couleurs différentes les quantités positives et les quantités négatives, beaucoup de confusions et d'erreurs auraient été impossibles.

157. Quand on a admis les quantités négatives comme l'expression de quantités réellement existantes ou possibles, et non plus comme le symbole de soustractions impossibles à effectuer, on peut donner une démonstration des règles des signes données plus haut (123.) pour opérer sur ces quantités. Mais les quantités négatives, ou plutôt leurs expressions, n'étant plus de simples nombres (exprimés par des chiffres ou par des lettres), mais des nombres auxquels s'ajoute l'idée de cette qualité qui les constitue dans l'état d'opposition dont nous venons de parler, on doit modifier le sens des mots addition et soustraction, pour les appliquer aux quantités négatives.

158. 1° *De l'Addition.* — Additionner deux quantités, c'est chercher une troisième quantité capable de produire à elle seule le même résultat additif ou soustractif que les deux autres quantités prises ensemble.

Il suit de là, que pour additionner deux quantités positives $+4$ et $+7$, par exemple, il faut additionner leurs valeurs numériques, et donner à la somme le signe $+$; pour additionner deux quantités négatives -4 et -7, par exemple, il faut encore additionner leurs valeurs numériques et donner à la somme le signe $-$; enfin, pour additionner deux quantités dont l'une est positive et l'autre négative, -4 et $+7$, ou $+4$ et -7, par exemple, il faut retrancher celle dont la valeur numérique est la plus faible de celle dont la valeur numérique est la plus forte, et donner au résultat le signe de la plus forte. On trouve ainsi, $+3$ pour la somme de -4 et de $+7$, et -3 pour la somme de $+4$ et de -7.

Or, cette manière de faire l'addition des quantités positives ou négatives nous conduit précisément à la règle des signes donnée plus haut (123.) pour l'addition.

Nous avons, en effet ;

$$+4 + (+7) = +11 = +4 + 7$$
$$-4 + (-7) = -11 = -4 - 7$$
$$-4 + (+7) = +3 = -4 + 7$$
$$+4 + (-7) = -3 = +4 - 7$$

ou plus généralement :

$$+a + (+b) = +a + b$$
$$+a + (-b) = +a - b$$
$$-a + (+b) = -a + b$$
$$-a + (-b) = -a - b$$

D'où l'on voit qu'ajouter une quantité positive ou négative à une quantité, c'est l'écrire à la suite de cette autre quantité, en lui conservant le signe $+$ ou $-$ qu'elle a déjà.

159. 2° *De la Soustraction.* — Soustraire une quantité d'une autre quantité, c'est en chercher une troisième qui, ajoutée avec la première, reproduirait la seconde.

Il suit de là, qu'en retranchant $+3$ de $+7$, on trouvera $+4$, car, il n'y a que $+4$ qui ajouté à $+3$ donne $+7$; en retranchant -3 de $+7$ on devra trouver $+10$, car, il n'y a que $+10$ qui, ajouté à -3, donne $+7$; de même, et pour la même raison, on trouvera que $+3$ retranché de -7 donne -10; et que -10 retranché de -7 donne $+3$.

Ce qui conduit précisément à la règle des signes donnée plus haut. On a en effet :

$$+7 - (+3) = +7 - 3 = +4$$
$$+7 - (-3) = +7 + 3 = +10$$
$$-7 - (+3) = -7 - 3 = -10$$
$$-7 - (-10) = -7 + 10 = +3$$

ou plus généralement :

$$+a - (+b) = +a - b$$
$$+a - (-b) = +a + b$$
$$-a - (+b) = -a - b$$
$$-a - (-b) = -a + b$$

On voit, du reste, directement que dans chacune des quatre égalités précédentes, le second membre de ces égalités est tel, que si on y ajoute le second terme du premier membre (celui renfermé entre deux parenthèses et qu'il faut soustraire du premier), on retrouvera ce premier terme. Ainsi,

$+a-b+(+b)$ donne $+a$; $+a+b+(-b)$ donne $+a$; $-a-b+$ $(+b)$ donne $-a$, enfin, $-a+b+(-b)$ donne $-a$. Dans chacune des équations précédentes, le second membre est donc le résultat de la soustraction indiquée dans le premier.

160. 3° *De la Multiplication.* — Pour étendre la multiplication aux quantités négatives, nous n'avons pas besoin de modifier la définition donnée dans le n° 55 : *Multiplier, c'est faire avec une quantité appelée* multiplicande *une autre quantité appelée* produit, *de la même manière qu'une troisième quantité appelée* multiplicateur *est faite avec l'unité.* Nous allons voir, en effet, la règle des signes donnée plus haut (123.) sortir de cette définition.

Mais auparavant rappelons bien les règles des signes données pour l'addition et la soustraction, règles qui peuvent s'énoncer d'une manière abrégée comme il suit :

$$+(+)=+,\quad +(-)=-,\quad -(+)=-,\quad -(-)=+$$

Cela posé, supposons pour plus de simplicité, que le multiplicande soit représenté par **3** et le multiplicateur par **4**, pris l'un et l'autre positivement ou négativement, la multiplication présentera quatre cas :

$$(+3)\times(+4),\quad (+3)\times(-4),\quad (-3)\times(+4),\quad (-3)\times(-4)$$

1° $(+3)\times(+4)$: Multiplier $(+3)$ par $(+4)$, c'est faire avec $(+3)$ une quantité comme $(+4)$ est faite avec l'unité ; or, comment $+4$ est-il fait avec l'unité ? il est fait en prenant l'unité 4 fois et en mettant devant le signe $+$: le produit se fera donc en prenant $(+3)$ quatre fois, ce qui donnera $(+12)$, et en mettant devant le signe $+$, l'on aura $+(+12)$ ou simplement $+12$. Ainsi $(+3)\times(+4)$ donne $+12$.

2° $(+3)\times(-4)$: Multiplier $(+3)$ par (-4), c'est faire avec $(+3)$ une quantité comme (-4) est fait avec l'unité ; or, comment (-4) est-il fait avec l'unité ? en prenant l'unité 4 fois et en mettant devant le signe $-$ (ou en prenant ce produit négativement). Nous aurons donc le produit demandé en prenant $+3$ quatre fois, ce qui donnera $(+12)$, et en mettant devant le signe $-$, ce qui fera $-(+12)$ ou simplement -12. Ainsi $(+3)$ $\times(-4)$ donne -12.

3° $(-3)\times(+4)$: En répétant mot pour mot les raisonnements que nous venons de faire, on trouvera que le produit demandé est -12 ;

4° $(-3)\times(-4)$: En répétant encore mot pour mot ces raisonnements, on trouvera encore que le produit demandé est $+12$. Ainsi :

$$(+3)\times(+4)=+12,\qquad (+3)\times(-4)=-12,$$
$$(-3)\times(+4)=-12,\qquad (+3)\times(+4)=+12.$$

Ce qui est précisément la règle des signes établie plus haut (123.).

161. 4° *De la Division.* — Nous n'avons pas besoin de changer la définition de la division (76.) pour l'appliquer à la division des quantités négatives. C'est encore ici une opération par laquelle étant donné *un produit* et *l'un des facteurs* on recherche *l'autre facteur.*

Cette définition et ce que nous venons de dire de la multiplication, donnent immédiatement la règle des signes que nous cherchons, et cette règle est précisément la règle donnée pour la division des termes négatifs, il est inutile d'insister sur ce point.

162. *Nota.* — Toutes les fois donc que l'on aura des quantités dans cet état d'opposition dont nous avons parlé plus haut (152.), qui les fait considérer comme positives ou comme négatives, on pourra leur appliquer les règles des signes que nous venons de démontrer, et donner par ce moyen aux formules algébriques une extension qu'elles ne pourraient avoir autrement. Il suffira, pour cela, de changer le signe des lettres qui devront désigner des quantités négatives au lieu de quantités positives qu'elles désignaient d'abord, et de calculer les formules nouvelles que l'on obtiendra par ce changement. Mais n'y a-t-il pas d'autres circonstances où une formule pourra, par des changements de signes, s'appliquer à d'autres cas, bien qu'il n'y ait pas lieu à cette opposition entre les quantités exprimées par les lettres dont on change le signe? Nous pensons qu'il en est ainsi, et la Géométrie pourrait nous fournir des considérations à l'appui de ce que nous disons ici. Mais, dans les cas où cela aurait lieu, avant d'appliquer par des changements de signes une formule calculée dans une hypothèse à des cas qui ne sont pas renfermés dans cette hypothèse, il faudra s'assurer *à posteriori*, c'est-à-dire, par la vérification du fait, qu'on peut faire cette application.

163. Nous terminerons tout ce que nous venons de dire sur les quantités négatives, par les remarques suivantes :

Quand on considère deux quantités positives ou deux nombres, le plus grand de ces nombres est celui qui renferme le plus d'unités, mais il n'en est pas de même pour les algébristes, quand ils considèrent les quantités négatives par rapport soit à d'autres quantités négatives, soit à des quantités positives. Dans ce cas, une quantité négative est toujours plus petite qu'une quantité positive, et de deux quantités négatives, la plus grande est celle dont la valeur numérique est la plus faible ; de sorte que l'on a, par exemple, $-4 < +2$, et $-4 < -2$. Voici la raison de cela :

Quand on a une quantité positive, 5, par exemple, et qu'on en retranche successivement une unité, cette quantité va en diminuant et devient successivement, $4, 3, 2, 1, 0$; si l'on continue à retrancher une nouvelle unité, elle devient $-1, -2, -3, -4$, et, puisque ces quantités se forment en retranchant successivement une unité de la précédente, elles doivent être considérées chacune, comme plus petites que toutes celles qui viennent auparavant. Ainsi, -4, par exemple, sera plus petit que $+2$, et aussi que -2. Il suit de là encore, que *zéro*, formant comme une limite entre les quantités positives et les quantités négatives, doit être considéré comme plus petit que les premières et plus grand que les secondes. Aussi exprime-t-on souvent qu'une quantité a est positive, en écrivant $a > 0$, et qu'elle est négative en écrivant $a < 0$. Remarquons bien que cette manière de

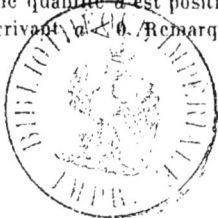

parler, qui serait absurde dans le sens qu'elle présente au premier énoncé, puisque rien ne peut être plus petit que rien ou zéro, ne signifie autre chose, sinon qu'une quantité négative ajoutée à une autre quantité la diminue (158.), et qu'après cela, cette autre quantité est plus petite que si on ne lui avait fait éprouver aucun changement, ou que si on lui avait ajouté zéro.

164. Il suit encore de tout ce que nous avons dit, que si l'on change dans un polynome le signe de tous les termes, il devient de positif négatif, ou de négatif positif; mais sa valeur numérique ne change pas, ce qui justifie ce que nous avons dit plus haut (114.) qu'on peut, sans détruire une équation, changer le signe de tous les termes.

CHAPITRE VI.

DES ÉQUATIONS DU PREMIER DEGRÉ A DEUX OU PLUS DE DEUX INCONNUES, ET DES PROBLÈMES QUI SE RÉSOLVENT AU MOYEN DE CES ÉQUATIONS.

165. Nous traiterons successivement des équations à deux inconnues, des équations à trois inconnues, et enfin des équations renfermant un nombre quelconque d'inconnues.

§ 1.

Des Équations du premier degré à deux inconnues.

166. Supposons d'abord que nous ayons une équation renfermant deux inconnues, $y = 15 - x$, par exemple : il est facile de voir qu'en donnant à x une valeur quelconque, on pourrait déduire de cette équation une valeur correspondante pour y, qui y satisferait. Supposons, par exemple, que l'on fasse successivement x égal aux nombres 2, 3, 4, 5, etc., l'équation nous donnera pour y, dans ces diverses hypothèses, 13, 12, 11, 10, etc. Si donc on n'avait pour déterminer deux nombres inconnus que la relation donnée par l'équation $y = 15 - x$, il serait impossible de les déterminer, et il en serait évidemment de même toutes les fois qu'on n'aurait qu'une équation pour arriver à cette détermination.

167. Puisqu'une équation ne suffit pas pour déterminer deux inconnues, il faut donc pour cela avoir au moins deux équations. Nous allons voir que cela suffit, et nous allons en même temps cher-

cher comment, ayant deux équations à deux inconnues, on peut parvenir à en déterminer la valeur.

168. Soient donc proposées, par exemple, les deux équations

$$6x + 2y = 18, \qquad 6x - 3y = 3.$$

Si nous pouvions faire disparaître de l'une de ces équations une des inconnues, x par exemple, il serait facile de trouver les valeurs que l'on cherche; car l'équation que l'on obtiendrait ne renfermerait plus que l'inconnue y; et on déterminerait la valeur de cette inconnue par la règle du n° 112; puis en substituant cette valeur à y dans une des deux équations données, on aurait une nouvelle équation qui ne renfermerait plus que x. Il suffirait ensuite de résoudre cette équation pour avoir la valeur de cette inconnue; et l'on aurait ainsi la valeur de x et de y, que l'on se proposait de déterminer.

169. Nous devons donc nous occuper d'abord de rechercher le moyen de faire disparaître une inconnue dans l'une des équations proposées, ou, comme on s'exprime ordinairement, d'*éliminer une inconnue*. Or, un peu d'attention à cette question va nous faire trouver plusieurs procédés pour obtenir ce résultat.

170. PREMIÈRE MÉTHODE D'ÉLIMINATION. — Reprenons les deux équations proposées, à savoir :

$$(A) \quad 6x + 2y = 18, \qquad (B) \quad 6x - 3y = 3 \ (*).$$

Cela posé, si nous prenons la valeur d'une inconnue, de x, par exemple, dans la première équation, comme si y était une quantité connue, nous aurons

$$(C) \quad x = \frac{18 - 2y}{6}.$$

En substituant maintenant cette valeur de x dans la seconde des équations proposées, elle ne devra plus contenir que y; en effet, par cette substitution, l'équation (B) devient

$$\frac{6(18 - 2y)}{6} - 3y = 3, \quad \text{ou} \quad 18 - 2y - 3y = 3.$$

et, en résolvant cette équation, elle donne $y = 3$. Si maintenant nous substituons cette valeur de y dans une des équations propo-

(*) Ces lettres (A), (B), (C), etc., que nous mettons à côté d'une équation sont destinées à désigner cette équation. Ainsi, au lieu de dire l'équation $6x + 2y = 18$, nous dirons l'équation (A).

sées, ou, ce qui est plus simple, dans l'équation (C), qui n'est que la première résolue par rapport à x, nous aurons

$$x = \frac{18 - 6}{6}, \quad \text{ou} \quad x = 2.$$

Ainsi les valeurs des inconnues sont $x = 2$, $y = 3$.

La méthode que nous venons d'employer pour éliminer x d'une des équations proposées, et résoudre ces équations, s'appliquerait évidemment à deux autres équations quelconques du premier degré à deux inconnues. On peut donc établir que :

171. *Pour éliminer une inconnue entre deux équations du premier degré à deux inconnues* x *et* y, *il suffit de prendre la valeur d'une des inconnues,* x, *par exemple, dans l'une des équations; comme si* y *était connu, et de substituer cette valeur à la place de* x *dans l'autre équation, et l'on obtiendra ainsi une nouvelle équation qui ne renfermera que* y. *Si ensuite on veut résoudre les équations proposées, il faudra résoudre l'équation en* y *que l'on vient d'obtenir, ce qui fera connaître la valeur de* y. *Connaissant cette valeur, on la substituera à* y, *soit dans l'une des équations proposées, soit dans celle qui donne la valeur de* x, *au moyen de* y, *et alors on n'aura plus qu'une équation en* x *qui donnera la valeur de cette inconnue.*

La méthode d'élimination que nous venons d'exposer, consistant à prendre, dans une équation, la valeur d'une inconnue en *fonction* de l'autre, pour la *substituer* dans l'autre équation, a reçu le nom d'*élimination par substitution*.

172. *Nota.* — On dit qu'une quantité est une *fonction d'une autre*, par exemple, que x est une fonction de y, lorsque y entre dans l'expression de x d'une manière quelconque. Ainsi, si l'on a $x = 18 - 2y$, x est dit une *fonction* de y. On dit aussi qu'on a x en fonction de y. Si l'on avait $x = 18 - 2y + 3z$, x serait une fonction de y et de z. Pour exprimer que x est une fonction de y, on écrit quelquefois $x = f(y)$; de même $x = f(y, z, t, v)$ exprime que x est une fonction des quantités y, z, t, v; c'est-à-dire, se compose de ces quantités combinées d'une certaine manière. Pour exprimer des fonctions différentes, on se sert de f de différentes grandeurs, ou on se sert de la même lettre, mais avec des accents différents, par exemple, $x = f(x)$, $x = f'(y)$, $x = f''(y)$, ou bien $x = f_1(y)$, $x = f_2(y)$. Quand on a une équation renfermant une ou plusieurs inconnues, quatre, par exemple, x, y, z, t, on peut faire passer tous les termes dans le premier membre, et le second devient zéro (**110.**).

Alors le premier membre est une fonction de x, y, z, t. De sorte que $f(x, y, z, t) = 0$ désigne en général une équation à quatre inconnues. Il faut faire attention à ce sens du mot *fonction*, parce que nous l'emploierons très-souvent.

173. DEUXIÈME MÉTHODE D'ÉLIMINATION. — La méthode que nous venons d'employer pour éliminer une inconnue n'est pas la seule qui se présente à l'esprit, si l'on y fait un peu d'attention.

Reprenons les équations proposées :

$$(A) \quad 6x + 2y = 18, \qquad (B) \quad 6x - 3y = 3.$$

Prenons la valeur de l'inconnue que nous voulons éliminer, de x, par exemple, dans les deux équations proposées, comme si nous connaissions y, nous aurons

$$(C) \quad x = \frac{18 - 2y}{6}, \qquad (D) \quad x = \frac{3 + 3y}{6}.$$

Ces deux valeurs de x doivent être égales; si donc nous écrivons qu'elles le sont, nous obtiendrons une équation

$$\frac{18 - 2y}{6} = \frac{3 + 3y}{6},$$

qui ne renfermera plus que y. En la résolvant, elle donne $y = 3$. Si maintenant nous substituons 3 à la place de y, soit dans une des équations proposées (A) et (B), soit, ce qui est plus simple, dans une des équations (C) et (D), cette équation ne renfermera plus que x, et, par conséquent, fera connaître sa valeur. Par exemple, en faisant la substitution dans l'équation (D), on trouve

$$x = \frac{3 + 9}{6}, \quad \text{ou} \quad x = 2.$$

Cette méthode d'élimination s'appliquerait évidemment à toutes les autres équations du même genre. On peut l'exprimer comme il suit :

174. *Pour éliminer une inconnue,* x, *par exemple, entre deux équations qui renferment* x *et* y, *prenez dans les deux équations la valeur de* x *en fonction de* y; *écrivez que les deux expressions de* x *ainsi obtenues sont égales, et l'équation qui en résultera ne renfermera plus que* y. *Si ensuite vous voulez achever le calcul pour résoudre les équations, il faut vous conduire comme quand on a fait l'élimination par la première méthode.*

Le procédé d'élimination que nous venons d'exposer porte le nom d'*élimination par comparaison*. Il est facile de voir la raison de cette dénomination.

175. Troisième méthode d'élimination. — Reprenons les équations proposées :

$$(A) \quad 6x + 2y = 18, \qquad (B) \quad 6x - 3y = 18.$$

Ces deux équations renfermant chacune dans leur premier membre le terme $6x$ avec le même signe, il est clair que si on les retranchait l'une de l'autre, membre à membre (ce qui est permis, puisque, si de deux quantités égales on retranche deux quantités égales, les restes seront égaux), le terme $6x$ n'existerait pas dans l'équation qu'on obtiendrait, et elle ne renfermerait plus que y. Faisons donc cette opération, retranchons, par exemple, des deux membres de l'équation (A) les membres correspondants de l'équation (B), et écrivons que les restes sont égaux, nous aurons

$$2y + 3y = 15.$$

D'où l'on tire $y = 3$. Si nous voulons ensuite obtenir la valeur de x, il suffit de mettre 3 à la place de y dans une des équations proposées, dans la première, par exemple, elle devient

$$6x + 6 = 18, \quad \text{d'où}, \quad x = 2.$$

Si les deux équations proposées renfermaient $6x$, mais avec des signes différents, si l'on avait, par exemple,

$$6x + 2y = 18,$$
$$- 6x - 3y + 25 = 4,$$

on ne pourrait pas faire disparaître x en retranchant les deux équations membre à membre, comme il est facile de s'en assurer, mais il suffirait de les ajouter membre à membre pour arriver à ce résultat. En faisant cette addition dans le cas qui nous occupe, on obtient

$$2y - 3y + 25 = 22,$$

équation qui ne renferme plus que y.

176. *Nota*. — L'emploi du troisième mode d'élimination, que nous venons d'exposer, exige plusieurs choses : ainsi, — 1° Il faut que les termes qui renferment l'inconnue à éliminer se trouvent dans le même membre ; — 2° Il faut que, dans chaque équation, l'inconnue que l'on veut éliminer se trouve dans un terme seulement ; — 3° Enfin, il faut que l'inconnue que l'on veut éliminer soit multipliée dans les deux équations par la même quantité. Cependant, si ces conditions n'étaient pas remplies, il serait facile de transformer les équations de manière à y satisfaire. En effet :

1° Si les termes qui renferment l'inconnue à éliminer ne se trouvent pas tous les deux dans le premier membre, ou tous les deux dans le second membre des équations proposées, il suffirait de les y transporter par le procédé donné n° 110 ;

2° Si l'inconnue à éliminer se trouvait dans plusieurs termes, si l'on avait, par exemple, les deux équations :

$$2x + 6x + bx + 2y = m + 3x,$$
$$3x + 7x + dx - 2m = 4y + 4x,$$

en faisant passer dans les premiers membres tous les termes qui renferment x, et en opérant la réduction des termes semblables on aura

$$5x + bx + 2y = m,$$
$$6x + dx - 2m = 4y.$$

Puis, en décomposant en deux facteurs (98-2°.) l'ensemble des termes qui renferment x, on aura :

$$(5 + b)x + 2y = m,$$
$$(6 + d)x - 2m = 4y,$$

et l'on aura ainsi rempli la seconde condition, puisque x ne se trouve plus que dans un seul terme de chaque équation ;

3° Enfin, si l'inconnue que l'on veut éliminer n'était pas multipliée dans les deux équations par la même quantité, si l'on avait, par exemple, les équations

$$5x - 3y = 16, \qquad 8x + 2y = 46,$$

en multipliant tous les termes de la première par le coefficient de x dans la seconde, et tous les termes de la seconde par le coefficient de x dans la première, on obtiendra

$$40x - 24y = 128, \qquad 40x + 10y = 230,$$

et en retranchant, membre à membre, la première équation de la seconde, on aura, toute réduction faite,

$$34y = 102.$$

De même, si l'on avait les deux équations

$$(5 + b)x + 2y = m,$$
$$(6 + d)x - 2m = 4y,$$

en multipliant tous les termes de la première équation par le multiplicateur ou le coefficient (a) de x dans la seconde, à savoir $6 + d$, et tous les termes de la seconde par le coefficient de x dans la première, à savoir $5 + b$, on aura

$$(5 + b)(6 + d)x + 2y(6 + d) = m(6 + d),$$
$$(5 + b)(6 + d)x - 2m(5 + b) = 4y(5 + b),$$

et en retranchant ces équations membre à membre, on trouve

$$2y(6 + d) + 2m(5 + b) = m(6 + d) - 4y(5 + b).$$

Il est facile de voir que, dans tous les cas semblables, on réduira les équations proposées à avoir le même multiplicateur de l'inconnue que l'on veut éliminer, par le procédé que nous venons d'employer dans les deux exemples précédents.

177. En résumant tout ce qui précède, on en déduira le procédé suivant : *Pour préparer deux équations du premier degré renfermant deux inconnues,* x *et* y, *de manière à pouvoir en éliminer une inconnue,* x, *par exemple, par la troisième méthode, il faut :* — 1° *Faire passer dans le même membre, tous les termes qui renferment* x ; — 2° *Réunir, s'il y a lieu, tous ces termes en un seul terme composé, et pour cela en décomposer l'ensemble en deux facteurs dont l'un sera l'inconnue* x, *et l'autre l'ensemble des quantités qui multiplient* x, *par le procédé du* n° 98-2° ; — 3° *Multiplier tous les termes de la première équation par la quantité qui multiplie* x *dans la seconde, et réciproquement tous les termes de la seconde par la quantité qui multiplie* x *dans la première.*

Puis, après cette préparation, si elle est nécessaire, *pour éliminer l'inconnue* x, *il faut ajouter ou retrancher les deux équations membre à membre, suivant que les termes qu'on veut faire disparaître ont des signes différents, ou qu'ils ont le même signe.*

(a) Nous avons jusqu'ici appelé coefficient dans un terme, le nombre qui indique combien de fois on doit prendre la quantité littérale qu'il renferme ; mais on donne souvent au mot coefficient un sens plus étendu, et l'on appelle coefficient d'une lettre la quantité qui multiplie cette lettre ; ainsi, dans ax, a est dit coefficient de x ; dans $(5 + b)x$, le coefficient de x est $5 + b$.

L'équation qu'on obtiendra par là ne renfermera plus que l'inconnue y, et *si l'on veut résoudre les équations proposées, il faudra achever le calcul de la même manière que lorsqu'on a éliminé une inconnue par la première ou par la seconde méthode.*

La troisième méthode d'élimination que nous venons d'exposer porte le nom d'*élimination par addition ou soustraction.* La raison de cette dénomination est évidente.

178. Observons, en terminant, que, bien que les trois méthodes d'élimination puissent s'employer dans tous les cas, il n'est pas toujours indifférent pour la simplicité du calcul d'employer ces diverses méthodes. Avec un peu d'habitude de l'Algèbre, on voit facilement, dans les différents cas, quelle est celle qu'il faut employer de préférence.

179. Observons encore que ces méthodes, pour éliminer une inconnue, quand on a deux équations du premier degré et deux inconnues, s'appliqueraient encore au cas où les équations proposées renfermeraient un plus grand nombre d'inconnues. Ainsi, si l'on avait les deux équations

$$z + 2x + y + v = m, \qquad 2z + 3y + x = 6v,$$

on pourrait, pour éliminer z, par exemple, par la première méthode, prendre la valeur de cette inconnue dans la première équation en fonction de toutes les autres, et la substituer dans la seconde équation, ce qui donnerait

$$2(m - 2x - y - v) + 3y + x = 6v.$$

Pour éliminer cette même inconnue z par la seconde méthode, il faudrait en prendre la valeur dans les deux équations proposées, et écrire que ces valeurs sont égales, ce qui donnerait

$$m - 2x - y - v = \frac{6v - 3y - x}{2}.$$

Enfin, pour l'éliminer par la troisième méthode, il faudrait multiplier tous les termes de la première équation par 2, et, après cette multiplication, en retrancher membre à membre la seconde équation, ce qui donnerait

$$3x - y + 2v = 2m - 6v.$$

180. Il est important avant d'aller plus loin de s'exercer sur un

grand nombre d'équations en appliquant les trois méthodes d'élimination. Voici quelques exemples :

$$\left.\begin{array}{l} 5x + 3y = 49 \\ 2x - 5y = 1 \end{array}\right\} \text{ on trouve } \left\{\begin{array}{l} x = 8 \\ y = 3 \end{array}\right.$$

$$\left.\begin{array}{l} 3ax + 2by = c \\ 2mx + 3ny = r \end{array}\right\} \text{ on trouve } \left\{\begin{array}{l} x = \dfrac{2br - 3cn}{4bm - 9an} \\ y = \dfrac{3ar - 2mc}{9an - 4bm} \end{array}\right.$$

$$\left.\begin{array}{l} 2x + 3y = 13 \\ 5x + 4y = 22 \end{array}\right\} \text{ on trouve } \left\{\begin{array}{l} x = 2 \\ y = 3 \end{array}\right.$$

$$\left.\begin{array}{l} x + y = n \\ ax - by = c \end{array}\right\} \text{ on trouve } \left\{\begin{array}{l} x = \dfrac{bn + c}{a + b} \\ y = \dfrac{an - c}{a + b} \end{array}\right.$$

§ II.

Des équation du 1ᵉʳ degré à trois inconnues.

181. Supposons, maintenant, que nous ayons trois équations à trois inconnues, les suivantes, par exemple, et qu'il s'agisse de déterminer la valeur de ces inconnues :

(A) $x + 3y - 2z = 3,$
(B) $2x + 3y + 3z = 25,$
(C) $3x + 6y - z = 20.$

Voici comment on peut résoudre ces équations :

On prend d'abord la valeur d'une des inconnues, x, par exemple, en fonction des deux autres, dans une des trois équations proposées ; supposons que ce soit dans la première, on aura

(C) $x = 3 - 3y + 2z ;$

puis on substitue, dans les deux autres équations, cette valeur de x, on obtient ainsi, toute réduction faite,

(D) $7z - 3y = 19,$
(E) $5z - 3y = 11.$

On prend ensuite, dans une des deux équations (D) et (E), la valeur d'une inconnue, de z, par exemple, en fonction de y. Supposons que l'on prenne cette valeur dans la première équation, on aura

$$(\text{F}) \quad z = \frac{19 + 3y}{7}.$$

Cette valeur de z, étant substituée dans l'équation (E), donne

$$(\text{G}) \quad \frac{3(19 + 3y)}{7} - 3y = 11.$$

En résolvant cette dernière équation, on trouvera pour la valeur de y, $y = 3$.

Pour avoir maintenant la valeur de z, on substituera cette valeur de y à cette lettre dans l'équation (F), et l'on trouvera, en faisant le calcul, la valeur de z, ou $z = 4$.

Enfin, connaissant les valeurs de y et de z, on les substitue à ces lettres dans l'équation (C), et l'on trouvera ainsi pour valeur de x, $x = 2$.

Ainsi les valeurs des inconnues, dans les équations proposées, sont $x = 2$, $y = 3$, $z = 4$.

182. On voit que, pour résoudre les trois équations à trois inconnues (A), (B), (C), nous les avons ramenées par l'élimination d'une de ces inconnues à la résolution de deux équations à deux inconnues, ce que nous savions déjà faire. De même, si nous avons quatre équations à quatre inconnues, nous en ramènerions la résolution à celle de trois équations à trois inconnues, en éliminant une des inconnues entre une de ces équations et les trois autres.

§ III.

Des Équations du premier degré renfermant un nombre quelconque d'inconnues.

183. Ce qui précède nous donne le moyen de résoudre un nombre quelconque d'équations du premier degré renfermant un même nombre d'inconnues. Nous nous bornerons ici à formuler le procédé à suivre pour cela, et, pour plus de clarté, nous supposerons que nous n'avons que quatre équations renfermant quatre inconnues; il sera très-facile de l'appliquer à un nombre quelconque d'équations renfermant le même nombre d'inconnues.

Pour résoudre quatre équations,

$$F(x, y, z, t) = 0, \qquad F_2(x, y, z, t) = 0,$$
$$F_1(x, y, z, t) = 0, \qquad F_3(x, y, z, t) = 0,$$

renfermant quatre inconnues, x, y, z, t (172.)*, prenez la valeur de* x *dans une de ces équations, elle sera de la forme*

$$x = f(y, z, t);$$

substituez-la dans les trois autres équations, et vous obtiendrez des équations de la forme

$$F_4(y, z, t) = 0, \qquad F_5(x, y, z, t), \qquad F_6(y, z, t).$$

Prenez la valeur de y *dans l'une d'elles, cette valeur sera de la forme*

$$y = f_1(z, t).$$

Substituez cette valeur de y *dans les deux autres équations, elles deviendront de la forme*

$$F_7(z, t) = 0, \qquad F_8(z, t).$$

Prenez la valeur de z *dans l'une d'elles, cette valeur sera de la forme*

$$z = f_2(t).$$

Substituez-la dans l'autre équation, elle deviendra de la forme

$$F_9(t) = 0.$$

Cette équation ne renfermant plus que t*, résolvez-la, et vous trouverez la valeur de* t*. Substituez cette valeur dans l'équation* $z = f_2(t)$*, et vous aurez la valeur de* z*. Substituez ensuite la valeur de* z *et celle de* t *dans l'équation* $y = f_1(z, t)$*, et vous aurez la valeur de* y*. Enfin, substituez les valeurs de* y, z *et* t *dans l'équation* $x = f(y, z, t)$*, et vous aurez la valeur de* x*, et, par conséquent, vos équations seront résolues.*

184. On voit que cette méthode consiste à diminuer le nombre des équations en même temps qu'on diminue le nombre des inconnues, de manière à n'avoir qu'une équation à une inconnue. Cette équation fait connaître la valeur de cette inconnue, et, en remontant ensuite aux équations qui renferment deux, puis trois, puis quatre, etc., inconnues, on les détermine les unes après les autres. Nous avons supposé, dans le procédé donné, qu'on emploie l'élimination par substitution, mais on peut aussi employer les autres méthodes, et quelquefois cela est plus simple. Par exemple, pour résoudre les trois équations proposées dans le n° 181, nous avons été conduits aux deux équations

$$7z - 3y = 19,$$
$$5z - 3y = 11,$$

et nous avons éliminé z par la méthode de substitution, mais il eût été plus simple d'éliminer y par la méthode d'addition ou de soustraction, car en retranchant ces deux équations membre à membre, nous aurions eu

$$2z = 8, \text{ d'où } z = 4.$$

Puis, substituant cette valeur de z dans la première équation par exemple, on aurait eu

$$28 - 3y = 19, \text{ d'où } y = 3;$$

et on aurait continué comme nous l'avons fait.

Il est évident qu'on peut suivre tel ordre qu'on voudra dans l'élimination des inconnues. Mais il est plus simple quelquefois de commencer par une inconnue plutôt que par une autre; c'est ce qu'on apprendra par la pratique du calcul.

185. Il arrive quelquefois que toutes les inconnues n'entrent pas dans toutes les équations; alors le travail se simplifie : soit, par exemple, les équations

$$(A) \quad 2x - 3y + 2z = 13,$$
$$(B) \qquad 4v - 2x = 30,$$
$$(C) \qquad 4y + 2z = 14,$$
$$(D) \qquad 5y + 3v = 32.$$

Si l'on élimine x entre les deux premières équations (et il est tout naturel de le faire en ajoutant les deux équations membre à membre), et qu'on réunisse l'équation qui en résulte avec les deux équations (C), (D), on aura les trois équations

$$(E) \quad 4v - 3y + 2z = 43,$$
$$(C) \qquad 4y + 2z = 14,$$
$$(D) \qquad 5y + 3v = 32.$$

Éliminant maintenant z entre les équations (E) et (C), on obtient

$$(F) \quad 4v - 7y = 29,$$

équation qui, avec l'équation (D), suffit pour faire connaître y et v;

on en tire $y = 1$, $v = 9$. Substituant ensuite ces valeurs dans l'équation (E) ou, ce qui est plus simple, substituant la valeur de y dans l'équation (C), on en tire $z = 5$. Enfin, substituant les valeurs de z et de y dans l'équation (A), ou, ce qui est plus simple, substituant la valeur de v dans l'équation (B), on en tire $x = 3$. Ainsi, les valeurs des inconnues sont $x = 3$, $y = 1$, $z = 5$, $v = 9$.

Il faut, avant de passer plus loin, s'exercer sur un grand nombre d'exemples. En voici quelques-uns :

$$\left. \begin{array}{l} 7x + 12y + 4z = 128 \\ 3x + 3y + 7z = 60 \\ 6x + y + 5z = 68 \end{array} \right\} \text{ on trouve } \left\{ \begin{array}{l} x = 8 \\ y = 5 \\ z = 3 \end{array} \right.$$

$$\left. \begin{array}{l} x + \dfrac{y}{2} + \dfrac{z}{2} = 25 \\ y + \dfrac{x}{3} + \dfrac{z}{3} = 26 \\ z + \dfrac{x}{2} + \dfrac{y}{2} = 29 \end{array} \right\} \text{ on trouve } \left\{ \begin{array}{l} x = 8 \\ y = 18 \\ z = 16 \end{array} \right.$$

$$\left. \begin{array}{l} 2x - 5y = 2z - v - 8 \\ 2x + 3z = y + 2v + 7 \\ x - 2y = 5z - 4v - 2 \\ 4x + 2v - 5y - 2z = 4 \end{array} \right\} \text{ on trouve } \left\{ \begin{array}{l} x = 3 \\ y = 2 \\ z = 5 \\ v = 6 \end{array} \right.$$

186. *Nota* 1°. — Nous avons vu, au commencement de ce chapitre, que, lorsqu'on n'a qu'une équation pour déterminer deux inconnues, on peut y satisfaire d'une infinité de manières, et lorsque nous avons enseigné à résoudre plusieurs équations à plusieurs inconnues, nous avons supposé qu'il y avait autant d'équations que d'inconnues. *Il est curieux d'examiner ce qui arrive lorsque, pour trouver un certain nombre d'inconnues, on a un nombre plus petit, égal, ou plus grand d'équations.*

1° Si l'on a une seule équation pour trouver une seule inconnue, nous avons vu (140.) qu'elle n'admet qu'une seule valeur pour cette inconnue, excepté dans le cas où cette équation est une identité (107.); mais dans tout ce que nous allons dire, nous supposerons que les équations que l'on a ne sont pas des identités, car de pareilles équations n'apprennent rien relativement à la valeur des lettres qui y entrent.

Si l'on a deux équations ou plus de deux équations pour déterminer une inconnue, comme une seule de ces équations suffit pour cela, on en résout une, la première par exemple; et si la valeur de l'inconnue ainsi déterminée satisfait aux autres équations, ces équations sont possibles en même temps; sinon, elles ne le sont pas. Ainsi, soient les deux équations

$$3x = 6, \qquad 4x = 8.$$

En prenant la valeur de x dans la première, on trouve $x = 2$; substituant cette valeur dans l'autre équation, on trouve qu'elle y satisfait, car cette équation devient $8 = 8$. Les équations sont donc possibles en même temps; mais si la seconde était $4x = 9$, en substituant, on aurait $8 = 9$, ce qui est absurde; les équations ne seraient donc pas possibles en même temps.

Quand les équations sont numériques, on voit tout d'un coup si elles sont possibles en même temps. Mais si elles étaient littérales; par exemple, si on avait

$$ax = b, \qquad cx = d,$$

en prenant la valeur de x dans la première, et en la substituant dans la seconde, on aurait $\dfrac{cb}{a} = d$; et pour satisfaire à cette équation, il faudrait choisir convenablement les valeurs des lettres a, b, c, d. Elle exprime donc une condition pour que les équations $ax = b$ et $cx = d$ soient possibles en même temps. Aussi l'appelle-t-on *équation de condition*. Si l'on avait une troisième équation $mx = n$, il en résulterait une autre équation de condition $\dfrac{mb}{a} = n$.

Et, en général, si on a un certain nombre d'équations littérales, six, par exemple, pour déterminer une inconnue, en prenant la valeur de cette inconnue dans la première équation, et en la substituant dans les autres, on aurait cinq équations de condition auxquelles il faudrait satisfaire pour que les équations proposées fussent possibles en même temps.

2° Si pour déterminer deux inconnues, on n'a qu'une équation, nous avons vu (166.) qu'on peut y satisfaire d'une infinité de manières.

Si l'on a deux équations du premier degré pour déterminer deux inconnues x et y, en éliminant x, par exemple, on a une équation du premier degré pour déterminer y. Par conséquent, on ne trouve qu'une seule valeur par y, laquelle étant substituée dans une des équations proposées donne une équation de premier degré pour déterminer x, d'où il suit qu'on ne peut trouver qu'une seule valeur de x. Donc, quand on a deux équations du premier degré pour déterminer deux inconnues, on ne peut satisfaire à ces équations que d'une seule manière.

Si l'on a trois ou plus de trois équations pour déterminer deux inconnues, on déterminera ces inconnues par le moyen des deux premières équations; et si leurs valeurs, substituées dans les autres équations, y satisfont, les équations proposées seront possibles en même temps; elles ne le seront pas dans le cas contraire. Si les équations proposées étaient littérales, il en résulterait des équations de condition auxquelles les valeurs des lettres qui y entreraient devraient satisfaire pour que les équations proposées fussent possibles en même temps, et l'on voit que le nombre des équations de condition sera égal à celui des équations proposées, moins deux.

3° Supposons qu'on ait cinq équations pour déterminer six inconnues, comme par la méthode que l'on suit pour résoudre ces sortes d'équations, le nombre des équations que l'on a, diminue à mesure qu'on élimine plus d'inconnues, et qu'on a une équation de moins à mesure qu'on élimine une inconnue de plus, lorsqu'on en aura éliminé quatre, il n'en restera plus qu'une renfermant deux inconnues; on pourra donc y satisfaire d'une infinité de manières; et comme les autres inconnues sont liées à celles-là et en dépendent, elles varieront avec elles, et, par conséquent, pourront avoir aussi une infinité de valeurs. Ainsi, cinq équations ne suffisent pas pour déterminer six inconnues; à plus forte raison, une, deux, trois, quatre, ne suffiraient pas.

Si l'on a six équations, alors le procédé même que l'on suit pour obtenir la valeur de ces inconnues, fait voir que chaque inconnue ne peut avoir qu'une valeur.

Si l'on avait plus de six équations, huit, par exemple, après avoir déterminé les valeurs de six inconnues, par le moyen des six premières équations, on substituerait ces valeurs dans les deux autres, et il faudrait qu'elles y satisfissent pour que les équations proposées fussent possibles en même temps. Que si les équations proposées étaient littérales, cette substitution donnerait des équations de condition, auxquelles les lettres qui y entrent devraient satisfaire pour que les équations proposées fussent possibles en même temps.

4° Généralement, si, *pour déterminer un certain nombre d'inconnues, on a un nombre plus petit d'équations, il est facile de voir qu'il y aura un même nombre infini de solutions possibles. Si le nombre des équations est égal à celui des inconnues, il n'y aura qu'une valeur pour chaque inconnue; enfin, s'il y a un nombre d'équations plus grand que celui des inconnues, il en résultera des équations de condition, et le nombre de ces équations sera égal à celui des équations proposées, diminué de celui des inconnues.*

187. *Nota* 2°. — Dans tout ce que nous venons de dire, nous avons supposé que les équations proposées n'étaient pas des identités, parce que de pareilles équations n'apprennent rien relativement à la valeur des inconnues; nous supposons aussi que ces équations ne sont pas des conséquences les unes des autres. Par exemple, si, pour déterminer x et y, nous avions les deux équations $x + y = 6$, $3x + 3y = 18$, ces deux équations ne suffiraient pas, car la seconde, étant une conséquence de la première (puisqu'elle s'en tire en multipliant tous les termes par 3), ne nous apprend rien de plus que la première; et puisque la première est insuffisante, elles le seront aussi toutes les deux ensemble.

188. *Nota* 3°. — Dans tout ce que nous venons de dire sur le nombre des solutions possibles dans les différents cas que nous avons parcourus, nous avons parlé des solutions des équations, et non pas des solutions des problèmes qui conduisent à ces équations; car, comme nous l'avons déjà dit (127.), il peut arriver qu'on satisfasse à une équation sans que le problème qui y a conduit soit possible. D'abord, les valeurs négatives, ou les valeurs infinies qui satisfont à une équation (a), ne satisfont pas au problème qui y a conduit, et elles sont même, en général, une preuve que ce problème est impossible. En second lieu, la nature d'un problème peut exiger que les nombres demandés soient entiers; et, dans ce cas, toutes les valeurs fractionnaires des inconnues qui satisfont aux équations, ne satisferaient pas au problème. Donnons un exemple de cela dans le problème suivant :

Combien faut-il prendre de pièces de 2 francs et de pièces de 5 francs pour faire 17 francs?

En appelant x le nombre de pièces de 2 francs et y celui des pièces de 5 francs, on aura, pour déterminer les deux nombres x et y,
$$2x + 5y = 17.$$

Or, quoiqu'il y ait une infinité de manière de satisfaire à cette équa-

---

(a) Une équation est résolue quand on a trouvé des expressions positives, négatives, finies ou infinies qui, mises à la place des inconnues, satisfont à l'équation. Un problème n'est résolu que lorsqu'on a trouvé des nombres positifs et quelquefois entiers qui satisfont aux conditions du problème.

tion, comme la nature du problème proposé demande que x et y soient des nombres entiers, on voit qu'il n'y aura que deux manières de satisfaire au problème, savoir : en prenant 1 pièce de 5 francs et 6 de 2 francs, et ensuite 3 pièces de 5 francs et 1 de 2 francs.

Il pourrait même se faire que l'équation étant susceptible d'une infinité de solutions, le problème n'en admît aucune. Supposons, par exemple, qu'*on demande de faire* 11 *francs* ½ *avec des pièces de* 2 *francs et de* 5 *francs*, l'équation serait, en désignant comme plus haut par x le nombre des pièces de 2 francs et par y celui des pièces de 5 francs,

$$2x + 5y = 11 + \tfrac{1}{2}.$$

Et il n'est pas possible de trouver des valeurs de x et de y qui satisfassent au problème, puisqu'avec des pièces de 2 et de 5 francs, on ne peut faire 11 francs $\tfrac{1}{2}$.

189. Nous allons résoudre seulement un problème à plusieurs inconnues, mais nous engageons à résoudre ceux que nous indiquerons ensuite.

Un homme, qui s'est chargé de transporter des vases de porcelaine de trois grandeurs, a fait ce marché, qu'il paierait autant par chaque vase qu'il casserait, qu'il recevrait pour ceux qu'il rendrait en bon état.

Dans un premier voyage on lui donne 2 *petits vases,* 4 *moyens et* 9 *grands; il casse les moyens, rend tous les autres en bon état, et reçoit* 28 *francs.*

Dans un second voyage il reçoit 7 *petits vases,* 3 *moyens et* 5 *grands; cette fois il rend les petits et les moyens, mais il casse les grands, et il ne reçoit que* 3 *francs.*

Enfin, dans un troisième voyage, il reçoit 9 *petits vases,* 10 *moyens et* 11 *grands; il casse encore tous les grands, rend tous les autres, et reçoit* 4 *francs.*

On demande ce qu'on a payé pour le transport d'un vase de chaque grandeur?

Solution. — Désignons respectivement par x, y et z, ce que l'homme chargé de transporter ces vases reçoit pour le transport d'un petit vase, d'un moyen et d'un grand. Puisque dans le premier voyage il rend en bon état 2 petits vases et 9 grands, il doit recevoir pour cela un nombre de francs représenté par $2x + 9z$; mais comme il casse 4 vases de grandeur moyenne, et qu'il paie pour chacun ce qu'il aurait reçu s'il l'avait rendu en bon état, il doit payer $4y$

francs. Par conséquent, la somme qu'il doit recevoir définitivement pour ce premier voyage est égale à $2x + 9z$ diminué de $4y$, ou $2x + 9z - 4y$; et, comme cette somme doit être égale à 28 francs, on a l'équation

$$2x + 9z - 4y = 28.$$

En examinant ce qui arrive dans les autres voyages, on en déduit facilement les deux autres équations

$$7x + 3y - 5z = 3,$$
$$9x + 10y - 11z = 4.$$

Ces trois équations suffisent pour déterminer x, y et z. On trouve en les résolvant :

2 francs pour le prix du transport d'un petit vase;

3 francs pour celui d'un moyen;

4 francs pour celui d'un grand.

190. Avant de passer au chapitre suivant, on fera bien de s'exercer à résoudre les problèmes suivants :

1° *Deux personnes ont un certain nombre de francs. Si la première en donnait 1 à la seconde, la seconde aurait le double de la première, et si la seconde en donnait 1 à la première, elles auraient la même somme. Que possède chacune de ces personnes ?* — (Réponse : **La première a 5 francs, et la seconde 7 francs.**)

2° *Trouver trois nombres tels, que le premier avec la moitié des deux autres fasse 25; que le second avec le tiers des deux autres fasse 26 ; que le troisième avec la moitié des deux autres fasse 29.* — (Réponse : Ces nombres sont 8 , 18 et 16.)

3° *On a acheté des volumes in-8° à 3 francs et des volumes in-folio à 7 francs, et l'on a payé 85 francs. Si l'on avait payé les in-8° 2 fois moins et les in-folio 3 fois moins, on aurait payé seulement 30 francs $\frac{5}{6}$. Combien y avait-il de volumes in-8° et combien d'in-folio?* — (Réponse : 5 volumes in-8° et 10 volumes in-folio.)

4° *Une personne possède un certain capital qu'elle fait valoir à un certain intérêt. Une autre personne qui possède 10000 francs de plus que la première, et qui fait valoir son bien de 1 pour 100 plus avantageusement qu'elle, a un revenu plus grand de 800 francs. Une troisième personne qui possède 15000 francs de plus que la première, et qui fait valoir son bien de 2 pour 100 plus avantageusement qu'elle, a un revenu plus grand de 1500 francs. On demande les biens des trois personnes et les trois taux d'intérêts?* — (Réponse :

Les biens sont 30000 francs, 40000 francs, 45000 francs, et les taux d'intérêts sont 4, 5 et 6 pour 100.)

Nota. — Il est évident qu'il suffit de trouver le bien de la première personne et le taux d'intérêt auquel elle le fait valoir pour résoudre tout le problème. Ainsi ce problème est à deux inconnues.

191. Résumé. — Nous nous sommes occupés, dans le chapitre que nous venons de terminer, de la résolution des équations et des problèmes du premier degré à plusieurs inconnues ; et tout ce que nous avons dit sur ce sujet se résume dans ce qui suit :

I. *Des équations du premier degré à deux inconnues.* — Après avoir vu qu'une équation ne suffit pas pour déterminer deux inconnues, nous nous sommes occupés de la résolution de deux équations à deux inconnues, et nous avons vu que cette résolution dépend de l'élimination d'une des inconnues entre les deux équations données, nous nous sommes donc occupés de rechercher un procédé pour arriver à ce résultat, et l'examen de la question nous a conduits à trois procédés au lieu d'un, à savoir : l'élimination par substitution, l'élimination par comparaison, et l'élimination par addition ou par soustraction, et nous avons vu comment, dans chaque procédé, après avoir éliminé une inconnue entre deux équations, on achève de résoudre les équations. Puis nous avons donné quelques équations à résoudre.

II. *Des équations du premier degré à trois inconnues.* — Nous avons donné un exemple de semblables équations, et aussi le procédé au moyen duquel on peut les résoudre.

III. *Des équations du premier degré renfermant un nombre quelconque d'inconnues.* — Nous avons donné un procédé pour les résoudre quand le nombre des équations est égal à celui des inconnues, et nous avons parlé des simplifications dont le procédé est susceptible dans quelques cas particuliers.

IV. Après avoir exposé les procédés dont nous venons de parler, nous avons examiné la question de savoir ce qui arrive en général quand, pour déterminer une, deux, trois, etc., et en général un nombre quelconque d'inconnues, on a un nombre d'équations inférieur, égal, ou supérieur à celui des inconnues.

V. Nous avons terminé ce chapitre par la résolution d'un problème, et par l'indication de plusieurs autres problèmes à résoudre.

CHAPITRE VII.

DES ÉQUATIONS DU SECOND DEGRÉ A UNE INCONNUE.

192. Nous avons déjà dit qu'une *équation du second degré* à une inconnue est celle dans laquelle cette inconnue se trouve au second

degré. Quand l'inconnue entre au second degré seulement, l'équation est dite *incomplète* ou *pure;* elle est dite *complète,* quand l'inconnue entre en même temps au premier et au second degré; ainsi, $ax^2 + b = cx^2$ est une équation *incomplète;* $ax^2 + b = cx$ est une équation *complète du second degré.* Nous nous occuperons successivement de ces deux espèces d'équations.

§ 1.

Résolution des Équations incomplètes du second degré à une inconnue.

193. Pour peu qu'on réfléchisse sur la nature des équations incomplètes du second degré à une inconnue, il est facile de voir que ces équations peuvent toutes se ramener à la forme

$$x^2 = a,$$

a pouvant désigner une quantité positive, négative, nulle, indéterminée ou infinie. En effet, puisque les équations dont il s'agit ne renferment que x^2, combinée d'une manière quelconque avec des quantités connues, il est visible qu'on peut considérer x^2 comme l'inconnue, et traiter alors ces équations absolument de la même manière que nous avons traité les équations du premier degré à une inconnue, et nous trouverons ainsi $x^2 = a$, a représentant une quantité qui pourra, d'après ce que nous avons vu (140.), être positive, négative, nulle, indéterminée ou infinie.

194. Ainsi la résolution des équations du second degré à une inconnue se ramène à la résolution de l'équation $x^2 = a$.

Supposons d'abord a positif, et égal à 36, par exemple, nous aurons

$$x^2 = 36.$$

Il est facile de voir que pour résoudre cette équation, il suffit d'extraire la racine carrée des deux membres, et nous aurons ainsi, pour une première valeur de x,

$$x = 6.$$

Mais nous disons que l'on peut encore prendre pour seconde valeur de x, $x = -6$; en effet, si nous multiplions -6 par -6,

nous trouverons 36. Ainsi, — 6 est une valeur qui satisfait à l'é-
quation. Donc la résolution de l'équation précédente nous donne

$$x = + 6, \qquad x = - 6.$$

Supposons maintenant que nous ayons

$$x^2 = - 36.$$

Si nous considérons que le carré d'une quantité, soit positive,
soit négative, est toujours une quantité positive, puisque + 6, par
exemple, multiplié par + 6 donne + 36, et que — 6 multiplié
par — 6 donne encore + 36, nous verrons que nous ne pouvons
prendre pour la valeur de x, ni la quantité positive + 6, ni la
quantité négative — 6, et qu'il est réellement impossible d'obtenir
une valeur de x. Dans ce cas, où il est impossible d'extraire la racine carrée du second membre, on se borne à l'indiquer; mais
comme une quantité, soit positive, soit négative, donne toujours le
même résultat lorsqu'on l'élève au carré, on met encore ici le signe
+ et le signe — devant le signe radical, et l'on a

$$x = + \sqrt{-36}, \qquad x = - \sqrt{-36}.$$

Ces valeurs de x, ou plutôt ces formes qui n'ont réellement aucune valeur assignable en nombre, ont reçu le nom de *valeurs* ou
racines imaginaires. Nous verrons bientôt comment elles répondent
aux problèmes proposés (195.–211.).

Dans les deux cas particuliers que nous venons de résoudre, nous
avons obtenus pour x deux valeurs : il est facile de voir qu'il en
sera de même dans tous les autres cas où l'on aura à résoudre une
équation incomplète du second degré à une inconnue, puisqu'on
sera toujours conduit à extraire une racine carrée, et que cette
racine, soit qu'on puisse l'extraire, soit qu'on ne puisse que l'indiquer, pourra toujours être prise avec le signe + et avec le signe —.

195. Pour continuer l'examen que nous venons de commencer, il
faudrait chercher ce qui arrive lorsque la valeur de x^2 est nulle,
indéterminée ou infinie; c'est ce que nous allons faire en reprenant
l'équation générale $x^2 = a$, pour discuter les valeurs de x, comme
nous avons discuté l'équation du premier degré à une inconnue.

$$x^2 = a \qquad \text{donne} \qquad x = \pm \sqrt{a}.$$

Cela posé, **1°** Si a est positif, nous avons déjà vu que l'on a pour x deux valeurs égales et de signes contraires.

2° Si a est négatif, on a pour x deux valeurs imaginaires, l'une précédée du signe + et l'autre du signe —.

3° Si a égale zéro, x égale aussi zéro ; on dit encore dans ce cas que x a deux valeurs égales chacune à zéro.

4° Si a est indéterminé ou quelconque, on aura pour x tous les nombres que l'on voudra, pris positivement et négativement. (Puisque a pouvant être quelconque, sa racine carrée pourra être aussi quelconque.)

5° Si a est l'infini positif, x aura deux valeurs infinies, l'une positive et l'autre négative, puisque la racine carrée de l'infini est infinie.

6° Enfin, si a est l'infini négatif, les deux valeurs de x seront imaginaires.

Telles sont toutes les formes sous lesquelles peuvent se présenter les valeurs de l'inconnue, lorsqu'on a une équation incomplète du premier degré à résoudre. Nous avons déjà vu, dans le chapitre quatrième, comment les valeurs positives, négatives, égales à zéro, indéterminées et infinies répondent au problème dont l'équation est la traduction. (Ajoutons seulement que lorsqu'on trouve, en résolvant une équation, deux valeurs pour x, l'une positive et l'autre négative, la valeur positive répond directement au problème proposé, et la valeur négative répond ordinairement à un autre problème qui a une certaine analogie avec le premier comme nous l'avons expliqué n° 126.) Quand aux valeurs imaginaires, elles signifient que le problème proposé est impossible, puisqu'il faudrait pour trouver un nombre qui y satisfît, faire une opération impossible à effectuer, à savoir : extraire la racine carrée d'une quantité négative.

196. Si l'on voulait, pour terminer ce paragraphe, formuler le procédé à suivre pour résoudre les équations qui nous occupent en ce moment, voici comment on pourrait l'exprimer : *Pour résoudre une équation incomplète du second degré à une inconnue, traitez d'abord cette équation comme si elle était du premier degré en regardant* x^2 *comme l'inconnue, vous arriverez à une équation de cette forme* $x^2 = a$; *extrayez ensuite la racine carrée des deux membres de cette équation, ou du moins indiquez l'extraction de la racine carrée de* a, *en la prenant avec le double signe + et —, et l'équation sera résolue.*

197. En appliquant le procédé aux équations suivantes, on trouvera les valeurs de x comme il suit :

$$\frac{5 - x^2}{3} + \frac{x^2}{6} = x^2 - 3, \quad \text{on trouve} \quad x = 2.$$

$$3(x^2 + 1) + 5\,x^2 = \frac{6 - x^2}{3} + 76, \quad \text{on trouve} \quad x = 3.$$

198. On peut aussi s'exercer à résoudre les problèmes suivants :

1° *Un corps pesant parcourt en tombant 4 mètres 9 décimètres dans 1 seconde. On demande dans quel temps il parcourra 354 mètres 25 millimètres, connaissant ce principe de physique que l'espace parcouru est proportionnel au carré du temps ?* — (Réponse : dans 8 secondes $\frac{1}{2}$.)

2° *Deux corps sont éclairés par un flambeau, et les intensités de la lumière qu'ils reçoivent sont dans le rapport de 8 à 10. Le premier est à 30 mètres du flambeau. On demande quelle est la distance du flambeau au second corps, d'après ce principe de physique que l'intensité de la lumière que reçoit un corps est inversement comme le carré de sa distance au flambeau ?* — (Réponse : La distance est 26 mètres 8 décimètres, à un dixième de mètre près.)

§ III.

Résolution des équations complètes du deuxième degré à une inconnue.

199. Nous allons, comme dans le paragraphe précédent, 1° chercher la forme la plus simple à laquelle on peut ramener une équation quelconque complète du second degré à une inconnue ; 2° chercher à résoudre cette équation.

200. 1° Pour peu qu'on fasse attention à la première de ces deux questions, il sera facile de voir que toute équation complète du second degré, peut se ramener à la forme suivante :

$$x^2 + mx + n = 0,$$

équation dans laquelle m et n pourront représenter des quantités quelconques, entières, fractionnaires, positives, négatives, nulles, etc.

En effet, quelle que soit l'équation proposée, après avoir, s'il y

a lieu, fait disparaître les dénominateurs, effectué les opérations
nécessaires pour réduire en termes simples les termes composés,
(111.) et fait tout passer dans le premier membre, ce premier membre ne pourra renfermer que trois espèces de termes, savoir : 1º des
termes renfermant x^2; 2º des termes renfermant x; 3º enfin des tér-
mes tous connus. Cela posé, l'ensemble des termes renfermant x^2
pourra (98-2º.) se décomposer en deux facteurs, à savoir x^2, et l'ensemble des quantités qui multiplient x^2. En représentant ces dernières par a, tous les termes renfermant x^2 pourront être représentés
par ax^2. Par la même raison, tous les termes renfermant x pourront se représenter par bx; enfin, l'ensemble de tous les termes
connus pourra se représenter par c, et l'équation proposée sera ramenée à la forme

$$ax^2 + bx + c = 0.$$

Si maintenant on divise tous les termes par a, cette équation deviendra

$$x^2 + \frac{b}{a}x + \frac{c}{a} = 0,$$

et, en représentant $\frac{b}{a}$ par m, et $\frac{c}{a}$ par n, on aura

$$x^2 + mx + n = 0.$$

Ainsi, il demeure prouvé que toute équation complète du deuxième
degré à une inconnue, peut se ramener à la forme que nous venons
de donner, en supposant toutefois, comme nous l'avons déjà dit,
que m et n soient censés représenter des quantités quelconques, entières ou fractionnaires, positives, négatives ou nulles, etc.

201. 2º Cherchons maintenant à résoudre l'équation

$$x^2 + mx + n = 0.$$

En faissant passer le terme tout connu dans le second membre,
nous aurons

$$x^2 + mx = -n.$$

Si nous pouvions maintenant extraire la racine carrée des deux
membres de cette équation, nous la ramènerions évidemment au
premier degré, et nous saurions, par conséquent, la résoudre. Mais
le premier membre n'est pas un carré parfait : il n'est pas le carré
d'un monome, qui est évidemment lui-même un monome; il n'est

pas non plus le carré d'un binome, puisque le carré d'un binome doit être un trinome (75.); il n'est pas *à fortiori* le carré d'un polynome ayant plus de deux termes. Essayons cependant, si, par quelque transformation, nous ne pourrions pas, sans faire passer l'inconnue dans le second membre, rendre le premier membre un carré parfait. Pour cela, rappelons-nous que le carré d'un binome se compose de trois parties, à savoir : le carré du premier terme, le produit du premier terme par le double du second, et le carré du second terme. Cela posé, si nous prenions le binome $x + \frac{m}{2}$, son carré renfermerait donc d'abord le carré du premier terme, à savoir : x^2; puis le produit du premier terme par le double du second, ce qui ferait mx; enfin, le carré du second terme, $\frac{m^2}{4}$, et ce carré serait, par conséquent, $x^2 + mx + \frac{m^2}{4}$.

Donc, si nous ajoutons $\frac{m^2}{4}$ aux deux membres de l'équation précédente, ce qui ne détruira pas cette équation, le premier membre deviendra un carré parfait, et l'équation à résoudre sera

$$x^2 + mx + \frac{m^2}{4} = \frac{m^2}{4} - n.$$

Le premier membre de cette équation étant devenu le carré parfait de $x + \frac{m}{2}$, nous pouvons en extraire la racine; en indiquant aussi l'extraction de la racine du second membre, et en donnant à cette racine le double signe $+$ et $-$, l'équation précédente deviendra

$$x + \frac{m}{2} = \pm \sqrt{\frac{m^2}{4} - n}.$$

Enfin, en faisant passer dans le second membre le terme $\frac{m}{2}$, on a

$$x = -\frac{m}{2} \pm \sqrt{\frac{m^2}{4} - n},$$

ou, en séparant les deux valeurs de x,

$$x = -\frac{m}{2} + \sqrt{\frac{m^2}{4} - n}; \quad x = -\frac{m}{2} - \sqrt{\frac{m^2}{4} - n}.$$

202. L'équation $x^2 + mx - n = 0$ étant résolue, il sera bien facile de tirer de ce qui précède un procédé pour résoudre une équation quelconque complète du second degré; voici comment on peut l'énoncer : *Ramenez l'équation proposée à la formule générale, en suivant la marche indiquée au commencement de cet article. Cela posé, il faudra mettre, dans les formules générales que nous venons de trouver ci-dessus, les valeurs particulières de m et de n, qui conviennent à l'équation que vous voulez résoudre, et l'équation sera ainsi résolue; ou bien, si vous ne vous rappeliez pas ces formules, faites, sur l'équation particulière que vous avez à résoudre, les opérations que nous avons faites sur l'équation* $x^2 + mx + n = 0$; *c'est-à-dire, faites passer les termes tout connus dans le second membre, ajoutez aux deux membres le carré de la moitié du multiplicateur de* x, *extrayez ensuite la racine carrée du premier, ce qui vous donnera un binome égal à* x, *plus la moitié du coefficient de* x, *pris avec le signe qu'il a; extrayez aussi ou indiquez l'extraction de la racine carrée du second membre, en lui donnant le double signe* + *et* —; *l'équation sera ainsi ramenée au premier degré, et vous achèverez de la résoudre en faisant passer dans le second membre les termes connus.*

203. Pour qu'il ne reste aucun doute sur l'usage de ce procédé, nous allons l'appliquer à la résolution d'une équation complète du second degré.

Soit donc proposé de résoudre l'équation suivante :

$$\left(\frac{x}{3} + 1\right)(2x + 6) + x^2 = x^2.$$

En effectuant les opérations indiquées pour réduire tout en termes simples, on trouve

$$\frac{2x^2}{3} + 2x + \frac{6x}{3} + 6 + x^2 = x^2.$$

En faisant disparaître les dénominateurs, on aura

$$2x^2 + 10x + 6x + 30 + 3x^2 = 3x^2.$$

En faisant passer tous les termes dans le premier membre, et en ordonnant par rapport à x, on trouve

$$2x^2 + 3x^2 - 3x^2 + 10x + 6x + 30 = 0.$$

En faisant la réduction des termes semblables, il vient

$$2x^2 + 16x + 30 = 0.$$

En divisant tous les termes par le coefficient de x^2, il vient

$$x^2 + 8x + 15 = 0 ;$$

et telle est l'équation proposée, ramenée à la forme générale,

$$x^2 + mx + n = 0.$$

204. Maintenant, pour achever de résoudre l'équation, on peut employer un des deux moyens que nous avons indiqués plus haut.

1º Si l'on veut se servir de la formule

$$x = -\frac{m}{2} \pm \sqrt{\frac{m^2}{4} - n},$$

en comparant l'équation que nous avons à résoudre avec la forme générale, $x^2 + mx + n = 0$, on voit que, dans cette équation, m vaut 8, et n vaut 15. Mettant donc dans la formule précédente 8 et 15 à la place de m et de n, et en faisant les calculs indiqués, nous aurons successivement

$$x = -\frac{8}{2} \pm \sqrt{\frac{8^2}{4} - 15} ; \quad x = -4 \pm \sqrt{16 - 15} ;$$

$$x = -4 \pm \sqrt{1} ; \quad x = -4 \pm 1 ;$$

ou bien, en séparant les deux valeurs de x,

$$x = -3, \qquad x = -5.$$

Ainsi, —3 et —5 sont les deux valeurs de x qui satisfont à l'équation proposée.

2º Si l'on voulait ne point se servir de la formule générale, il faudrait, avons-nous dit plus haut, traiter l'équation à résoudre comme on a traité l'équation $x^2 + mx + n = 0$; pour cela, reprenons l'équation

$$x^2 + 8x + 15 = 0.$$

En faisant passer le terme tout connu dans le second membre, on a

$$x^2 + 8x = -15.$$

En ajoutant aux deux membres le carré de la moitié du multiplicateur de x, lequel carré est 16, on trouve

$$x^2 + 8x + 16 = 1.$$

Le premier membre est maintenant devenu le carré parfait de $x + 4$; en extrayant la racine carrée des deux membres de l'équation, on a

$$x + 4 = \pm \sqrt{1}.$$

En faisant passer le terme $+ 4$ dans le second membre, et extrayant la racine carrée indiquée, il vient

$$x = - 4 \pm 1, \text{ ou } x = - 3, \text{ et } x = - 5,$$

comme plus haut.

205. *Nota* 1°. — Quel que soit le procédé qu'on emploie pour résoudre une équation complète du second degré, il faut bien faire attention aux signes des quantités que nous avons représentées par m et par n dans l'équation générale; on pourrait autrement être induit gravement en erreur. Pour bien faire comprendre cette observation, supposons qu'on ait l'équation

$$x^2 - \frac{3}{2} x - \frac{27}{2} = 0.$$

Si nous voulons employer la formule générale, il faudra bien faire attention que m vaut $- \frac{3}{2}$ et n vaut $- \frac{27}{2}$ dans les cas particuliers dont il s'agit; ainsi, en faisant la substitution dans la formule, il faudrait écrire

$$x = - \frac{-\frac{3}{2}}{2} \pm \sqrt{\frac{\left(-\frac{3}{2}\right)^2}{4} + \left(-\frac{27}{2}\right)}$$

équation qui devient successivement :

$$x = + \frac{\frac{3}{2}}{2} \pm \sqrt{\frac{9}{4} + \frac{27}{2}}, \quad x = + \frac{3}{4} \pm \sqrt{\frac{9}{16} + \frac{27}{2}},$$

$$x = + \frac{3}{4} \pm \sqrt{\frac{9}{16} + \frac{216}{16}}, \quad x = + \frac{3}{4} \pm \sqrt{\frac{225}{16}},$$

$$x = + \frac{3}{4} \pm \frac{15}{4},$$

ou, en séparant les deux valeurs de x,

$$x = + \frac{3}{4} + \frac{15}{4}, \qquad x = + \frac{3}{4} - \frac{15}{4},$$

ou enfin,

$$x = + \frac{9}{2}, \qquad x = - 3.$$

206. *Nota* 2° — Observons encore qu'au lieu de substituer précisément à m et à n leur valeur comme on vient de le faire, on peut, et cela abrége le travail, substituer tout d'un coup la valeur de $-\frac{m}{2}$, $\frac{m^2}{4}$ et $-n$. Ainsi, dans le cas précédent on aurait pu dire : puisque m vaut $-\frac{3}{2}$, $\frac{m}{2}$ vaut $-\frac{3}{4}$, et $-\frac{m}{2}$ vaut $+\frac{3}{4}$; puisque $\frac{m}{2}$ vaut $-\frac{3}{4}$, $\frac{m^2}{4}$, qui est le carré de $\frac{m}{2}$, vaut $\frac{9}{16}$; enfin, puisque n vaut $-\frac{27}{2}$, $-n$ vaut $+\frac{27}{2}$; et, en substituant ces valeurs de $-\frac{m}{2}$, $\frac{m^2}{4}$ et $-n$, on aurait eu tout d'un coup

$$x = + \frac{3}{4} \pm \sqrt{\frac{9}{4} + \frac{27}{2}}.$$

207. Avant de passer plus loin, il sera bon de s'exercer sur quelques exemples ; on pourra, si l'on veut, résoudre les équations suivantes :

$$\frac{175}{x-2} - 10 = \frac{175}{x} \qquad \text{donnera} \qquad x = 7, \qquad x = -5 ;$$

$$\frac{x}{9} + 1 + \frac{50}{9x} = \frac{10}{3x} \qquad \text{donnera} \qquad x = -4, \qquad x = -5 ;$$

$$x \left(\frac{54}{x-6} \right) = \frac{96\,(x-6)}{x} \qquad \text{donnera} \qquad x = 24, \qquad x = \frac{24}{7} ;$$

$$abx - ax^2 = b^2 c \qquad \text{donnera} \qquad x = \frac{b}{2} \pm \sqrt{\frac{b^2}{4} - \frac{b^2 c}{a}}.$$

Résolvons maintenant quelques problèmes du second degré.

208. PREMIER PROBLÈME. — *Trouver un nombre tel, qu'en l'ajoutant 7 fois à son carré la somme soit* 44.

Solution. — En appelant ce nombre x, il est facile de voir que l'équation qui conduira à la solution du problème sera

$$x^2 + 7x = 44.$$

Cette équation résolue donne $x = 4$, $x = -11$; la première solution répond au problème, puisque le carré de 4 augmenté de 7 fois 4, donne 44. Quand à la seconde solution, — 11, puisqu'elle est négative, elle ne répond pas directement au problème, comme nous l'avons vu (126.); mais si dans l'équation $x^2 + 7x = 44$, nous substituons $(-x')$ à x, ou, si nous changeons le signe de x, nous aurons

$$(-x)^2 - 7x = 44, \quad \text{ou bien}, \quad x^2 - 7x = 44.$$

Or, cette équation est la traduction de cet autre problème : *quel est le nombre qui, retranché 7 fois de son carré, donne 44?* En la résolvant, elle donnerait pour valeur positive de l'inconnue $x = +11$.

209. DEUXIÈME PROBLÈME. — *Trouver un nombre tel que, si on ajoute 15 à son carré, la somme soit égale à 8 fois ce nombre.*

Solution. — L'équation à laquelle conduit ce problème est

$$x^2 + 15 = 8x;$$

en la résolvant, on trouve $x = 5$, $x = 3$. Ces deux valeurs étant positives, le problème est susceptible de deux solutions : il est facile, en effet, de voir que les nombres 5 et 3 y satisfont également.

210. TROISIÈME PROBLÈME. — *Trouver un nombre tel, que son carré retranché de 2 donne un reste égal à 6 augmenté de 5 fois ce nombre.*

Solution. — En appelant x le nombre proposé, on a l'équation

$$2 - x^2 = 6 + 5x.$$

En la résolvant on trouve, $x = -1$, $x = -4$.
Ici le problème n'est susceptible d'aucune solution, puisque les deux valeurs de x sont négatives; mais si l'on change le signe de x dans l'équation, on aura

$$2 - (-x)^2 = 6 + 5(-x),$$

ce qui revient à $\qquad 2 - x = 6 - 5x,$

et cette équation est la traduction de cet autre problème : *Quel est le nombre dont le carré retranché de 2 donne un reste égal à 6 diminué de 5 fois ce nombre?* Ce problème est susceptible de deux solutions, comme on le verrait en résolvant l'équation qu'on vient d'obtenir et qui donnerait $x = 1$, $x = 4$.

211. QUATRIÈME PROBLÈME. — *Quel est le nombre dont le carré augmenté de 12 est égal à 2 diminué de 4 fois ce nombre?*

Solution. — L'équation à laquelle on est conduit est

$$x^2 + 12 = 2 - 4x.$$

En la résolvant on trouve $x = -2 \pm \sqrt{-6}$

Cette solution mérite que nous nous y arrêtions un moment. On voit que, pour trouver un nombre qui satisfît au problème proposé, il faudrait extraire la racine carrée de -6, ce qui est impossible d'après ce que nous avons vu (194.); nous avons déjà appelé *imaginaires* les valeurs de x lorsqu'elles se présentent sous cette forme, et nous avons vu (195.) qu'elles indiquent que le problème est impossible. Ce serait en vain qu'on chercherait ici, en changeant le signe de x dans l'équation, à obtenir une autre équation par laquelle on pût refaire l'énoncé d'un problème pour le rendre possible. L'absurdité des conditions du problème proposé est trop forte, si nous pouvons nous exprimer ainsi, pour pouvoir disparaître de cette manière. Cependant les algébristes font fréquemment usage des racines imaginaires. Mais ce qu'ils ont dit sur ce sujet serait inutile au but que nous nous proposons, en composant ce Traité, et nous nous abstiendrons des détails dans lesquels il faudrait entrer, pour traiter convenablement cette matière.

212. CINQUIÈME PROBLÈME. — *Quelques personnes devaient payer ensemble une somme de 175 francs ; mais deux de ces personnes refusant de contribuer à payer cette somme, chacune des autres se trouve obligée de payer 10 francs de plus qu'elle n'aurait payé. On demande quel est le nombre des personnes qui devaient payer ensemble les 175 francs.*

Solution. — En appelant x le nombre des personnes qui devaient payer la somme de 175 francs, il est visible que chacune devait payer 175 francs divisés par x, ou un nombre de francs représenté par $\dfrac{175}{x}$; mais deux se refusant à payer, il n'en reste plus que $x - 2$ pour payer ladite somme. Chacune, par conséquent, est obligée de payer 175 francs divisé par $x - 2$, ou un nombre de francs représenté par $\dfrac{175}{x-2}$. Or, de cette manière, chacune paie 10 francs de plus qu'elle n'aurait payé ; ainsi $\dfrac{175}{x-2}$ doit être égal à $\dfrac{175}{x} + 10$.

On a donc l'équation

$$\frac{175}{x-2} = \frac{175}{x} + 10.$$

En résolvant cette équation, on trouve $x = 7$, $x = -5$. La première valeur répond au problème proposé, comme il est facile de le vérifier. Pour voir ce que signifie la seconde, changeons, comme nous l'avons déjà fait si souvent, le signe de x, dans l'équation ci-dessus, nous aurons

$$\frac{175}{-x-2} = \frac{175}{-x} + 10.$$

Sous cette forme, il serait difficile de voir la mise en équation d'un nouveau problème; mais si nous changeons (ce qui nous est permis) les signes de tous les termes de cette équation, il viendra

$$\frac{175}{x+2} = \frac{175}{x} - 10.$$

Et cette équation est la traduction du problème suivant : *Quelques personnes devaient payer ensemble une somme de 175 francs, mais deux personnes de plus venant contribuer à acquitter cette dette, chacune des autres se trouve avoir à payer 10 francs de moins qu'elle n'aurait payé, on demande quel est le nombre des personnes qui devaient d'abord payer les 175 francs.*

En résolvant l'équation précédente, on trouve, pour la valeur positive de x, $x = 5$. Cet exemple est propre à faire voir que, quand, ayant trouvé une valeur négative, on change le signe de l'inconnue pour refaire l'énoncé du problème proposé, il faut quelquefois faire subir à l'équation qu'on obtient quelques modifications, pour apercevoir plus facilement de quel nouveau problème elle est la traduction.

213. SIXIÈME PROBLÈME. — *Deux flambeaux sont placés sur une même ligne AB, l'un en A et l'autre en B ; l'intensité de la lumière du premier, que nous appellerons le flambeau A, est représentée par le nombre 4; l'intensité de la lumière du second, que nous appellerons le flambeau B, est représentée par le nombre 9; la distance entre les deux points A et B est de 100 mètres ; en appelant O le point de la ligne AB, ou de son prolongement, que les deux flambeaux éclairent également, on demande de trouver la distance du point O au point A.*

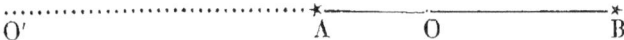

Nota. — La solution de ce problème dépend de ce principe de physique que nous avons déjà eu occasion d'énoncer, à savoir, que l'intensité de la lumière émise par un corps lumineux décroît en raison inverse du carré de la distance qu'elle parcourt, c'est-à-dire, que si l'on représente par 1 l'intensité de la lumière envoyée par un flambeau, à 1 mètre par exemple, celle de la lumière envoyée par le même flambeau, à 2 mètres, à 3 mètres, à 4 mètres, etc., sera représentée par $\frac{1}{4}$, $\frac{1}{9}$, $\frac{1}{16}$, etc.

Solution. — Appelons x la distance AO; la distance BO sera représentée par $100 - x$. Cela posé, si nous supposons d'abord les deux flambeaux égaux, et ayant une intensité de lumière représentée par 1; et si, de plus, nous désignons aussi par 1 la quantité de lumière envoyée par chacun d'eux à 1 mètre, celle envoyée par le premier flambeau au point O, distant de x mètres du point A, sera représentée par $\frac{1}{x^2}$, et celle envoyée par le second flambeau sera représentée par $\frac{1}{(100-x)^2}$. Voilà ce qui aurait lieu, si chaque flambeau avait une intensité de lumière représentée par 1; mais le premier ayant une intensité de lumière représentée par 4, en enverra quatre fois plus au point O; et, l'intensité de la lumière du second étant représentée par 9, il en enverra aussi au point O neuf fois plus. Ainsi, les quantités de lumières envoyées au point O par les deux flambeaux seront représentées par $\frac{4}{x^2}$, $\frac{9}{(100-x)^2}$. Ces deux quantités de lumières devant être égales, nous aurons l'équation

$$\frac{4}{x^2} = \frac{9}{(100-x)^2}.$$

Telle est l'équation d'où dépend la résolution du problème; en la résolvant, on trouve $x = +40$, $x = -200$.

Pour comprendre ces deux solutions de l'Algèbre, remarquons qu'il y a deux points de la ligne AB, suffisamment prolongée, qui reçoivent des deux flambeaux A et B la même quantité de lumière, à savoir : le point O, placé entre A et B, à 40 mètres de distance du point A, et un autre point O', placé à gauche du même point A, et à une distance de 200 mètres de ce point.

Quand nous avons mis le problème en équation, nous avons supposé le point également éclairé par les deux flambeaux placés entre A et B; mais rien ne nous indiquait, dans l'énoncé du problème, que ce point dût être placé entre les deux flambeaux; et, quand nous l'avons supposé ainsi placé, pour mettre le problème en équation, nous avons écrit une équation qui était la traduction d'un problème plus restreint que le problème proposé. Si nous avions supposé le point qui est également éclairé par les deux flambeaux, placé à gauche du point A, et que nous eussions mis le problème en équation dans cette hypothèse, nous serions arrivés à une équation qui nous aurait donné pour x deux valeurs, à savoir : $x = + 200$ et $x = - 40$, comme on peut s'en assurer, en cherchant l'équation qui correspond à cette supposition, ou, ce qui revient au même, en changeant x en $(-x')$ dans l'équation $\dfrac{4}{x^2} = \dfrac{9}{(100 - x)^3}$, et en cherchant à quel problème, ou plutôt à quelle hypothèse du problème proposé correspond la nouvelle équation, à laquelle on arrive ainsi.

214. Nous allons reprendre le problème précédent, et en généraliser la résolution ; cela nous donnera l'occasion de faire l'application de ce que nous avons dit (136.) sur le sens donné quelquefois aux valeurs de l'inconnue lorsqu'elles se présentent sous la forme $\frac{0}{0}$. (On pourrait, sans inconvénient, dans une première lecture passer toute la fin de ce chapitre, sauf le n° 223.

Deux flambeaux sont placés sur une ligne AB, l'un en A et l'autre en B, l'intensité de la lumière de celui placé en A est représentée par a, celle de la lumière placée en B est représentée par b, la distance entre les deux points A et B est représentée par d; en appelant O le point de la ligne AB, également éclairé par les deux flambeaux, on demande de trouver l'expression de la distance du point O au point A.

Solution. — En raisonnant comme nous l'avons fait, il y a un moment, nous trouverons pour déterminer la valeur de la distance demandée, en la représentant par x,

$$\frac{a}{x^2} = \frac{b}{(d - x)^2},$$

d'où nous tirons successivement

$$ad^2 - 2adx + ax^2 = bx^2, \qquad (a - b)x^2 - 2adx + ad^2 = 0,$$

$$x^2 - \frac{2ad}{a - b}x + \frac{ad^2}{a - b} = 0; \quad x = \frac{ad}{a - b} \pm \sqrt{\frac{a^2d^2}{(a - b)^2} - \frac{ad^2}{a - b}}$$

Si dans la dernière équation nous réduisons au même dénominateur les deux fractions qui sont sous le signe radical, et si nous retranchons la première de la seconde, les valeurs de x se présenteront sous la forme

$$x = \frac{ad}{a-b} \pm \sqrt{\frac{abd^2}{(a-b)^2}}.$$

Si, maintenant nous nous rappelons (Arith. 162.), que pour extraire la racine carrée d'une fraction, il faut extraire la racine carrée des deux termes, et si, de plus, nous considérons que la racine carrée du produit abd^2 doit s'obtenir en extrayant la racine carrée des facteurs et par conséquent peut se représenter par $\sqrt{ab} \cdot \sqrt{d^2}$, ou $d\sqrt{ab}$, l'équation précédente deviendra

$$x = \frac{ad}{a-b} \pm \frac{d\sqrt{ab}}{a-b},$$

ou bien, en effectuant l'addition et la soustraction indiquée, et en remarquant que les deux termes ad et $+ d\sqrt{ab}$, ont un facteur commun et donnent lieu au mode de décomposition en facteur indiqué dans le n° 98-2°; l'expression précédente deviendra

$$x = \frac{d(a \pm \sqrt{ab})}{a-b},$$

ou bien, en séparant les deux valeurs de x

$$x = \frac{d(a+\sqrt{ab})}{a-b}, \qquad x = \frac{d(a-\sqrt{ab})}{a-b},$$

215. Nous allons discuter maintenant ces deux valeurs de x, et, pour cela, nous supposerons d'abord d positif, puis d égal à zéro, et, dans chacune de ces hypothèses, nous supposerons successivement $a < b$, $a > b$, $a = b$. De plus, avant de commencer cette discussion remarquons que : — 1° Quand on suppose $a < b$ la quantité $\sqrt{ab}$ est plus grande que $\sqrt{a^2}$ ou a, et par conséquent $a - \sqrt{ab}$ est négatif; — 2° Quand on suppose $a > b$, la quantité $\sqrt{ab}$ est plus petite que $\sqrt{a^2}$ ou a, et par conséquent $a - \sqrt{ab}$ est positif; — 3° Enfin, quand on suppose $a = b$, la quantité $\sqrt{ab}$ est égale à $\sqrt{a^2}$ ou a, et par conséquent $a - \sqrt{ab}$ est égal à zéro. Cela posé :

I. Supposons d positif, ou supposons qu'il y ait une distance réelle entre le point A et le point B placé à droite du point A; dans cette hypothèse :

1° Si l'on suppose $a < b$, ou le flambeau placé en A moins intense que celui placé en B, les deux valeurs de x sont l'une positive et l'autre négative; elles répondent aux deux positions O et O' du point également éclairé par les deux flambeaux, ainsi que nous l'avons vu dans le cas particulier dans lequel nous avons déjà résolu ce problème (213.).

2° Si l'on suppose $a > b$, c'est-à-dire la lumière du flambeau placé en A plus intense que celle du flambeau placé en B, les deux valeurs de x seront positives, et elles répondront aux deux points O et O'' également éclairés par les deux flambeaux, l'un placé entre les deux flambeaux et l'autre placé à droite du flambeau B ;

3º Si $a = b$, c'est-à-dire, si les deux flambeaux ont la même intensité, les deux valeurs de x se présentent sous la forme

$$ x = \frac{2ad}{0}, \qquad x = \frac{0}{0}. $$

La première nous dit que le point où les deux flambeaux éclaireront également est placé à l'infini (134-5º.) ; la seconde semblerait nous dire qu'il est placé partout. (134-4º.).

Nous pouvons facilement nous rendre compte de la première réponse de l'Algèbre : on conçoit, en effet, que, bien que les deux flambeaux soient placés en des points différents, et que, par conséquent, la lumière qu'ils envoient, en général, à un point donné, ne soit pas la même pour les deux, à mesure que l'on prend ce point à une plus grande distance des flambeaux A et B, la différence entre les quantités des lumières qu'ils y envoient, va en diminuant, de sorte qu'à une très-grande distance des points A et B, les deux flambeaux envoient des quantités de lumière qui diffèrent très-peu, et qu'en prenant ce point assez loin des deux flambeaux, cette différence peut devenir aussi petite que l'on voudra, et c'est ce qu'on exprime, en disant que le point où les deux flambeaux éclairent également est placé à l'infini.

Quant à la seconde valeur de x elle semblerait nous dire que tous les points de la ligne AB prolongés indéfiniment sont également éclairés par les deux flambeaux, ce qui est évidemment une erreur, puisque dans la supposition que nous avons faite, il n'y a que le point placé au milieu de AB qui soit dans ce cas, comme il est évident. Nous reviendrons bientôt sur cette réponse de l'Algèbre.

II. Supposons maintenant $d = 0$, c'est-à-dire, supposons que les deux flambeaux sont placés au même point, dès-lors :

1º Si l'on suppose $a < b$ ou $a > b$, les deux valeurs de x deviennent zéro, c'est-à-dire, que si les deux lumières sont placées au même point A, il n'y a que ce point A qui soit également éclairé par les deux flambeaux ;

2º Si l'on suppose $a = b$, c'est-à-dire, les deux flambeaux ayant la même intensité de lumière, les valeurs de x se présentent alors sous la forme $\frac{0}{0}$, c'est-à-dire, que tous les points de la ligne AB sont également éclairés par les deux flambeaux, ce qui est évident dans la double supposition que nous faisons.

Revenons maintenant à la supposition où l'on a, en même temps, d positif, et $a = b$. Nous avons vu que, dans ce cas, une des deux valeurs de x est infinie, et que l'autre se présente sous la forme $\frac{0}{0}$. Nous avons compris le sens de la première ; et, quant à la seconde, nous avons dit que si nous la prenons dans le sens d'une indétermination dans la valeur de x, nous serons évidemment dans l'erreur, puisqu'il est évident que, dans l'hypothèse que nous faisons, il n'y a qu'un point qui soit également éclairé par les deux flambeaux, à savoir le milieu de la ligne AB.

Pour résoudre cette difficulté, rappelons-nous que nous avons dit (136.)

que l'expression $\frac{0}{0}$ n'est le symbole d'une indétermination, que lorsque on est sûr que l'expression fractionnaire qui y conduit ne renferme pas un facteur commun au numérateur et au dénominateur qui s'évanouit par une hypothèse particulière que l'on fait sur les valeurs des lettres qui y entrent; or, c'est ce qui arrive dans le cas présent. En effet, la valeur de x étant donnée par l'équation

$$x = \frac{d(a - \sqrt{ab})}{a - b},$$

les deux termes de la fraction qui forme le second membre de cette équation renferment implicitement un facteur commun qui se trouve précisément dans le cas dont nous parlons; ce facteur, il est vrai, n'est pas visible sous la forme sous laquelle se présente la valeur de x, mais, pour la mettre en évidence, multiplions les deux termes de la fraction qui exprime cette valeur par la quantité positive $a + \sqrt{ab}$, elle deviendra

$$x = \frac{d(a - \sqrt{ab})(a + \sqrt{ab})}{(a - b)(a + \sqrt{ab})}, \text{ ou } x = \frac{d(a^2 - ab)}{(a - b)(a + \sqrt{ab})},$$

ou enfin
$$x = \frac{d(a - b)a}{(a - b)(a + \sqrt{ab})},$$

et le facteur $a - b$, commun au numérateur et au dénominateur, devient évident. En le supprimant on trouve

$$x = \frac{ad}{a + \sqrt{ab}},$$

équation qui, lorsqu'on suppose $a = b$, donne pour x, $x = \frac{d}{2}$, et apprend, par conséquent, que le point également éclairé par les deux flambeaux est le milieu de la ligne AB.

216. Pour terminer ce chapitre, il nous reste à discuter l'équation générale du second degré à une inconnue, et à faire connaître quelques propriétés des équations du second degré, qui ne sont pas dépourvues d'intérêt. (Il faut passer ceci dans une première lecture.)

217. 1. *Discussion de l'équation générale du premier degré à une inconnue.* — Nous avons vu (200.) que toutes les équations du premier degré à une inconnue peuvent se ramener à la forme

$$x^2 + mx + n = 0.$$

En résolvant cette équation, on trouve

$$x = -\frac{m}{2} \pm \sqrt{\frac{m^2}{4} - n}.$$

La première chose qui se présente à examiner, c'est le cas où les racines seront imaginaires et celui où elles seront réelles : cela dépendra évidemment de la quantité qui se trouve sous le signe radical; or, cette quantité peut être négative, nulle ou positive. Examinons séparément ces trois cas.

1° Si $\frac{m^2}{4} - n$ est une quantité négative, les racines seront imaginaires. Or, pour que cela ait lieu, il faut que n soit positif dans le premier nombre de l'équation, et plus grand que $\frac{m^2}{4}$. Ainsi, d'après cette remarque, les racines de l'équation $x^2 + 6x + 15 = 0$ seront imaginaires, puisque n, qui vaut ici 15, est positif dans le premier membre et plus grand que $\frac{m^2}{4}$, qui ne vaut ici que 9.

La raison de ce fait est bien facile à voir en examinant l'équation $x^2 + mx + n = 0$; car, puisque n est plus grand que $\frac{m^2}{4}$, on peut remplacer n par $\frac{m^2}{4}$, plus une quantité essentiellement positive. En représentant cette quantité par A, l'équation deviendra

$$x^2 + mx + \frac{m^2}{4} + A = 0.$$

Or, les trois premiers termes de cette équation sont le carré de $x + \frac{m}{2}$, et, par conséquent, forment une quantité essentiellement positive; le dernier terme A est aussi essentiellement positif; l'équation exprime donc que la somme de deux quantités positives est égale à zéro, ce qui est impossible. Il n'est donc pas étonnant que l'on ne puisse trouver aucun moyen d'y satisfaire, et que les valeurs de x soient imaginaires.

2° Si $\frac{m^2}{4} - n$ se réduit à zéro, les deux valeurs de x se réduiront à $-\frac{m}{2}$, et elles seront positives ou négatives, ou nulles, selon que m dans le premier membre sera négatif, positif ou nul. Dans ce cas, il n'y a, à proprement parler, qu'une seule valeur de x; mais on dit encore qu'il y en a deux et qu'elles sont égales.

Pour que $\frac{m^2}{4} - n$ égale zéro, il faut et il suffit que n soit positif dans le premier membre et égal à $\frac{m^2}{4}$. Dans ce cas, l'équation revient à

$$x^2 + mx + \frac{m^2}{4} = 0,$$

et son premier membre est un carré parfait. Ainsi, c'est lorsque le premier membre de l'équation, ramené à la forme générale, est un carré parfait, que les racines sont égales. On peut voir par là que dans l'équation $x^2 + 6x + 9 = 0$, par exemple, les deux racines seront égales, et vaudront -3. En effet, $-\frac{m}{2}$ égale ici -3.

3º Si $\frac{m^2}{4} - n$ est une quantité positive, les racines de l'équation sont réelles; elles sont de plus inégales, puisqu'elles se composent, l'une de $-\frac{m}{2}$ augmenté de la quantité radicale, l'autre de $-\frac{m}{2}$ diminué de cette même quantité radicale.

Or, pour que $\frac{m^2}{4} - n$ soit positif, il faut, ou que n soit négatif dans le premier membre, ou que, si n est positif dans le premier membre, sa valeur soit plus petite que $\frac{m^2}{4}$; et, dans ces deux cas, n peut être remplacé par $\frac{m^2}{4}$ diminué d'une certaine quantité, et en représentant par A cette quantité, l'équation prend la forme de

$$x^2 + mx + \frac{m^2}{4} - A = 0.$$

Les trois premiers termes étant un carré parfait, à savoir le carré de $x + \frac{m}{2}$, forment une quantité essentiellement positive; et le dernier terme étant négatif, on voit que l'ensemble peut devenir égal à zéro, et, par conséquent, les valeurs de x doivent être réelles et non imaginaires.

Dans le troisième cas que nous considérons, c'est-à-dire lorsque $\frac{m^2}{4} - n$ est une quantité positive, les valeurs de l'inconnue peuvent être positives, nulles ou négatives, suivant les circonstances que nous allons examiner.

Si n est négatif dans le premier membre, il est alors positif dans le second, et la partie radicale devient $\pm \sqrt{\frac{m^2}{4} + n}$; or cette quantité est plus grande que $\frac{m}{2}$; par conséquent la première racine $-\frac{m}{2} + \sqrt{\frac{m^2}{4} + n}$ sera positive, et l'autre, $-\frac{m}{2} - \sqrt{\frac{m^2}{4} - n}$; sera négative.

Si $n = 0$, la partie radicale sera égale à $\pm \sqrt{\frac{m^2}{4}}$ ou $\pm \frac{m}{2}$; alors l'une des racines sera égale à zéro; l'autre sera égale à $-m$, et sera par conséquent négative si m est positif dans le premier membre, et positive si m est négatif.

Enfin si n est positif dans le premier membre, il sera alors négatif dans le second, et la quantité radicale $\pm \sqrt{\frac{m^2}{4} - n}$ aura une valeur absolue plus petite que $-\dfrac{m}{2}$, ce sera donc le signe de $-\dfrac{m}{2}$ qui déterminera les valeurs de x, et elles seront toutes les deux positives ou toutes les deux négatives, suivant que m sera négatif ou positif dans le premier membre. Remarquons que dans le cas où $m = 0$, l'équation se réduit à $x^2 + n = 0$; c'est alors l'équation incomplète que nous avons discutée dans le paragraphe précédent.

218. Au moyen de la discussion précédente on pourra, avant de résoudre une équation, savoir si les racines doivent en être réelles ou imaginaires, égales ou inégales, positives, négatives ou nulles. Ainsi soit, par exemple, l'équation $x^2 - 6x - 2 = 0$, on peut voir tout d'un coup : — 1° que les racines seront réelles, car n y est négatif dans le premier membre; — 2° que les racines ne seront pas égales, car il faudrait, pour qu'elles le fussent, que le dernier terme fût positif et égal au carré du coefficient de la moitié de x, c'est-à-dire 9; — 3° que les racines seront, l'une positive, et l'autre négative, car n est négatif dans le premier membre.

219. Il faudrait, pour terminer cette discussion, examiner le cas où les valeurs de m et de n sont indéterminées ou infinies. Mais il est facile de voir que dans le premier cas les valeurs de x seraient indéterminées. Quant au second, il présente une particularité qui s'est déjà rencontrée dans la discussion du problème proposé dans le n° 214, et que nous devons examiner ici dans toute la généralité qu'elle présente.

Pour nous rendre compte du cas où m et n sont infinis, remarquons que, d'après ce que nous avons dit plus haut (200.), l'équation $x^2 + mx + n = 0$ dérivant de l'équation $ax^2 + bx + c = 0$, en faisant dans celle-ci $m = \dfrac{b}{a}$ et $n = \dfrac{c}{a}$, les valeurs de m et de n ne peuvent être infinies qu'en supposant $a = 0$ dans cette équation (134-5°.); or, cette supposition la réduit à $bx + c = 0$, d'où l'on tire $x = -\dfrac{c}{b}$. Ainsi il semble que, dans ce cas, l'inconnue n'admet qu'une valeur égale à $-\dfrac{c}{b}$. Cependant, si dans la formule $x = -\dfrac{m}{2} \pm \sqrt{\dfrac{m^2}{4} - n}$ on met à la place de m et de n, $\dfrac{b}{a}$ et $\dfrac{c}{a}$, elle deviendra

$$x = -\frac{b}{2a} \pm \sqrt{\frac{b^2}{4a^2} - \frac{c}{a}}.$$

Si maintenant on réduit au même dénominateur les deux fractions qui sont sous le signe radical, et qu'on retranche la seconde de la première; si, de plus, on extrait la racine carrée du dénominateur de la fraction que l'on trouve ainsi, et si l'on indique l'extraction de la racine carrée du numérateur, on aura

$$x = -\frac{b}{2a} \pm \frac{\sqrt{b^2 - 4ac}}{2a} \; ; \quad \text{ou bien} \quad x = \frac{-b \pm \sqrt{b^2 - 4ac}}{2a}.$$

Or, en faisant dans cette équation $a = 0$, les valeurs de x deviennent

$$x = \frac{0}{0} \quad \text{et} \quad x = -\frac{b}{0}.$$

La première de ces valeurs paraîtrait être la marque d'une indétermination ; mais nous avons vu (136.) que la forme $\frac{0}{0}$ n'est la marque d'une indétermination que quand il n'y a pas, dans la fraction qui se présente sous cette forme, un facteur commun aux deux termes qui devient 0 par une supposition particulière ; or, c'est ce qui arrive précisément ici, car, si l'on prend la première valeur de x, à savoir : $\dfrac{-b + \sqrt{b^2 - 4ac}}{2a}$, et qu'on en multiplie les deux termes par $-b - \sqrt{b^2 - 4ac}$, elle devient $\dfrac{4ac}{2a(-b - \sqrt{b^2 - 4ac})}$ et le facteur commun a devient par là évident. En le supprimant d'abord, puis en supposant ensuite $a = 0$; l'expression de x devient $-\dfrac{c}{b}$, comme nous l'avons trouvé plus haut.

Quant à la seconde valeur de x, à savoir $\dfrac{b}{0}$, elle est réellement infinie et satisfait à l'équation $ax^2 + bx + c = 0$, quand, dans cette équation, a se réduit à zéro. Pour concilier cela avec ce que nous avons dit plus haut, que, dans ce cas, l'équation proposée n'admet qu'une valeur pour x, il faut considérer qu'autre chose est un problème qui conduit toujours à une équation du premier degré, et n'admet jamais qu'une solution, autre chose est un problème qui conduit à une équation du second degré, et admet en général deux solutions. Si dans ce dernier problème, par une supposition particulière, l'équation tombe au premier degré, x admet encore deux valeurs, dont l'une est infinie, et par cette valeur, donne, pour la seconde solution du problème, une réponse analogue à celle que nous avons vue dans le n° 134.-5°.

220. II. Exposons maintenant, pour terminer, les propriétés des racines des équations du second degré dont nous avons parlé. Voici comment on peut les énoncer :

1° *Quand une équation du second degré est ramenée à la forme générale, le coefficient du second terme est égal à la somme des racines changée de signe;*

2° *Dans le même cas, le terme tout connu est égal au produit des deux racines.*

Ainsi, soit l'équation $x^2 - 12x + 35 = 0$, nous disons que la somme des valeurs de x est égale à 12, puisque le coefficient de x est -12, et que leur produit est égal à 35. Il serait très-facile de s'en assurer en résolvant l'équation, mais démontrons la chose d'une manière générale.

Pour plus de simplicité, représentons dans la formule qui donne les valeurs de x la quantité radicale par t, et appelons x' et x'' les deux valeurs de x, nous aurons

$$x' = -\frac{m}{2} + t, \quad x = -\frac{m}{2} - t.$$

Si nous ajoutons ces deux équations membre à membre, nous aurons

$$x' + x'' = -m ;$$

donc la somme des valeurs de x est égale au coefficient du second terme pris avec un signe contraire.

Si maintenant nous multiplions les deux valeurs de x, nous aurons

$$x'x'' = \frac{m^2}{4} - \frac{tm}{2} + \frac{tm}{2} - t^2,$$

ou bien, $$x'x'' = \frac{m^2}{4} - t^2.$$

Mais nous avons représenté par t la quantité radicale $\sqrt{\frac{m^2}{4} - n}$; par conséquent $t^2 = \frac{m^2}{4} - n$, et, si nous substituons à t cette valeur dans l'équation précédente, nous aurons

$$x'x'' = \frac{m^2}{4} - \frac{m^2}{4} + n, \text{ ou } x'x'' = n.$$

Donc le produit des deux valeurs de x est égal au terme tout connu.

221. Ces deux propriétés des racines d'une équation du second degré ressortent encore d'une autre proposition intéressante à connaître. Voici en quoi elle consiste : *Quand une équation du second degré est ramenée à la forme générale, son premier membre peut être considéré comme le produit de deux binomes, dont l'un est* x *moins la première racine, et l'autre* x *moins la seconde racine.* En effet, désignons par a et b les deux racines d'une équation du deuxième degré, nous pourrons mettre cette équation sous la forme

$$(x - a) (x - b) = 0 ;$$

car le premier membre de cette équation étant un produit des deux facteurs $x - a$, $x - b$, si l'on fait $x = a$, le premier facteur deviendra zéro ; le produit sera donc nul, cette valeur de x satisfera à l'équation ; de même, si l'on fait $x = b$, le second facteur deviendra zéro, et cette autre valeur de x satisfera encore à l'équation. Ainsi, les deux valeurs de x sont a et b.

Cela posé, si l'on fait le produit indiqué, on aura

$$x^2 - ax - bx + ab = 0,$$

ou bien, $$x^2 - (a + b) x + ab = 0.$$

Et l'on voit bien, sous cette forme, que le *coefficient du second terme est égal à la somme des racines prise avec un signe contraire, et que le terme tout connu est égal au produit des racines.*

222. Ces propriétés servent à faire connaître jusqu'à un certain point ce que doivent être les racines d'une équation, avant d'avoir résolu cette équation. Donnons quelques exemples :

Dans l'équation $x^2 + 14x + 48 = 0$, on voit que les deux racines ont le même signe, car leur produit $+ 48$ est positif; on voit de plus qu'elles sont toutes deux négatives, car leur somme doit être égale à $- 14$.

Dans l'équation $x^2 - 2x - 48 = 0$, on voit que les deux racines ont des signes contraires, puisque leur produit $- 48$ est négatif; on voit de plus que la plus forte est positive et l'emporte sur l'autre de deux unités, puisque leur somme est 2.

Dans l'équation $x^2 - 14x = 0$, on voit qu'au moins une des racines est égale à zéro, puisque le terme tout connu, c'est-à-dire, le produit des racines, est nul; l'autre racine doit être égale à 14, puisque l'une étant nulle la somme est 14.

Dans l'équation $x^2 - 36 = 0$, on voit que les deux racines sont l'une positive et l'autre négative, puisque leur produit est $- 36$; et l'on voit de plus que leur valeur absolue est la même, puisqu'il n'y a pas de second terme, ou, en d'autres termes, que le coefficient du second terme, c'est-à-dire, la somme des racines, est égal à zéro.

Dans l'équation $x^2 + 36 = 0$, on voit que les racines ne sont ni positives, ni négatives, mais bien imaginaires; car, comme il n'y a pas de second terme, ou, en d'autres mots, comme le coefficient du second terme est nul, il faudrait que les racines fussent égales et de signes contraires; et, d'autre part, cela est impossible, puisque leur produit devrait être $+ 36$, ce qui exigerait qu'elles eussent le même signe.

Enfin, il suit encore de la propriété énoncée ci-dessus que, pour former une équation dont les racines soient des nombres donnés, il suffit de faire la somme de ces nombres, et on aura, en en changeant le signe, le coefficient du second terme; puis, en faisant le produit de ces mêmes nombres, on aura le terme tout connu. Ainsi, soit proposé de former une équation dont les racines sont $- 7$ et $+ 9$; en faisant la somme de ces deux nombres, nous aurons $+ 2$; en en faisant le produit, nous aurons $- 63$; l'équation demandée sera donc $x^2 - 2x - 63 = 0$.

223. Nous engageons à ne pas passer au chapitre suivant avant d'avoir résolu quelques problèmes du second degré; on pourra s'exercer sur les suivants :

1° *Une personne ayant acheté un cheval le vend au bout de quelque temps pour 24 louis; à cette vente, elle perd par 100 louis autant de louis que le cheval lui en a coûté. On demande combien de louis le cheval avait été acheté.* — (Réponse : 60 louis ou 40 louis.)

2° *Une personne a acheté un certain nombre de mètres de drap pour 240 francs. Si avec la même somme elle avait eu 3 mètres de moins de drap, le mètre lui aurait coûté* 4 *francs de plus. On demande le nombre de mètres de drap achetés.* — (Réponse : 15 mètres. L'équation, qui donne cette réponse, donne aussi pour valeur de l'inconnue — 12; nous engageons à chercher le sens de cette réponse.)

3° *La somme de deux nombres est* 18, *leur produit est* 72. *On demande quels sont ces deux nombres.* — (Réponse : 6 et 12.)

4° *La somme de deux nombres est* 15, *la somme de leurs carrés est* 117. *On demande quels sont ces deux nombres.* — (Réponse : 6 et 9.)

5° *On a divisé le nombre* 230 *en deux parties telles que le produit de quatre fois la plus grande par six fois la plus petite, donne* 144000. *On demande de trouver la plus grande.* — (Réponse : 200 ; mais l'équation donne aussi pour valeur de l'inconnue 30 , c'est-à-dire, la plus petite partie : chercher à quoi cela tient.)

6° *On a employé deux ouvriers gagnant des salaires différents :* *le premier, ayant été payé au bout d'un certain nombre de jours, a reçu* 96 *francs, et le second, ayant travaillé six jours de moins, n'a reçu que* 54 *francs. Or, il arrive que si le second avait travaillé autant de jours que le premier, et le premier autant de jours que le second, ils auraient dû recevoir la même somme. On demande combien de jours chacun a travaillé.* — (Réponse : le premier 24 jours et le second 18. Indépendamment de cette réponse, l'équation à laquelle on arrive, en représentant par x le nombre de jours qu'a travaillé le premier ouvrier, donne encore $x = \frac{24}{7}$. Cette seconde valeur de x ne répond pas au problème, mais à un autre problème qui conduirait à la même équation que le premier.)

7° *Une personne fait escompter deux billets, le premier de* 500 *francs, payable dans* 7 *mois, et le second de* 720 *francs, payable dans* 4 *mois. On remet à cette personne, pour la valeur de ces deux billets,* 1200 *francs. On demande quel est le taux annuel de l'intérêt d'après lequel ces billets ont été escomptés, l'escompte étant pris en dedans.* (ARITH. 274.) — (Réponse : Le taux demandé est 3,82 pour cent, à un centième près. L'équation à laquelle conduit ce problème donne encore, pour l'inconnue, une valeur négative égale à — 213,82, aussi à un centième près. Si l'on voulait résoudre ce problème, en prenant l'escompte en dehors (ARITH. 274.), l'équation à laquelle on arriverait serait du premier degré seulement.)

8° *Deux marchands vendent chacun d'une même étoffe à deux prix différents, le second en vend* 3 *mètres de plus que le premier, et ils en retirent ensemble* 105 *francs. Si le premier en avait vendu la même quantité que le second, il en aurait retiré* 72 *francs, et si le second en eût vendu la même quantité que le premier, il en aurait retiré* 37 *francs* 50 *centimes. On demande combien d'aunes chacun a vendu.* — (Réponse : 15 aunes et 18 aunes , ou 5 aunes et 8 aunes.)

224. RÉSUMÉ. — Après avoir défini ce qu'on appelle *équation incomplète* et *équation complète* du second degré à une inconnue, nous avons successivement appris à résoudre ces sortes d'équations et les problèmes qui y conduisent; nous en avons discuté les valeurs et étudié quelques propriétés.

I. *Équation incomplète du second degré à une inconnue.* — Pour traiter de ces équations, nous avons donné la formule générale à laquelle elles peuvent se réduire; nous en avons résolu quelques cas particuliers, qui nous ont conduits à de nouvelles formes des valeurs de l'inconnue, que nous avons appelées *valeurs imaginaires*, et nous avons discuté dans toute sa généralité la formule générale de ces équations; puis, nous avons donné le procédé pour résoudre une équation incomplète quelconque du second degré à une inconnue, et nous en avons fait l'application à la résolution de quelques problèmes.

II. *Équation complète du second degré à une inconnue.* — Pour traiter complètement ce qui a rapport à ces sortes d'équation :

1° Nous avons donné la formule générale à laquelle on peut ramener toute équation complète du second degré à une inconnue, et nous avons résolu cette formule; puis, nous avons déduit de là deux procédés pour résoudre une équation complète du second degré à une inconnue, et nous avons appliqué ce procédé à plusieurs équations de ce genre.

2° Nous avons résolu un certain nombre de problèmes du second degré à une inconnue; et, en résolvant d'une manière générale l'un de ces problèmes, la discussion que nous avons faite des valeurs de l'inconnnue, nous a donné l'occasion de remarquer un cas où l'une de ces valeurs se présente sous la forme de l'indétermination, bien qu'elle soit déterminée, et nous avons vu à quoi cela tient.

3° Nous avons repris la formule générale des équations que nous considérons dans ce paragraphe; nous en avons fait la discussion complète, et nous avons vu comment cette discussion nous fournit le moyen de connaître, avant de résoudre une équation, si les valeurs de l'inconue doivent être réelles ou imaginaires, positives, négatives ou nulles, égales ou inégales, infinies ou indéterminées.

4° Enfin, nous avons établi les deux propositions qui énoncent les relations qui existent entre les valeurs de l'inconnue d'une part, et, d'autre part, le coefficient du second terme, et le terme tout connu dans une équation du second degré à une inconnue, lorsqu'elle est ramenée à la forme générale de ces équations. Ces propositions, comme la discussion de la formule générale, nous ont fourni le moyen de connaître si les racines d'une équation sont réelles ou imaginaires, positives, négatives ou nulles, égales ou inégales, infinies ou indéterminées, sans résoudre cette équation; comme aussi de composer une équation dans laquelle l'inconnue ait des valeurs déterminées.

3° Nous avons terminé ce chapitre en proposant divers problèmes à résoudre.

CHAPITRE VIII.

RÉSOLUTION DE QUELQUES AUTRES ESPÈCES D'ÉQUATIONS.

225. Nous allons enseigner, avant de terminer ce qui regarde les équations, à en résoudre trois autres espèces, à savoir : — 1° les équations renfermant plusieurs inconnues, lorsqu'on a autant d'équations que d'inconnues et qu'une de ces équations seulement est du second degré; — 2° les équations pures, d'un degré quelconque; — 3° les équations dont la résolution se ramène à celles du second degré.

§ 1.

Résolution d'un certain nombre d'équations renfermant un même nombre d'inconnues, lorsqu'une de ces équations seulement est du second degré, les autres étant du premier degré.

226. Nous supposerons d'abord deux équations seulement, renfermant deux inconnues, il sera bien facile de passer de ce cas à celui où l'on aurait un nombre quelconque d'équations renfermant un même nombre d'inconnues.

Soient donc les deux équations :

$$2y + 3x = 6,$$
$$2x^2 + 5xy - x + 3y^2 - \tfrac{66}{5} = 0.$$

Il est facile de voir que, pour résoudre ces équations, il suffit de prendre la valeur d'une des inconnues, de x, par exemple, en fonction de y dans l'équation du premier degré, puis, de substituer cette valeur dans la seconde équation; on aura ainsi, une équation du second degré qui ne renfermera plus que y. En la résolvant on trouvera deux valeurs de y, et chacune de ces valeurs, mises successivement à la place de y dans l'équation qui donne x en fonction de y, feront connaître les valeurs de x. Ainsi, en prenant la valeur de x dans la première équation, on aura

$$x = 2 - \frac{2y}{3}.$$

Cette valeur de x étant mise dans la seconde équation, on trouvera, toute réduction faite,

$$25y^2 + 240y - 324 = 0.$$

En résolvant cette équation on trouve $y = 1,2$; $y = -10,8$. En substituant ensuite successivement chacune de ces valeurs dans l'équation $x = 2 - \frac{2y}{3}$, on trouvera, par la première substitution, $x = -1,2$, et pour la seconde, $x = -10,8$. Ainsi les couples de valeurs qui satisfont aux équations proposées sont

$$y = 1,2; \qquad y = -10,8;$$
$$x = 1,2; \qquad x = -5,2.$$

Si l'on a bien compris la marche que nous venons de suivre pour résoudre les équations précédentes, il sera facile de voir ce qu'il y aurait à faire pour résoudre un nombre quelconque d'équations renfermant un même nombre d'inconnues, dans le cas où l'une de ces équations seulement s'élèverait au-dessus du premier degré et se trouverait du second. Nous allons énoncer le procédé en supposant pour plus de clarté cinq équations seulement et cinq inconnues, x, y, z, v, t, la dernière équation seulement étant du second degré. *Pour résoudre les équations dont il s'agit, déterminez, au moyen des quatre équations du premier degré, les valeurs de quatre inconnues* x, y, z, v, *par exemple, en fonction de la cinquième,* t, *ce que vous pouvez faire au moyen des procédés exposés dans le chapitre sixième; substituez ces valeurs de* x, y, z, v, *dans la dernière équation, elle ne renfermera plus que* t, *et sera du second degré. En la résolvant, vous trouverez deux valeurs de* t, *et chacune de ces valeurs, substituée dans les équations qui font connaître* x, y, z, v, *en fonction de* t, *donnera une valeur de ces inconnues correspondante à la valeur de* t *que l'on y aura substituée.*

§ II.

Résolution des équations pures.

227. On appelle *équation pure* d'un degré quelconque, du sixième degré par exemple, celle qui ne renferme l'inconnue ou les inconnues, s'il y en a plusieurs, qu'à ce degré, et à aucun autre, et qui, de plus, ne renferme jamais deux inconnues dans le même terme; ainsi, $x^5 = 40$, $x^3 + 2y^3 - 5z^3 = 12$, sont des équations pures : la première du cinquième degré, et la seconde du troisième degré.

228. Parlons d'abord des équations pures à une inconnue. Il est facile de faire voir (**193.**), qu'en exprimant par m le degré de l'inconnue, toute équation pure peut se ramener à la forme,

$$x^m = a,$$

et on la résout en extrayant la racine du degré m des deux membres (ce que l'on sait faire lorsque a est un nombre comme on l'a vu dans l'Arithmétique) : on trouve ainsi, $x = \sqrt[m]{a}$.

Les algébristes démontrent qu'il y a, en général, autant de valeurs de x qu'il y a d'unités dans le degré de l'équation : ainsi qu'une équation du sixième degré, par exemple, admet six valeurs pour l'inconnue; mais toutes ces valeurs, excepté deux tout au plus, sont imaginaires. Nous ne démontrerons point cette proposition, et nous n'enseignerons pas à chercher toutes ces racines; nous ferons seulement quelques remarques sur les équations de degré pair et de degré impair.

229. Si l'équation est du degré pair, par exemple si l'on a

$$x^6 = a, \text{ d'où } x = \sqrt[6]{a},$$

alors, si a est positif, l'équation a deux racines égales et de signes contraires, car une quantité, soit positive, soit négative, élevée à une puissance de degré pair donne une quantité positive, comme il est facile de le démontrer, et comme nous le démontrerons dans le chapitre suivant ; mais si a est une quantité négative, alors il n'y a aucune racine réelle, puisqu'aucun nombre positif ou négatif, élevé à une puissance de degré pair, ne peut donner une quantité négative.

Si l'équation est du degré impair, par exemple si l'on a

$$x^5 = a, \text{ d'où } x = \sqrt[5]{a},$$

alors il y aura toujours une racine réelle : elle sera positive si a est positif, puisqu'une quantité positive seulement élevée à une puissance de degré impair donne un résultat positif ; et elle sera négative si a est négatif, puisqu'il n'y a qu'une quantité négative qui, élevée à une puissance de degré impair, puisse donner un résultat négatif, comme il est facile de le démontrer, et comme nous le démontrerons dans le chapitre suivant.

230. Passons au cas où l'on a plusieurs équations pures du même degré renfermant un même nombre d'inconnues. Nous nous contenterons de donner un exemple, et il sera très-facile d'en déduire le procédé général pour la résolution de ces sortes d'équations. Soient donc proposées les équations suivantes :

$$x^2 + 3y^2 + 5z^2 = 58,$$
$$2x^2 + y^2 + 3z^2 = 33,$$
$$4x^2 + 2y^2 + z^2 = 21.$$

En considérant x^2, y^2 et z^2 comme les inconnues, on peut traiter ces équations comme nous avons traité, dans le chapitre sixième, les équations du premier degré à une inconnue, et on en déduira

$$x^2 = 1, \quad y^2 = 4, \quad z^2 = 9.$$

Maintenant, en résolvant ces équations, on en déduit

$$x = 1, \quad y = 2, \quad z = 3$$
$$x = -1, \quad y = -2, \quad z = -3$$

Telles sont les valeurs qui satisfont aux équations proposées.

Nous laissons au lecteur le soin de formuler le procédé général pour résoudre ces sortes d'équations.

§ III.

Équations dont la résolution se ramène à celle des équations du second degré.

231. Ces équations sont celles où l'inconnue entre à deux degrés différents, dont l'un est double de l'autre ; on ferait voir facilement,

comme dans le n° 200, que ces équations peuvent se ramener à la forme générale,

$$x^{2a} + mx^a + n = 0,$$

dans laquelle a exprime le plus faible degré de l'inconnue et $2a$ le degré double.

232. Soit l'équation particulière

$$x^4 - 13x^2 + 36 = 0 :$$

pour la résoudre, prenons une nouvelle inconnue y que nous ferons égale à x^2, nous aurons donc

$$x^2 = y, \text{ d'où on tire } x^4 = y^2.$$

Si nous substituons ces valeurs de x^2 et x^4 dans l'équation proposée, elle deviendra $\qquad y^2 - 13y + 36 = 0,$
équation du second degré que nous savons résoudre; en la résolvant, nous aurons $\qquad y = 4, \quad y = 9.$
Si maintenant nous mettons ces valeurs de y dans l'équation

$$x^2 = y,$$

nous en tirerons, $\qquad x^2 = 4, \quad x^2 = 9,$

et en résolvant ces nouvelles équations, nous trouverons

$$x = 2, \quad x = -2, \quad x = 3, \quad x = -3.$$

Et nous trouvons ainsi quatre valeurs de x qui satisfont à l'équation proposée.

233. Soit encore l'équation

$$x^6 - 19x^3 - 216 = 0.$$

Prenons une inconnue, y, de manière que nous ayons

$$x^3 = y, \text{ d'où } x^6 = y^2.$$

Substituons dans l'équation proposée ces valeurs de x^3 et x^6 il vient

$$y^2 - 19y - 216 = 0,$$

équation du second degré, d'où l'on tire, en la résolvant,

$$y = -8, \quad y = +27.$$

En substituant maintenant ces valeurs de y dans l'équation

$$x^3 = y,$$

on en tire, $\qquad x^3 = -8, \quad x^3 = 27,$
d'où l'on déduit $\qquad x = -2, \quad x = 3,$

et ces deux valeurs satisfont à l'équation proposée.

234. Si l'on a bien compris ce que nous venons de faire, il sera

facile d'en déduire le procédé suivant : *Pour résoudre une équation dans laquelle l'inconnue x entre à deux degrés seulement, et dont l'un est double de l'autre, prenez une autre inconnue égale à la plus faible puissance de x, dans l'équation proposée, et dont, par conséquent, le carré soit égal à la plus forte puissance de x ; substituez à la place de x sa valeur exprimée en y ; l'équation proposée deviendra du second degré ; résolvez-la, et vous trouverez deux valeurs de y ; cela fait, mettez ces valeurs de y dans l'équation que donne la relation qui existe entre x et y, vous trouverez ainsi deux équations pures dont la résolution vous donnera les valeurs de x, ou du moins celles qui sont réelles.*

Nota. — La résolution des équations dont il s'agit dans ce chapitre exige, comme on le voit, que l'on sache extraire les racines de degré quelconque des nombres. A la rigueur, ce que nous avons dit dans l'Arithmétique suffit pour cela ; mais, lorsque ces racines passent le troisième degré, les procédés donnés ou indiqués dans l'Arithmétique (ARITH., Chap. VII.) sont extrêmement compliqués. Nous verrons un peu plus loin un procédé beaucoup plus simple pour extraire ces racines.

235. RÉSUMÉ. — Nous avons traité successivement dans le chapitre qu'on vient de lire : — 1° des équations renfermant un certain nombre d'inconnues égal à celui des équations, l'une de ces équations seulement, étant au second degré ; — 2° des équations pures de tous les degrés ; — 3° des équations qui se résolvent comme celles du second degré.

I. *Des équations qui renferment un certain nombre d'inconnues, égal à celui des équations, l'une de ces équations seulement étant du second degré.* — Nous avons donné un exemple de ces sortes d'équations, et nous en avons déduit le procédé général pour les résoudre.

II. *Des équations pures de tous les degrés.* — Nous avons d'abord défini ces sortes d'équations ; puis, nous avons parlé : — 1° des équations pures à une inconnue. Nous avons vu la forme à laquelle on peut ramener toutes les équations de ce genre, et nous avons successivement examiné ce qui arrive quand l'équation est de degré pair, et quand elle est de degré impair ; — 2° Nous avons résolu trois équations renfermant trois inconnues au second degré seulement, et nous avons laissé le soin de formuler le procédé pour résoudre un certain nombre d'équations renfermant un même nombre d'inconnues toutes à un seul degré, et le même pour toutes les inconnues.

III. *Des équations dont la résolution se ramène à celles du second degré.* — Nous avons dit quelles sont ces équations ; nous avons indiqué à quelle forme générale on peut les ramener ; nous en avons résolu quelques-unes, et nous avons donné le procédé général pour résoudre toutes les équations de ce genre.

CHAPITRE IX.

236. Après avoir, dans le second chapitre, traité de l'addition, de la soustraction, de la multiplication et de la division algébrique des quantités entières et rationnelles, il eût été naturel de parler de l'élévation aux puissances et de l'extraction des racines des mêmes quantités; mais nous avons remis à plus tard de parler de ces deux dernières opérations nous allons le faire dans le premier paragraphe de ce chapitre, en traitant seulement des quantités monomes. Dans un second paragraphe, nous traiterons des opérations sur les quantités que nous avons appelées *quantités irrationnelles* ou *quantités radicales* (22.), et qu'on appelle aussi quelquefois simplement *radicaux*. Enfin dans un troisième paragraphe, nous dirons comment on est conduit à des exposants nuls, négatifs et fractionnaires, et quel est l'usage de ces exposants.

§ I.

Élévation aux puissances et extraction des racines des quantités monomes.

237. 1° *Si la quantité à élever à une puissance est exprimée par une seule lettre sans exposant exprimé* (*et par suite avec l'exposant* 1), *nous avons déjà vu* (19.) *que pour l'élever à une puissance d'un degré déterminé, il suffit de lui donner pour exposant un nombre égal au degré de cette puissance.* Ainsi, la quatrième puissance de a, par exemple, est a^4; la $m^{ième}$ puissance de b est b^m.

2° *Si la lettre à élever à une puissance a déjà un exposant différent de l'unité, pour l'élever à une puissance déterminée, il suffit de multiplier son exposant par le degré de cette puissance.* Ainsi, a^2, par exemple, élevé à la cinquième puissance, donne a^{10}. En effet, a^2, élevé à la cinquième puissance, est égal à $a^2 \times a^2 \times a^2 \times a^2 \times a^2$;

et ce produit, d'après les règles de la multiplication, est bien égal à a^{10}, c'est-à-dire à a avec l'exposant 2 multiplié par 5. Il est, du reste, facile de voir qu'il en serait de même dans tous les autres cas.

3° *Quand le monome à élever à une puissance est un produit de plusieurs facteurs, il faut élever chaque facteur à cette puissance.* Ainsi, nous disons que $3abc$, par exemple, élevé à la troisième puissance, sera égal à $3^3a^3b^3c^3$ ou $27a^3b^3c^3$; en effet, $3abc$, élevé à la troisième puissance, égale $3abc \times 3abc \times 3abc$, ou bien $3.a.b.c.3.a.b.c.3.a.b.c.$, ou bien, en intervertissant l'ordre des facteurs, $3.3.3.a.a.a.b.b.b.c.c.c.$, ou bien, enfin, $3^3a^3b^3c^3$. Et la démonstration que nous venons de donner s'appliquerait évidemment à tous les autres cas.

Il suit de cette proposition et de celle qui précède immédiatement qu'on peut établir la règle suivante : *Pour élever à une puissance déterminée un monome donné, élevez le coefficient à cette puissance d'après les règles de l'Arithmétique, et multipliez tous les exposants par le degré de cette puissance.* On trouvera ainsi que $(2a^3b^2c^4d)^3 = 8a^9b^6c^{12}d^3$.

4° *Si la quantité à élever à une puissance est une fraction, il faut élever à cette puissance le numérateur et le dénominateur.* Ainsi, $\dfrac{a}{b}$, élevé à la quatrième puissance, égale $\dfrac{a^4}{b^4}$. En effet, $\left(\dfrac{a}{b} \right)^4 = \dfrac{a}{b} \times \dfrac{a}{b} \times \dfrac{a}{b} \times \dfrac{a}{b} = \dfrac{a^4}{b^4}$. On trouverait, d'après cette règle, que $\left(\dfrac{2a^2b^3c}{3m^2np^3} \right)^3 = \dfrac{8a^6b^9c^3}{27m^6n^3p^9}$.

238. Jusqu'ici nous n'avons pas parlé du signe à donner à la puissance formée d'après les règles précédentes; mais, le monome qu'on élève à une puissance pouvant avoir le signe $+$ ou le signe $-$, il est évident que cette puissance pourra elle-même avoir le signe $+$ ou le signe $-$, suivant les circonstances. Or, pour peu qu'on y fasse attention, il sera bien facile d'établir les règles suivantes :

1° Si la quantité qu'on élève à une puissance est positive, la puissance, qu'elle soit de degré pair ou de degré impair, sera positive; c'est évident, puisque tous les facteurs qu'on multiplie sont positifs.

2° Si la quantité à élever à une puissance est négative et le degré de la puissance pair, la puissance sera positive. Ainsi, nous disons que

— a, élevé à la sixième puissance, par exemple, donne $+ a^6$; en effet, $(- a)^6 = - a \times - a \times - a \times - a \times - a \times - a$; mais si l'on multiplie tous ces facteurs deux à deux, il en résultera trois facteurs positifs, et l'on aura $+ a^2 \times + a^2 \times + a^2$, ou enfin $+ a^6$; et il est encore visible que la raison donnée ici se donnerait dans tous les autres cas semblables.

3° Enfin, si la quantité à élever à une puissance est négative et le degré de la puissance impair, la puissance sera négative. Ainsi, nous disons que — a, élevé à la septième puissance, donne — a^7. En effet, — a, élevé à la septième puissance, revient à $(- a)^6 \times - a$; or, $(- a)^6$ est une quantité positive d'après ce qui précède, donc la septième puissance de — a sera le produit de deux facteurs, dont l'un est positif et l'autre négatif : donc cette puissance sera négative.

En représentant par P *et par* I *une puissance de degré pair et une puissance de degré impair, on pourrait résumer les règles précédentes et les écrire en abrégé comme il suit :*

$$(+)^{\text{P}} \text{ donne } +; \qquad (+)^{\text{I}} \text{ donne } +;$$
$$(-)^{\text{P}} \text{ donne } +; \qquad (-)^{\text{I}} \text{ donne } -.$$

Les règles précédentes suffisent pour former toutes les puissances d'un monome quelconque ; nous allons en voir découler avec une grande facilité les règles pour en extraire les racines.

239. D'abord, il est facile de voir si un monome proposé est une puissance parfaite d'un degré déterminé ; car, sans parler encore des signes dont nous parlerons un peu plus loin, puisque, pour élever un monome à une puissance déterminée, il faut élever son coefficient à cette puissance et multiplier les exposants de chaque lettre par le degré de cette puissance (237-3°.), il suit de là que, *pour qu'un monome soit une puissance parfaite d'un degré déterminé, il faut*, 1° *que son coefficient soit une puissance parfaite de ce degré ;* 2° *que les exposants de chaque lettre soient divisibles par le degré de cette puissance.* On verra, d'après cette règle, que $8a^6b^9c^{12}$ est un cube parfait ; mais $10a^6b^3c^{12}$ ou $8a^5b^3c^{12}$ ne sont pas des cubes parfaits. Ceci posé :

1° *Si la quantité monome proposée n'est pas une puissance parfaite du degré dont on veut extraire la racine ; on se borne à indiquer cette racine,* comme nous l'avons vu (**22.**). Ainsi, la racine cubique de $7a^2b^3c^4$ est $\sqrt[3]{7a^2b^3c^4}$.

Nota. Il y a quelquefois lieu, dans le cas qui nous occupe, à une simplification dont nous parlerons bientôt.

2º *Si la quantité dont il faut extraire la racine est exprimée par une lettre ayant un exposant divisible par le degré de la racine, il faut diviser cet exposant par ce degré.* Ainsi, la racine sixième de a^{12} est a^2. La raison de cette règle est évidente d'après ce que nous avons vu plus haut (237-2º.); en effet, il faut que la racine obtenue soit telle, qu'élevée à la sixième puissance, elle donne a^{12}; or, pour l'élever à la sixième puissance, il faut multiplier l'exposant par 6; donc il faut que l'exposant de la racine multipliée par 6 donne 12; on l'obtiendra donc en divisant 12 par 6.

3º *Pour extraire la racine d'un degré déterminé d'un monome composé de plusieurs lettres,* qui sont autant de facteurs, *il faut extraire la racine de chaque facteur, et, par conséquent, 1º extraire la racine du coefficient; 2º diviser tous les exposants par le nombre qui marque le degré de la racine que l'on veut extraire.*

En effet, il faut que la racine que l'on obtiendra soit telle, qu'élevée à la puissance d'un degré correspondant, elle reproduise le monome proposé; or, pour l'élever à cette puissance, il faudrait : 1º élever son coefficient à cette puissance; 2º multiplier tous ses exposants par le degré de cette puissance. Donc, pour revenir de la puissance à la racine, il faut suivre la règle que nous venons de donner; d'après cela, $\sqrt[4]{16a^8b^{12}c^{16}} = 2a^2b^3c^4$.

Nota. — De ce que l'extraction d'une racine d'un produit revient à l'extraction de la racine de même degré de chacun de ses facteurs, il suit qu'on peut quelquefois, lors même qu'une quantité n'est pas une puissance parfaite d'un degré déterminé, simplifier l'expression de la racine, si quelqu'un des facteurs est une puissance parfaite de ce degré. Supposons, par exemple, que l'on ait à extraire la racine cubique de a^3b. On sait que $\sqrt[3]{a^3b} = \sqrt[3]{a^3} \times \sqrt[3]{b}$; or, $\sqrt[3]{a^3}$ est a; donc $\sqrt[3]{a^3b} = a\sqrt[3]{b}$. De même, si l'on avait $\sqrt[3]{8a^3b^6c^2}$, on pourrait écrire à la place $\sqrt[3]{8} \cdot \sqrt[3]{a^3} \cdot \sqrt[3]{b^6} \cdot \sqrt[3]{c^2}$. Or, les trois premiers facteurs reviennent à $2 \cdot a \cdot b^2$; donc $\sqrt[3]{8a^3b^6c^2} = 2ab^2\sqrt[3]{c^2}$. De même encore, si l'on avait $\sqrt[5]{a^{12}}$, on pourrait écrire à la place $\sqrt[5]{a^{10} \times a^2}$, ou $\sqrt[5]{a^{10}} \cdot \sqrt[5]{a^2}$; or, $\sqrt[5]{a^{10}}$ $= a^2$; donc $\sqrt[5]{a^{12}} = a^2 \sqrt[5]{a^2}$.

On voit donc que toutes les fois qu'on aura à extraire une racine d'un produit dont un ou plusieurs facteurs seront des puissances parfaites de ce degré, on *pourra faire passer ces facteurs hors du signe radical en en extrayant la racine; et réciproquement, si l'on veut introduire sous le signe radical un facteur qui précède ce signe, il faudra l'élever auparavant à la puissance marquée par l'indice du radical;* ainsi, si, ayant le monome $a^2 \cdot \sqrt[3]{b}$, on voulait introduire a sous le signe radical, on devrait, auparavant, élever a^2 au cube, et on aurait $\sqrt[3]{a^6 b}$. De même $2a \sqrt[5]{b} = \sqrt[5]{32a^5 b}$.

4° *Pour extraire une racine d'une fraction, il faut extraire la racine du numérateur et celle du dénominateur,* et ceci est une conséquence de ce que nous avons dit plus haut (237-4°.).

Ainsi, $\quad \sqrt[3]{\dfrac{a^3}{b^6}} = \dfrac{\sqrt[3]{a^3}}{\sqrt[3]{b^6}} = \dfrac{a}{b^2}.$

De même, $\quad \sqrt[4]{\dfrac{8a^8 b^{12}}{81c^4 m^8}} = \dfrac{\sqrt[4]{8a^8 b^{12}}}{\sqrt[4]{81c^4 m^8}} = \dfrac{2a^2 b^3}{3cm^2}.$

De même encore, $\quad \sqrt[3]{\dfrac{a^3}{b}} = \dfrac{\sqrt[3]{a^3}}{\sqrt[3]{b}} = \dfrac{a}{\sqrt[3]{b}}.$

240. Examinons maintenant le signe que l'on doit donner à la racine d'un degré déterminé d'un monome. Les règles à suivre pour cela devront évidemment se conclure de ce que nous avons dit plus haut. En portant donc nos yeux sur le petit tableau qui termine le n° 238, nous en conclurons ce qui suit :

1° Toute racine de degré impair d'une quantité positive est positive. Il n'y a, en effet, qu'une quantité positive qui, élevée à une puissance de degré impair, donne un résultat positif.

2° Toute racine de degré impair d'une quantité négative est négative, par la même raison que précédemment.

3° Une racine de degré pair d'une quantité positive doit être prise avec le signe + et avec le signe —. Le tableau ci-dessus fait voir, en effet, qu'en élevant à une puissance de degré pair une quantité positive ou une quantité négative, on a une quantité positive.

4° Toute racine de degré pair d'une quantité négative est *imaginaire* (194.), c'est-à-dire n'est ni positive, ni négative. On voit, en effet, qu'en élevant à une puissance de degré pair une quantité soit positive, soit négative, on n'aura jamais un résultat négatif.

Les règles précédentes peuvent se résumer comme il suit, en désignant par $\overset{i}{\sqrt{}}$ *et* $\overset{p}{\sqrt{}}$ *une racine de degré impair et une racine de degré pair :*

$$\overset{i}{\sqrt{+}} \text{ donne } +; \qquad \overset{i}{\sqrt{-}} \text{ donne } -;$$

$$\overset{p}{\sqrt{+}} \text{ donne } \pm; \qquad \overset{p}{\sqrt{-}} \text{ est une racine imaginaire.}$$

241. *Nota.* — Au moyen des règles précédentes, nous pouvons, un monome étant donné, trouver sous forme entière, ou sous la forme de quantité radicale réelle ou imaginaire, une, et quelquefois deux racines d'un degré déterminé de ce monome; mais les algébristes démontrent qu'*une quantité quelconque a autant de racines réelles ou imaginaires d'un degré déterminé qu'il y a d'unités dans ce degré,* qu'une quantité A, par exemple, a trois racines cubiques, quatre racines quatrièmes, et ainsi de suite; mais il n'y en a jamais qu'une de réelle, si le degré est impair, et deux, s'il est pair. Toutes les autres racines étant imaginaires et de nul usage pour le but que nous nous proposons, nous n'en parlerons pas.

§ II.

Calcul des quantités irrationnelles ou des radicaux.

242. Nous avons dit (23.) ce qu'on appelle en général *termes semblables.* La définition que nous en avons donnée, quand on l'applique aux quantités irrationnelles ou radicales, qu'on appelle aussi simplement *radicaux,* subit ordinairement une modification, et l'on appelle *radicaux semblables les quantités irrationnelles ou radicales qui ont le même indice du signe radical, et les mêmes quantités sous*

ce signe; ainsi $\sqrt[3]{a^2}$, $3\sqrt[3]{a^2}$, $2a\sqrt[3]{a^2}$ sont des radicaux semblables; mais $2\sqrt[3]{a^2}$, $2\sqrt[4]{a^2}$, $2\sqrt[3]{a}$ ne le sont pas.

Nous appellerons *coefficient d'un radical* tout ce qui précède le signe radical; ainsi dans $2\sqrt{a}$, $2b\sqrt{a}$, 2 et $2b$ sont les coefficients. Quand il n'y a rien devant le signe radical, comme dans $\sqrt{a}$, c'est l'unité qui est le coefficient.

243. Quelquefois deux radicaux qui ne sont pas semblables peuvent le devenir en faisant passer quelques lettres hors du signe radical par le procédé du n° 239-3°. Ainsi, si l'on a les deux radicaux $a\sqrt[3]{b^3c}$ et $2\sqrt[3]{c}$, en faisant passer b^3 hors du signe radical, on aura $3b\sqrt[3]{c}$, qui est semblable à $2\sqrt[3]{c}$.

Nous allons maintenant nous occuper des procédés à suivre pour effectuer les différentes opérations sur les radicaux.

244. I. ADDITION. — *Quand les quantités radicales ne sont pas semblables, l'addition s'indique par le signe +; mais si elles sont semblables, alors on ajoute les coefficients.* Ainsi, $2\sqrt[3]{a}$ ajouté à $3\sqrt[3]{a}$ donne $5\sqrt[3]{a}$; de même, $7\sqrt[5]{a^2b} + 5\sqrt[5]{a^2b} = 12\sqrt[5]{a^2b}$; $a\sqrt[3]{b} + 6\sqrt[3]{b} = (a+6)\sqrt[3]{b}$. La raison de ce procédé est évidente.

245. II. SOUSTRACTION. — *Quand les quantités radicales ne sont pas semblables, la soustraction s'indique comme à l'ordinaire; mais si elles sont semblables, on soustrait les coefficients l'un de l'autre.* Ainsi, $3\sqrt{a}$ retranché de $7\sqrt{a}$ donne $4\sqrt{a}$; de même, $12\sqrt[3]{a^2b}$ $- 5\sqrt[3]{a^2b} = 7\sqrt[3]{a^2b}$; $a\sqrt{c} - b\sqrt{c} = (a-b)\sqrt{c}$. La raison de ce procédé est encore évidente.

246. III. MULTIPLICATION. — Supposons d'abord que l'indice du radical dans les quantités à multiplier soit le même : puisque d'après le n° 239-3°, une racine d'un produit est égale au produit des racines des facteurs, nous aurons $\sqrt[m]{a} \times \sqrt[m]{b} \times \sqrt[m]{c} = \sqrt[m]{abc}$. Ce qui fait voir que *pour multiplier plusieurs quantités radicales du même degré, il suffit de multiplier entre elles les quantités qui sont*

sous le signe radical, et d'affecter le produit du signe radical commun. Il est bien clair que, s'il y avait des coefficients, il faudrait aussi en faire le produit. Ainsi $2\sqrt[3]{a^2} \times 6b\sqrt[3]{a^5c} = 12b\sqrt[3]{a^7c}$.

247. Si les quantités radicales n'étaient pas du même degré, alors on ne pourrait plus appliquer la règle précédente. Ainsi, le produit de $\sqrt[2]{a}$ par $\sqrt[8]{b}$ ne peut que s'indiquer ainsi : $\sqrt[2]{a}\sqrt[3]{b}$, à moins qu'on ne commence par préparer les quantités à multiplier de manière à ce qu'elles acquièrent le même indice du radical. Nous sommes donc conduits à examiner cette question : *Comment, plusieurs quantités radicales de différents degrés étant données, peut-on les ramener au même degré?*

248. Pour résoudre cette question, observons que *quand on a une quantité radicale, on peut, sans en changer la valeur, multiplier l'indice du radical par un certain nombre, pourvu qu'on élève la quantité qui est sous le radical à une puissance d'un degré marqué par ce nombre.* Ainsi dans la quantité $\sqrt[4]{a}$, on peut multiplier 4 par un nombre 2, par exemple pourvu qu'on élève a à la seconde puissance, et $\sqrt[8]{a^2}$ est la même chose que $\sqrt[4]{a}$. En effet, puisque $\sqrt[8]{a^2}$ exprime une quantité qui entre 8 fois comme facteur dans a^2, on peut écrire

$$a^2 = \sqrt[8]{a^2}.\sqrt[8]{a^2}.\sqrt[8]{a^2}.\sqrt[8]{a^2}.\sqrt[8]{a^2}.\sqrt[8]{a^2}.\sqrt[8]{a^2}.\sqrt[8]{a^2} \qquad (1).$$

De même on peut écrire

$$a = \sqrt[4]{a}.\sqrt[4]{a}.\sqrt[4]{a}.\sqrt[4]{a} \qquad (2).$$

Mais en élevant aux carrés les deux membres de cette équation, on aura

$$a^2 = \sqrt[4]{a}.\sqrt[4]{a}.\sqrt[4]{a}.\sqrt[4]{a}.\sqrt[4]{a}.\sqrt[4]{a}.\sqrt[4]{a}.\sqrt[4]{a} \qquad (3).$$

En comparant l'équation (1) avec l'équation (3), on voit que les premiers membres sont égaux; il faut donc que les seconds le soient aussi. Or, dans les deux équations, les seconds membres sont composés de 8 facteurs égaux; il faut donc que les facteurs du second membre de l'équation (1) soient égaux à ceux du second membre de l'équation (3); on a donc $\sqrt[4]{a} = \sqrt[8]{a^2}$.

249. Il serait extrêmement facile de généraliser la démonstration que nous venons de donner. Donc *on peut, sans changer la valeur d'une quantité radicale, multiplier l'indice du radical par un certain nombre, en élevant la quantité qui est sous le radical à une puissance d'un degré marqué par ce nombre.*

250. Cette proposition établie, le procédé pour réduire plusieurs radicaux de degrés différents au même degré se présente de lui-même. Il a la plus grande analogie avec le procédé pour réduire plusieurs fractions au même dénominateur, et voici comment on peut le formuler :

Pour réduire deux radicaux au même degré, multipliez l'indice du premier radical par l'indice du second, et élevez la quantité qui est sous le premier signe radical à une puissance marquée par l'indice du second; puis multipliez l'indice du second radical par l'indice du premier, et élevez la quantité qui est sous le second signe radical à une puissance marquée par l'indice du premier. On trouvera ainsi que $\sqrt[3]{a^2}$ et $\sqrt[4]{b}$ reviennent à $\sqrt[12]{a^8}$ et $\sqrt[12]{b^3}$.

Pour réduire plusieurs quantités radicales au même degré, multipliez l'indice de chaque radical par le produit de tous les autres, et élevez la quantité qui est sous chaque radical à une puissance marquée par le nombre par lequel vous aurez multiplié son indice. On trouvera ainsi que

$$\sqrt{a}, \qquad \sqrt[3]{b^2 c}, \qquad \sqrt[4]{m^3 n},$$

reviennent à $\qquad \sqrt[24]{a^{12}}, \qquad \sqrt[24]{b^{16}c^8}, \qquad \sqrt[24]{m^{18}n^6}.$

251. Si l'on fait attention que dans un monome on peut considérer le coefficient comme un facteur littéral ayant l'exposant 1, et que pour élever un monome à une puissance déterminée, il suffit alors de multiplier tous les exposants par le degré de cette puissance (237-3°.), on pourra formuler comme il suit les deux règles précédentes, en les restreignant aux monomes :

Pour réduire deux radicaux au même degré, multipliez l'indice et les exposants du premier par l'indice du second, puis multipliez l'indice et les exposants du second par l'indice du premier.

Pour réduire plusieurs radicaux au même degré, multipliez l'indice et les exposants de chacun par le produit des indices de tous les autres.

Ainsi, $\sqrt{3a^2}, \quad \sqrt[3]{5ac^3}, \quad \sqrt[4]{6^2c^4},$

donnent $\sqrt[24]{3^{12}a^{24}}, \quad \sqrt[24]{5^8a^8c^{24}}, \quad \sqrt[24]{6^{12}c^{24}}.$

Nota. — Il est presque inutile d'observer que ce procédé est susceptible de toutes les mêmes simplifications que le procédé analogue pour réduire plusieurs fractions au même dénominateur; on peut se rappeler ce que nous avons dit à ce sujet dans l'Arithmétique (100 et 101.)(*a*), et on fera bien de s'exercer un peu à ce calcul.

252. En revenant maintenant à la multiplication, on peut établir cette règle : *Pour multiplier plusieurs radicaux de différents degrés, réduisez-les au même degré; puis multipliez entre elles toutes les quantités qui sont sous les signes radicaux, et affectez le produit du signe radical commun*, on trouvera ainsi, que

$$\sqrt[3]{a} \times \sqrt[4]{b} = \sqrt[12]{a^4b^3}$$
$$\sqrt{a} \times \sqrt[3]{ac} \times \sqrt[4]{3mn} = \sqrt[24]{729a^{20}c^8m^6n^6}.$$

ou, en appliquant le procédé indiqué dans la note placée au bas de la page,

$$\sqrt{a} \times \sqrt[3]{b} \times \sqrt[4]{3mn} = \sqrt[12]{27\,a^{10}c^4m^3n^3}.$$

253. IV. *Division.* — Supposons d'abord que les quantités à diviser soient de même degré. Nous avons vu (239-4°.) que $\dfrac{\sqrt[m]{a}}{\sqrt[m]{b}} =$

$\sqrt[m]{\dfrac{a}{b}}$. Donc, *pour diviser deux quantités radicales de même degré,*

il faut diviser l'une par l'autre les quantités qui sont sous le signe radical, et affecter le quotient du signe radical commun.

Ainsi, $\sqrt[3]{a^2b^5c^3} : \sqrt[3]{ab^6c^2m} = \sqrt[3]{\dfrac{ac}{bm}}.$

(*a*) En relisant les n. 100 et 101, de l'Arithmétique et aussi le n. 304, (*Note cinquième à la fin du Traité.*) on en déduira la règle suivante : *Pour réduire plusieurs radicaux au même degré, cherchez le plus petit multiple des indices des radicaux. Ce plus petit multiple sera l'indice auquel on pourra ramener tous les radicaux donnés. En divisant ensuite et successivement ce plus petit multiple par l'indice de chaque radical, le quotient donnera le degré auquel il faut élever la quantité qui est sous chaque signe radical pour obtenir la réduction demandée.* Nous engageons à appliquer ce procédé à quelques cas particuliers.

Si les radicaux n'étaient pas du même degré, il faudrait ou bien se contenter d'indiquer la division, ou bien commencer par les réduire au même degré, et opérer ensuite comme nous venons de le dire.

Ainsi, $\sqrt[3]{3a^2b^4} : \sqrt[6]{ab^3c} = \sqrt[6]{9a^4b^8} : \sqrt[6]{a^3b^9c^3} = \sqrt[6]{\dfrac{9a}{bc^3}}.$

254. V. *Élévation aux puissances et extraction des racines.* — *Pour élever une quantité radicale à une puissance déterminée, il suffit d'élever à cette puissance la quantité qui se trouve sous le signe radical.*

Ainsi, nous disons que la troisième puissance de $\sqrt[4]{a}$, par exemple, est $\sqrt[4]{a^3}$; en effet, $(\sqrt[4]{a})^3 = \sqrt[4]{a} \times \sqrt[4]{a} \times \sqrt[4]{a}$; or, cette dernière quantité, d'après les règles de la multiplication (246.), égale $\sqrt[4]{a^3}$, donc, $(\sqrt[4]{a})^3 = \sqrt[4]{a^3}$, on trouvera, d'après cette règle, que le cube de $\sqrt[5]{2a^2b^4c} = \sqrt[5]{8a^6b^{12}c^3}.$

255. Il suit de la règle précédente que, réciproquement, *pour extraire la racine d'un degré déterminé d'une quantité radicale, il suffit d'extraire la racine de la quantité qui se trouve sous le signe radical.* Ainsi, la racine cubique de $\sqrt[5]{a^6}$ est $\sqrt[5]{a^2}$; on voit bien, en effet, que $\sqrt[5]{a^2}$ est tel, qu'en l'élevant au cube d'après la règle précédente, on aura $\sqrt[5]{a^6}$, et que, par conséquent, $\sqrt[5]{a^2}$ est la racine cubique de $\sqrt[5]{a^6}.$

256. Il est un autre procédé que l'on peut quelquefois employer, soit pour élever à une puissance une quantité radicale, soit pour en extraire une racine. Ce procédé repose sur la proposition suivante dont il est bien facile de faire voir la vérité : *Diviser l'indice d'un radical par un certain nombre, c'est élever la quantité radicale à une puissance du degré marqué par ce nombre.* Ainsi, si l'on divise par 3, par exemple, l'indice de la quantité radicale $\sqrt[12]{a}$, la nouvelle quantité $\sqrt[4]{a}$ que l'on obtiendra sera le cube de la première. En effet, $\sqrt[12]{a}$ est une quantité qui entre 12 fois comme facteur dans la quantité a; et $\sqrt[4]{a}$ est une quantité qui n'y entre que quatre fois comme facteur, donc, un facteur égal à $\sqrt[4]{a}$ en vaut trois égaux à $\overset{12}{\sqrt{}}a$; ou bien, $\overset{4}{\sqrt{}}a = \overset{12}{\sqrt{}}a \cdot \overset{12}{\sqrt{}}a \cdot \overset{12}{\sqrt{}}a$; donc enfin, $\overset{4}{\sqrt{}}a$ est le cube de $\overset{12}{\sqrt{}}a$. Il serait bien facile de faire voir que le raisonnement que nous venons de faire est indépendant de l'exemple que nous avons choisi, et de démontrer généralement la proposition ci-dessus énoncée.

Il suit de cette proposition que, réciproquement, *multiplier l'indice d'un radical par un certain nombre, c'est extraire la racine de la quantité radicale du degré marqué par ce nombre;* ainsi la racine quatrième de $\overset{3}{\sqrt{}}a$, par exemple, se trouve en multipliant l'indice 3 par 4, ce qui donnera $\overset{12}{\sqrt{}}a$.

257. Nous pouvons résumer tout ce que nous venons de dire comme il suit :

1° *Pour élever à une puissance déterminée une quantité radicale, élevez à cette puissance la quantité qui est sous le signe radical, ou bien divisez l'indice du radical par le degré de la puissance.* Le premier procédé peut toujours être suivi, le second ne peut l'être que quand l'indice du radical est exactement divisible par le degré de la puissance. On trouvera ainsi, que $\overset{6}{\sqrt{}}a$, élevé au cube, donne $\overset{6}{\sqrt{}}a^3$ ou $\sqrt{}a$. Mais si l'on avait à élever au cube $\overset{5}{\sqrt{}}a$, on ne pourrait employer que le premier procédé, qui donnerait $\overset{5}{\sqrt{}}a^3$.

2° *Pour extraire une racine d'un degré déterminé d'une quantité radicale, il faut, ou bien extraire la racine de ce qui est sous le signe radical, ou multiplier l'indice du radical par le nombre qui exprime le degré de la racine que l'on veut extraire.* Le second procédé peut toujours être employé; quant au premier, il ne peut l'être que lorsque la quantité qui est sous le signe radical est une puissance parfaite du degré dont on veut extraire la racine. On trouvera ainsi, que la racine cubique de $\overset{5}{\sqrt{}}a^6$ est $\overset{5}{\sqrt{}}a^2$ ou $\overset{15}{\sqrt{}}a^6$. Mais si l'on avait à extraire la racine cubique de $\overset{5}{\sqrt{}}a^4$ on ne pourrait employer que le second procédé qui donnerait $\overset{15}{\sqrt{}}a^4$.

258. *Nota.* — On vient de voir que pour extraire la racine $m^{ième}$ de $\overset{n}{\sqrt{}}a$, il faut, ou extraire la racine de $m^{ième}$ de a, ce qu'on peut indiquer en l'affectant du signe radical $\overset{m}{\sqrt{}}$, ou bien extraire la racine de a du degré marqué par le produit mn; ainsi, on a

$$\sqrt[m]{\sqrt[n]{a}} = \sqrt[n]{\sqrt[m]{a}} = \sqrt[mn]{a}.$$

d'où l'on conclut : 1° *que quand on doit extraire la racine troisième, par exemple, d'une quantité, puis la racine quatrième de cette racine troisième, on peut renverser l'ordre de ces opérations et extraire d'abord la racine quatrième puis la racine troisième de cette racine quatrième* (nous avons mis des nombres particuliers pour être plus clair dans l'expression de ce procédé, mais il est facile de généraliser); 2° *que quand on doit extraire une racine d'un degré déterminé, si l'on décompose en deux facteurs le nombre qui exprime ce degré, on pourra, au lieu de faire l'opération proposée, extraire d'abord la racine du degré marqué par un de ces facteurs, puis celle du degré marqué par l'autre facteur.* Ainsi, au lieu d'extraire la racine douzième, par exemple, on pourra extraire la racine troisième, puis la racine quatrième de cette racine troisième. Cette seconde observation généralise ce que nous avons dit dans la note neuvième du Traité d'Arithmétique. (ARITH. 308.)

§ III.

Des exposants nuls, négatifs et fractionnaires, et de leur usage.

259. Nous avons dit (19.) qu'un exposant est un nombre mis à la suite d'une quantité et indiquant combien de fois cette quantité est prise comme facteur. D'après cette idée, on voit qu'un exposant doit être essentiellement un nombre entier et positif. Que pourrait signifier, en effet, qu'une quantité est prise, moins un certain nombre de fois ou une fraction de fois, comme facteur. Cependant, en suivant les règles données pour la division et l'extraction des racines, on est conduit à des exposants *nuls*, *négatifs* et *fractionnaires*, dont on fait un grand usage en Algèbre.

260. Pour diviser une lettre affectée d'un exposant par la même lettre aussi affectée d'un exposant, nous avons vu dans le second chapitre (78.) qu'il faut soustraire l'exposant du diviseur de celui du dividende, ainsi $a^5 : a^3$ donne a^2; mais cette règle a été démon-

trée dans le cas seulement où l'exposant du dividende est plus fort que celui du diviseur.. Supposons cependant qu'on veuille l'appliquer au cas où les deux exposants sont égaux, à celui, par exemple, où l'on aurait à diviser a^3 par a^3; dès-lors, on trouverait a^0, expression qui ne signifie rien, comme nous le disions tout-à-l'heure, tant qu'on attache au mot exposant le sens que nous lui avons d'abord donné; mais si l'on considère que le véritable quotient de a^3 divisé par a^3 est 1, puisque toute quantité se contient une fois elle-même, nous pourrons retenir l'expression a^0 comme synonime de l'unité. C'est ce que font en effet les algébristes, et ils disent que *toute quantité ayant l'exposant zéro est le symbole de l'unité.*

261. De même appliquons la règle précédente au cas où l'exposant du dividende est plus faible que celui.du diviseur : Supposons, par exemple, que nous ayons $a^3 \,\dot{}\, a^5$, nous trouverons pour quotient a^{-2}, expression qui encore ne signifie rien jusqu'ici; mais comme le véritable quotient est $\dfrac{a^3}{a^5}$, ou en simplifiant $\dfrac{1}{a^2}$, nous pourrons dire que le quotient est a^{-2}, pourvu que nous attachions à cette expression le même sens qu'à $\dfrac{1}{a^2}$, et que nous convenions avec les algébristes, que *toute lettre affectée d'un exposant négatif représente l'unité divisée par la même lettre affectée du même exposant rendu positif.*

262. Nous avons dit (239-2º.) que pour extraire une racine d'un degré déterminé d'une quantité exprimée par une lettre, il faut diviser l'exposant de cette lettre par le nombre indiquant le degré de la racine; mais la démonstration donnée suppose que cette division est possible. Cependant, si nous voulons suivre encore ce procédé lorsque la division n'est plus possible, par exemple, dans le cas où nous avons à extraire la racine quatrième de a^3, nous trouverons $a^{\frac{3}{4}}$; expression qui jusqu'ici ne signifie rien, mais que nous pourrons conserver en y attachant le même sens qu'à $\sqrt[4]{a^3}$, et alors nous dirons qu'*une quantité affectée d'un exposant fractionnaire indique qu'il faut élever cette quantité à une puissance d'un degré marqué par le numérateur, et extraire du résultat la racine du degré marqué par le dénominateur.*

263. Enfin, si nous avions à extraire la racine cubique, par exemple, de $\dfrac{1}{a^2}$. nous pourrions d'abord mettre cette quantité sous la

forme a^{-2}; puis, en divisant par le degré de la racine l'exposant -2,

nous aurions $a^{-\frac{2}{3}}$, et nous pourrions retenir cette expression comme

synonime de $\sqrt[3]{\dfrac{1}{a^2}}$.

264. Au moyen des conventions et des notations précédentes, il sera toujours facile de faire disparaître les dénominateurs des fractions : il suffira, pour cela, de les transporter au numérateur en changeant le signe des exposants ; il sera également facile de faire disparaître les signes radicaux : il suffira de diviser par l'indice du radical les exposants des facteurs de la quantité affectée du signe radical. Donnons quelques exemples :

$$1^{\circ}\quad \frac{a^2}{b^3} = a^2\,\frac{1}{b^3} = a^2 b^{-3}.$$

$$2^{\circ}\quad \frac{a}{b^3 c^4} = a\,\frac{1}{b^3 c^4} = ab^{-3}c^{-4}.$$

$$3^{\circ}\quad \frac{\sqrt[3]{a^2}}{b^3} = \frac{a^{\frac{2}{3}}}{b^3} = a^{\frac{2}{3}} b^{-3}.$$

$$4^{\circ}\quad \frac{b\,\sqrt[3]{a^2}}{c^2\,\sqrt[5]{m^2 n^3}} = \frac{ba^{\frac{2}{3}}}{c^2 m^{\frac{2}{5}} n^{\frac{3}{5}}} = ba^{\frac{2}{3}}c^{-2}m^{-\frac{2}{5}}n^{-\frac{3}{5}}.$$

265. On peut donc toujours ramener à la forme de quantités entières les quantités fractionnaires et radicales, et il est facile de voir que les calculs se simplifieraient beaucoup si les règles données pour la multiplication, la division, l'élévation aux puissances et l'extraction des racines, dans le cas où les exposants sont entiers et positifs, pouvaient encore être suivies dans tous les autres cas. Nous sommes donc conduits à examiner cette question.

Pour la résoudre, rappelons ces règles démontrées dans le cas où les exposants sont entiers ; elles peuvent se résumer dans le tableau suivant :

1° Pour la multiplication.................... $a^m \times a^n = a^{m+n}$.

2° Pour la division............................ $a^m : a^n = a^{m-n}$.

3° Pour l'élévation aux puissances........ $\left(a^m\right)^n = a^{mn}$.

4° Pour l'extraction des racines............ $\sqrt[n]{a^m} = a^{\frac{m}{n}}$.

Dans ce tableau, la première ligne indique que, pour multiplier deux quantités exprimées par la même lettre, il faut faire la somme des exposants ; la seconde que, pour diviser deux quantités exprimées par la même lettre, il faut retrancher l'exposant du diviseur de celui du dividende ; la troisième que, pour élever à une puissance une lettre affectée d'un exposant, il faut multiplier cet exposant par le degré de la puissance ; enfin, la quatrième que, pour extraire une racine d'une lettre affectée d'un exposant, il faut diviser l'exposant par le degré de la racine quand la division est possible.

266. Cela posé, pour savoir si ces règles sont applicables aux exposants nuls, négatifs et fractionnaires, il faudrait examiner généralement toutes les espèces de cas qui peuvent se présenter, en combinant des lettres affectées de ces exposants de différentes manières, et voir si les résultats auxquels on arriverait, en suivant les règles indiquées par le tableau précédent, seraient les mêmes que ceux auxquels conduiraient les règles données pour les calculs des fractions et des quantités radicales. En faisant ce travail, on se convaincrait que ces résultats sont les mêmes, et, par conséquent, que les règles données pour les exposants entiers et positifs sont encore applicables dans tous les autres cas. Mais comme ce travail est fort long lorsqu'on ne veut omettre aucun des cas qui peuvent se présenter, nous allons ici prendre au hasard quelques-uns de ces cas seulement (a).

1° *Pour la multiplication.* — Soit $a^5 \times a^{-2}$, le résultat sera a^3 ; d'un autre côté $a^5 \times a^{-2}$ est la même chose que $a^5 \times \dfrac{1}{a^2}$ et le résultat de cette multiplication est $\dfrac{a^5}{a^2}$ ou a^3, comme précédemment.

Soit encore $a^{\frac{2}{3}} \times a^{\frac{3}{4}}$, on aura $a^{\frac{2}{3}} \times a^{\frac{3}{4}} = a^{\frac{2}{3}+\frac{3}{4}} = a^{\frac{8}{12}+\frac{9}{12}} = a^{\frac{17}{12}}$; d'un autre côté la multiplication proposée revient à $\sqrt[3]{a^2} \times \sqrt[4]{a^3} = \sqrt[12]{a^8} \times \sqrt[12]{a^9} = \sqrt[12]{a^{17}}$. Expression qui revient au même que celle trouvée par l'autre méthode.

2° *Pour la division.* — Soit $a^5 : a^{-2}$, on aura a^7 ; d'un autre

---

(a) Pour n'omettre aucun des cas qui peuvent se présenter, il faudrait, dans chacune des quatre formules du numéro précédent, supposer *m* et *n* successivement positif, négatif, nul, entier et fractionnaire. Il serait facile de calculer combien cela ferait de cas possibles pour chacune de ces formules.

côté $a^5 : a^{-2}$ revient à $a^5 : \frac{1}{a^2}$, ou $a^5 \times a^2$, ou enfin a^7, comme par l'autre méthode.

Soit encore $a^{\frac{2}{3}} : a^{-\frac{1}{4}}$, on aurait pour résultat $a^{\frac{2}{3}+\frac{1}{4}}$, ou $a^{\frac{8}{12}+\frac{3}{12}}$, ou $a^{\frac{11}{12}}$. D'un autre côté le calcul proposé revient à $\sqrt[3]{a^2} : \sqrt[4]{\frac{1}{a}} = \sqrt[12]{a^8}$

$: \sqrt[12]{\frac{1}{a^3}} = \sqrt[12]{a^8 : \frac{1}{a^3}} = \sqrt[12]{a^8 \times a^3} = \sqrt[12]{a^{11}}$, comme de l'autre manière.

3° *Pour l'élévation aux puissances.* — Soit a^{-5} à élever à la puissance sixième , on aura $(a^{-5})^6 = a^{-30}$; mais $a^{-5} = \frac{1}{a^5}$ qui, élevé à la sixième puissance, donne $\frac{1}{a^{30}}$; expression qui revient à a^{-30}.

Soit encore $a^{-\frac{2}{3}}$ à élever à la quatrième puissance, nous aurons $a^{-\frac{8}{3}}$; mais $a^{-\frac{2}{3}}$ revient à $\sqrt[3]{\frac{1}{a^2}}$, qui, élevé à la quatrième puissance, donne $\sqrt[3]{\frac{1}{a^8}}$; expression qui revient à $a^{-\frac{8}{3}}$.

4° *Pour l'extraction des racines.* — Soit à extraire la racine quatrième de a^{-3}, nous aurons $a^{-\frac{3}{4}}$; mais $a^{-3} = \frac{1}{a^3}$, dont la racine quatrième est $\sqrt[4]{\frac{1}{a^3}}$; expression qui a le même sens que $a^{-\frac{3}{4}}$.

Soit encore à extraire la racine cubique de $a^{-\frac{2}{3}}$, nous trouverons $a^{-\frac{2}{9}}$; mais $a^{-\frac{2}{3}}$ revient à $\sqrt[3]{\frac{1}{a^2}}$; expression dont la racine cubique est $\sqrt[9]{\frac{1}{a^2}}$, ce qui revient à $a^{-\frac{2}{9}}$.

267. Ce n'est pas seulement à simplifier les calculs que servent les exposants négatifs et fractionnaires, mais il est encore absolu-

ment nécessaire d'y avoir recours dans un grand nombre de cas, comme nous le verrons en parlant des logarithmes.

268. Résumé. — Nous avons parlé successivement dans le chapitre qu'on vient de lire : — 1° de l'élévation aux puissances et de l'extraction des racines des quantités monomes ; — 2° des opérations sur les quantités irrationnelles ou radicales, ou, en d'autres termes, du calcul des radicaux ; — 3° des exposants négatifs et fractionnaires.

I. Nous avons traité d'abord de *l'élévation à une puissance déterminée d'une quantité monome* : — 1° quand cette quantité consiste en une seule lettre sans exposant (exprimé) ou avec l'unité pour exposant ; — 2° quand elle consiste en une seule lettre avec un exposant différent de l'unité ; — 3° quand elle est un produit de plusieurs facteurs ; — 4° quand elle est une fraction ; et nous avons vu dans ces différents cas quel est le signe à donner à la puissance que l'on obtient. —— Après avoir ensuite indiqué le caractère auquel on reconnaît qu'un monome donné est une puissance parfaite d'un degré déterminé, nous avons appris comment on doit se conduire *pour extraire*, autant que possible, *une racine d'un degré déterminé d'une quantité monome* : — 1° quand ce monome n'est pas une puissance parfaite de ce degré ; — 2° quand il consiste en une seule lettre ayant un exposant divisible par le degré de la racine à extraire ; — 3° quand il consiste en un produit de plusieurs facteurs (ce qui nous a fourni un procédé pour faire sortir hors du signe radical certains facteurs d'une quantité affectée de ce signe, ou réciproquement, pour introduire sous le signe radical de nouveaux facteurs) ;— 4° quand le monome est une fraction ; et nous avons vu quel signe on devait donner dans chaque cas à la racine que l'on trouve, comme aussi dans quels cas cette racine est imaginaire. Nous avons terminé tout ce paragraphe par une remarque sur les nombres des racines d'un degré déterminé dont est susceptible une quantité.

II. Nous avons commencé ce que nous avions à dire *sur le calcul des radicaux*, en définissant ce qu'on appelle *radicaux semblables*, et indiquant comment on peut quelquefois rendre semblables des radicaux qui ne le sont pas. Puis nous avons successivement traité de l'addition, de la soustraction, de la multiplication, de l'élévation aux puissances, et de l'extraction des racines des quantités radicales. — L'addition et la soustraction n'ont présenté aucune difficulté. — La multiplication a présenté plusieurs cas, suivant que les quantités à multiplier ont ou n'ont pas le même indice du signe radical. L'examen du second cas nous a conduits à rechercher comment on peut ramener au même degré plusieurs quantités radicales de degrés différents : dans cette recherche, nous avons été conduits à établir qu'une quantité radicale étant donnée, on peut, sans en changer la valeur, multiplier l'indice du radical par un certain nombre, pourvu qu'on élève la quantité placée sous le signe radical à une puissance d'un degré marqué par ce nombre ; et nous avons déduit de là le procédé pour réduire au même degré plusieurs quantités radicales de degrés différents, et, par suite, pour multiplier entre elles ces quantités. — La division des quantités radicales a aussi présenté deux cas, suivant qu'elles sont ou ne sont pas du même degré. — Pour l'élévation aux puissances et l'extraction des racines des radicaux, deux procédés se sont présentés, dont le second repose sur ce principe, que quand on divise ou qu'on multiplie l'indice d'un radical par un certain nombre, on élève la quantité radicale à une puissance, ou on en extrait une racine d'un degré marqué par ce nombre. Nous avons terminé ce paragraphe par la remarque du n° 238, résumée dans la formule suivante :

$$\sqrt[m]{\sqrt[n]{a}} = \sqrt[n]{\sqrt[m]{a}} = \sqrt[mn]{a}.$$

III. Dans le paragraphe troisième, nous avons vu comment, en appliquant la règle donnée (78.) pour faire la division algébrique, au cas où le dividende a un exposant égal à celui du diviseur, ou plus petit que celui du diviseur, on est conduit à des exposants nuls ou négatifs ; et comment, en appliquant la règle donnée (239.) pour extraire une racine d'un degré déterminé d'une quantité représentée par une lettre, au cas où l'exposant de cette lettre n'est pas exactement divisible par le degré de la racine, on est conduit à des exposants fractionnaires ; et nous avons dit quels sens il faut attacher à ces différents exposants. Puis nous avons vu comment, en admettant ces exposants dans les calculs, on peut faire disparaître les dénominateurs et les signes radicaux dans une quantité donnée, et appliquer aux exposants nuls, négatifs et fractionnaires, les règles données pour effectuer la multiplication, la division, l'élévation aux puissances et l'extraction des racines des quantités qui ne renferment que des exposants entiers et positifs.

RÉSUMÉ GÉNÉRAL DE TOUT CE QUI PRÉCÈDE.

269. En résumant tout ce que nous avons vu jusqu'ici d'Algèbre, et en observant que le chapitre que nous venons de terminer aurait trouvé naturellement sa place, en partie, à la suite du chapitre second, et en partie à la suite du chapitre troisième, nous verrons que :

1° Nous avons donné la définition de l'Algèbre et fait connaître les signes qu'elle emploie.

2° Nous avons enseigné à faire les six opérations : l'addition, la soustraction, la multiplication, la division, l'élévation aux puissances et l'extraction des racines : — 1° sur les quantités entières et rationnelles ; — 2° sur les fractions ; — 3° sur les quantités irrationnelles ou radicales. Pour que cette matière eût été complètement traitée, il aurait fallu ajouter quelque chose sur l'élévation aux puissances et l'extraction des racines des quantités polynomes ; mais ce que nous aurions pu dire sur ce sujet eût été peu utile au but que nous nous proposons, et nous nous avons préféré le supprimer.

3° Nous avons appris à résoudre les équations du premier degré à une ou plusieurs inconnues, lorsqu'on a autant d'équations que d'inconnues; celles du second degré à une inconnue; un certain nombre d'équations renfermant un même nombre d'inconnues lorsque l'une de ces équations seulement est du second degré; toutes les équations pures à une ou plusieurs inconnues, toujours dans l'hypothèse ou l'on a autant d'équations que d'inconnues; enfin celles dans lesquelles l'inconnue entre à deux degrés dont l'un est double de l'autre. Il y aurait, pour compléter cette matière, une multitude de choses à ajouter sur la résolution des équations, mais nous les supprimons comme inutiles au but que nous nous proposons.

Indépendamment de toutes ces choses que nous venons de traiter ou d'indiquer, l'Algèbre se compose d'un certain nombre de théories particulières qui trouvent, en général, leur application dans les hautes questions des sciences mathématiques et physiques. Pour le but que nous nous proposons dans ce Traité, qui est de donner seulement ce qui est nécessaire pour lire avec fruit les ouvrages où l'on n'emploie pas les hautes considérations mathématiques, il suffit d'ajouter quelques théories, parmi lesquelles celle des proportions tiendrait le premier rang, si nous n'en avions pas déjà parlé dans notre Traité d'Arithmétique. Nous nous contenterons d'exposer ici les théories des progressions et des logarithmes, auxquelles nous ajouterons quelque chose de la théorie des arrangements, des permutations et des combinaisons, et nous terminerons par la démonstration de la formule connue sous le nom du *binome de Newton*.

CHAPITRE X.

DES PROGRESSIONS.

270. Il y en a deux sortes : les progressions par différence et les progressions par quotient.

§ I.

Des Progressions par différence.

271. *Une progression par différence est une suite de nombres dont*

chacun surpasse celui qui le précède, ou en est surpassé, de la même quantité. Ainsi les nombres

$$1, 3, 5, 7, 9, \text{etc.}, \qquad 20, 18, 16, 14, 12, \text{etc.},$$

forment des progressions par différence. La progression est dite *croissante* lorsque les nombres vont en augmentant, et *décroissante* dans le cas contraire.

Pour marquer que des nombres sont en progression par différence, on emploie la notation suivante :

$$\div 1 . 3 . 5 . 7 . 9 . 11,$$

que l'on énonce 1 *est à* 3, *comme* 3 *est à* 5, *comme* 5 *est à* 7, *etc.*

272. *On appelle raison d'une progression par différence, la différence qui existe entre deux termes consécutifs.* La raison peut se prendre de deux manières : 1° en retranchant un terme de celui qui le suit : c'est ce que nous appellerons *la raison prise de la première manière;* 2° en retranchant un terme de celui qui le précède, et c'est ce que nous appellerons *la raison prise de la seconde manière.* Il est facile de voir que la raison prise de la première manière sera positive pour les progressions croissantes, et négative pour les autres; la raison prise de la seconde manière sera, au contraire, négative pour les progressions croissantes, et positive pour les progressions décroissantes.

Dans tous les cas, *on voit que la raison prise de la première manière aura la même valeur absolue que l'autre, mais seulement aura un signe différent.* Ainsi, en désignant par r la raison prise de la première manière, et par r' celle prise de la seconde manière, on aura $r = - r'$. De sorte que nous pourrons faire tous les calculs qui vont suivre, en supposant que nous prenions toujours la raison de la première manière; et, si nous voulons ensuite savoir ce qu'ils auraient été en prenant la raison de la seconde manière, il suffira de mettre $- r'$ à la place de r.

273. Ces définitions posées, observons que tous les problèmes que l'on se propose sur les progressions par différence reviennent à celui-ci : *De ces cinq différentes choses : le premier terme d'une progression, le dernier, la raison, le nombre des termes, et la somme des termes, trois étant données, trouver les deux autres.* Nous allons résoudre ce problème en l'appliquant à la progression générale :

$$\div a . b . c . d \ldots\ldots\ldots i . k . l,$$

dans laquelle a est le premier terme, l le dernier. Convenons d'appeler r la raison prise de la première manière, n le nombre de termes, et s la somme de tous les termes.

274. 1° Supposons qu'on demande de trouver le dernier terme, qui est ici le $n^{ième}$, puisque nous supposons qu'il y a n termes dans la progression. Supposons, disons-nous, qu'*on demande de trouver le dernier terme lorsqu'on connaît le premier, la raison et le nombre de termes.* Le problème sera bien facile à résoudre, car, pour peu qu'on fasse attention à la nature de la progression, on verra que le second terme est égal au premier plus la raison; que le troisième est égal au second plus la raison; que le quatrième est égal au troisième plus la raison, et ainsi de suite; par conséquent, le second est égal au premier plus une fois la raison; le troisième est égal au premier plus deux fois la raison; le quatrième est égal au premier plus trois fois la raison, et ainsi de suite; le vingtième, par exemple, est égal au premier plus dix-neuf fois la raison; et enfin, le dernier est égal au premier plus la raison prise $n - 1$ fois. On aura donc

$$l = a + r\,(n - 1).$$

Telle est la formule qui résout le problème proposé; elle fait voir que, *pour avoir le dernier terme, et en général un terme quelconque, il faut au premier terme ajouter la raison multipliée par le nombre de termes qui précède celui dont on veut obtenir la valeur.* En l'appliquant à la recherche du trentième terme, par exemple, de la progression $\div\,1.3.5.7.$, etc., on trouverait $l = 1 + 2\,(30 - 1) = 59$.

275. La formule précédente sert, non-seulement à résoudre le problème proposé, mais encore à en résoudre trois autres; car nous pouvons successivement, dans cette équation, supposer comme inconnues a, r et n; et, en la résolvant dans cette supposition, on trouvera :

Pour a, $a = l - r\,(n - 1)$, ce qui apprend que, *pour trouver le premier terme d'une progression par différence, il faut retrancher du dernier terme la raison prise autant de fois qu'il y a de termes moins un.*

Pour r, on trouvera $r = \dfrac{l - a}{n - 1}$, ce qui fait voir que, *pour avoir la raison d'une progression par différence, il faut retrancher le premier terme du dernier et diviser le reste par le nombre des termes moins un.*

Pour n, on trouvera $n = \dfrac{l + r - a}{r}$, c'est-à-dire que, *pour avoir le nombre de termes d'une progression par différence, il faut ajouter la raison au dernier terme, retrancher le premier terme et diviser par la raison.*

On fera bien, avant de passer plus loin, d'appliquer ces formules à quelques exemples particuliers.

276. 2° Supposons maintenant que l'on *demande de déterminer la somme des termes d'une progression par différence, quand on connaît le premier terme, le dernier et le nombre de termes*, voici comment on y parvient : Reprenons la progression

$$\div a \cdot b \cdot c \ldots\ldots\ldots i \cdot k \cdot l.$$

En appelant s la somme, nous aurons

$$s = a + b + c + \ldots\ldots + i + k + l.$$

Nous aurons encore, en renversant l'ordre des termes,

$$s = l + k + i + \ldots\ldots + c + b + a.$$

Si nous ajoutons ces deux équations, nous pourrons écrire le résultat comme il suit :

$$2s = (a + l) + (b + k) + (c + i)\ldots + (i + c) + (k + b) + (l + a).$$

Or, il est facile de voir que toutes les sommes partielles $a + l$, $b + k$, $c + i$, sont égales; en effet, on a, par la nature de la progression,

$$a + r = b, \quad b + r = c \ldots\ldots i + r = k, \quad k + r = l,$$
$$l - r = k, \quad k - r = i \ldots\ldots c - r = b, \quad b - r = a,$$

d'où l'on tire, en ajoutant membre à membre,

$$a + l = b + k, \quad b + k = c + i \ldots\ldots i + c = k + b, \quad k + b = l + a.$$

Donc, toutes les sommes partielles $a + l$, $b + k$, $c + i$ etc., sont égales; donc, au lieu de les écrire toutes, on peut se contenter de prendre la première et de la répéter autant de fois qu'il y a de ces sommes partielles, c'est-à-dire, n fois, puisqu'il y en a autant que de termes dans la progression; donc, enfin, à la place de l'équation

$$2s = (a + l) + (b + k) + \dots\dots\dots + (k + b) + (l + a),$$

on peut écrire :

$$2s = (a + l)n, \quad \text{d'où} \quad s = \frac{(a+l)n}{2}.$$

Telle est la formule qui résout le problème proposé; elle apprend que, *pour trouver la somme des termes d'une progression par diffé-rence, il faut ajouter le premier terme au dernier, multiplier par le nombre de termes et diviser par* 2. On trouvera ainsi que la somme des trente premiers termes d'une progression, dont le premier terme serait 1 et le dernier 59, serait

$$s = \frac{(1 + 59)30}{2} = 900.$$

277. La formule $s = \frac{(a+l)n}{2}$ sert, non-seulement à résoudre le problème proposé, mais encore à en résoudre trois autres; car on peut regarder successivement a, l et n comme inconnues, et, en résolvant l'équation, on trouvera

Pour a, $a = \frac{2s - ln}{n}$, ce qui apprend que, *pour trouver le pre-mier terme, il faut du double de la somme retrancher le produit du dernier terme par le nombre de termes et diviser par le nombre de termes.*

Pour l, on trouvera $l = \frac{2s - an}{n}$, ce qui apprend que, *pour trouver le dernier terme, il faut du double de la somme retrancher le premier terme, multiplier par le nombre de termes et diviser par le nombre de termes.*

Pour n, on trouvera $n = \frac{2s}{a + l}$, d'où l'on voit que, *pour trou-ver le nombre de termes, il faut diviser le double de la somme par le premier terme plus le dernier.*

On fera encore bien, avant de passer plus loin, d'appliquer ces formules à quelques exemples particuliers.

278. 3° En réunissant les deux formules

$$l = a + r(n - 1) \quad \text{et} \quad s = \frac{(a+l)n}{2},$$

on aura deux équations entre cinq quantités ; et, si l'on connaît trois de ces cinq quantités, on pourra, au moyen de ces deux équations, trouver les deux autres, puisque ce seront deux équations à deux inconnues. On pourra donc résoudre le problème général proposé plus haut. *De ces cinq choses, le premier terme d'une progression par différence, le dernier terme, le nombre des termes, la raison et la somme des termes, trois étant données, trouver les deux autres.* Or, il est facile de voir que ce problème général en renferme dix particuliers, car on peut demander :

1° a et l ;	6° l et s ;
2° a et n ;	7° l et r ;
3° a et s ;	8° n et s ;
4° a et r ;	9° n et r ;
5° l et n ;	10° s et r.

Tous ces problèmes, excepté le deuxième, le cinquième et le neuvième, ne passent pas le premier degré; et pour ces trois, une des équations se trouvant du premier degré et l'autre du second, nous pouvons encore les résoudre d'après ce que nous avons vu (226.). Résolvons ici le second seulement, et l'on verra par là comment on pourrait résoudre les autres.

279. Les quantités à trouver sont le premier terme a et le nombre de terme n. Pour moins perdre de vue que ce sont là les inconnues, représentons-les par x et y, les équations précédentes deviendront

$$l = x + r(y-1), \qquad s = \frac{(x+l)y}{2}.$$

En prenant la valeur de x dans la première équation, nous aurons

$$x = l - r(y-1), \quad \text{ou bien (A)} \quad x = l + r - ry.$$

En substituant cette valeur de x dans la seconde équation, nous aurons successivement, après avoir fait disparaître le dénominateur 2,

$$2s = (l + r - ry + l)y, \qquad 2s = (2l + r - ry)y,$$
$$2s = 2ly + ry - ry^2, \qquad ry^2 - 2ly - ry + 2s = 0,$$
$$ry^2 - (2l + r)y + 2s = 0, \qquad y^2 - \frac{2l+r}{r}y + \frac{2s}{r} = 0.$$

Et voilà notre équation du second degré ramenée à la forme générale $x^2 + mx + n = 0$ (200.). En achevant de la résoudre, nous trouverons

$$y = + \frac{2l + r}{2r} \pm \sqrt{\left(\frac{2l + r}{2r}\right)^2 - \frac{2s}{r}};$$

Telle est la valeur de y; mais elle peut se simplifier comme nous allons le voir. Pour cela, élevons séparément au carré le numérateur et le dénominateur de la fraction qui est sous le radical, nous aurons

$$y = + \frac{2l + r}{2r} \pm \sqrt{\frac{(2l + r)^2}{4r^2} - \frac{2s}{r}};$$

réduisons maintenant au même dénominateur les deux fractions qui sont sous le radical, ce que nous ferons en multipliant les deux termes de la seconde par $4r$, nous aurons, en réunissant ces fractions,

$$y = + \frac{2l + r}{2r} \pm \sqrt{\frac{(2l + r)^2 - 8sr}{4r^2}};$$

Cela posé, si nous nous rappelons que, pour extraire la racine carrée d'une fraction, il faut extraire la racine du numérateur et celle du dénominateur, et si nous remarquons que le dénominateur $4r^2$ est un carré parfait, nous aurons

$$y = + \frac{2l + r}{2r} \pm \frac{\sqrt{(2l + r)^2 - 8sr}}{2r},$$

ou bien

$$y = \frac{2l + r \pm \sqrt{(2l + r)^2 - 8sr}}{2r}.$$

Si maintenant nous substituons cette valeur de y dans l'équation que nous avons marquée (Λ), et qui donne x au moyen de y, et si nous rappelons que x remplace a et que y remplace n, nous aurons les deux formules

$$n = \frac{2l + r \pm \sqrt{(2l + r)^2 - 8sr}}{2r}, \qquad a = \frac{r \pm \sqrt{(2l - r)^2 - 8sr}}{2}$$

280. Appliquons-les à un cas particulier. On demande quel est le nombre de termes et le premier terme d'une progression dont

le dernier terme vaut 6, la raison 1 et la somme des termes 18 :
nous aurons

$$n = \frac{2.6 + 1 \pm \sqrt{(2.6 + 1)^2 - 8.18.1}}{2.1};$$

$$a = \frac{1 \pm \sqrt{(2.6 + 1)^2 - 8.18.1}}{2};$$

ou bien $n = 9, n = 4$ et $d = 3, a = -2$.

On trouve ici deux valeurs pour n et pour a; en effet, les données du problème conviennent aux deux progressions

$$\div 3.4.5.6.7.8. \text{ etc.}$$
$$\div -2.-1.0.1.2.3.4.5.6. \text{ etc.}$$

281. Un des problèmes que l'on a quelquefois besoin de résoudre est le suivant : *Étant donnés deux nombres, insérer entre eux
un nombre déterminé d'autres nombres, de manière que l'ensemble fasse
une progression par différence.* C'est ce que l'on appelle *insérer entre
deux nombres donnés un nombre déterminé de moyens différentiels.*
Il est facile de voir que, pour résoudre ce problème, il suffit de
trouver la raison, connaissant le premier terme, le dernier et le
nombre de termes. On aura donc recours à la formule trouvée plus
haut :

$$r = \frac{l - a}{n - 1}.$$

On observera seulement que si l'on appelle m le nombre de moyens
différentiels à insérer, alors le nombre de termes qu'il y aura en
tout dans la progression sera $m + 2$; on pourra donc, dans la formule
précédente, à la place de n mettre $m + 2$, ce qui la changera en

$$r = \frac{l - a}{m + 1}.$$

Et on énonce ainsi le procédé qui en résulte : *Pour insérer entre
deux nombres un certain nombre de moyens différentiels, retranchez le premier du second, et divisez le reste par le nombre de moyens
différentiels que vous voulez insérer, plus un, le quotient donnera
la raison de la progression qu'il sera alors bien facile d'établir.* Exem-

ple : Soit proposé d'insérer entre 1 et 19, cinq moyens différentiels, la formule précédente donnera

$$r = \frac{19 - 1}{5 + 1} = 3.$$

Ainsi, la raison sera 3, et la progression sera

$$\div 1 . 4 . 7 . 10 . 13 . 16 . 19.$$

282. *Nota.* — *Si entre le premier terme d'une progression et le second, on insère un certain nombre de moyens différentiels, puis le même nombre entre le second et le troisième, entre le troisième et le quatrième, etc., l'ensemble de tous ces nombres formera une seule progression.* En effet, la différence, entre le premier et le deuxième terme, étant la même qu'entre le deuxième et le troisième, qu'entre le troisième et le quatrième, etc., il est facile de voir que la formule précédente donnera toujours la même valeur de *r*, et que, par conséquent, l'ensemble formera une seule progression. Ainsi, si ayant la progresion

$$\div 2 . 14 . 26 . 38,$$

on insère trois moyens différentiels entre 2 et 14, entre 14 et 26, entre 26 et 32, on trouvera toujours pour raison 3, et l'on aura la progression

$$\div 2 . 5 . 8 . 11 . 14 . 17 . 20 . 23 . 26 . 29 . 32 . 35 . 38.$$

283. Nous terminons par une propriété importante des progressions par différence que l'on énonce comme il suit : *Si l'on fait la somme de deux termes quelconques, pris à égales distances du premier et du dernier, cette somme est constante et égale à la somme du premier et du dernier terme.* Pour le démontrer, rappelons qu'un terme quelconque est égal au premier terme augmenté de la raison prise autant de fois qu'il y a de termes avant celui que l'on considère (235.). Ainsi, en appelant *x* le terme qui a *n* avant lui, on pourra écrire

$$x = a + rn.$$

Observons ensuite qu'on peut considérer un terme comme formé de celui qui le suit en en retranchant la raison; on pourra donc dire que l'avant-dernier est égal au dernier, moins la raison; que celui qui précède l'avant-dernier est égal au dernier, moins deux fois la raison ; et qu'en général, en appelant y celui qui a n termes après lui, on aura, en appelant toujours l le dernier terme,

$$y = l - rn.$$

En ajoutant cette équation avec la précédente, on en tire

$$x + y = a + l,$$

ce qui prouve la proposition à démontrer.

284. Voici les énoncés de quelques problèmes qui peuvent se résoudre par le moyen des formules précédemment établies; nous les empruntons à l'*Algèbre de Bourdon* :

1º *Déterminer le premier terme et le nombre des termes d'une progression par différence dont la raison est* 6, *le dernier terme* 185 *et la somme* 2945. — (Réponse : Premier terme, 5 ; nombre des termes, 31.)

2º *Insérer entre tous les termes de la progression* ÷ 2 . 5 . 8 . 11... *neuf moyens différentiels.* — (Réponse : Raison, 0,3.)

3º *Trouver le nombre d'hommes contenus dans un bataillon triangulaire dont le premier rang est* 1, *le second* 2, *le troisième* 3, *et le* n^{ieme} *est* n; *en d'autres termes trouver la somme des nombres naturels* 1, 2, 3... *depuis* 1 *jusqu'à* n. — (Réponse : $s = \dfrac{n(n+1)}{2}$.)

4º *Trouver la somme de* n *premiers termes de la progression des nombres impairs* 1, 3, 5, 7, 9. — (Réponse : $s = n^2$.)

5º *Un monceau de sable est distant d'une allée d'arbres de* 40 *mètres; elle exige, pour être sablée,* 10 *voitures à* 6 *mètres d'intervalle l'une de l'autre. On demande le chemin que le voiturier doit faire, la première voiture étant déposée à* 40 *mètres du monceau de sable, et la voiture devant à la fin revenir à l'endroit d'où elle est partie.* — (Réponse : 67400 mètres.)

6º *Un fantassin fait* 10 *lieues par jour, un cavalier part en même temps et ne fait que* 3 *lieues le premier jour; mais, chaque jour suivant, il fait* 2 *lieues de plus que le jour précédent. On demande en combien de jours le cavalier atteindra le fantassin, et combien ils auront fait de chemin chacun.* — (Réponse : Nombre de jours, 8 ; chemin, 80 lieues.)

§ II.

Des Progressions par quotient.

285. *On appelle progression par quotient une suite de nombres tels que le quotient du second par le premier est le même que le quotient du troisième par le second, du quatrième par le troisième, et ainsi de suite.* Ainsi les nombres

$$1, 2, 4, 8, 16, \text{etc.}, \qquad 40, 20, 10, 5, \text{etc.},$$

forment des progressions par quotient. La progression est dite *croissante* lorsque les nombres vont en augmentant, et *décroissante* dans le cas contraire.

Pour marquer que des nombres forment une progression par quotient, on se sert de la notation suivante :

$$\div 1 : 2 : 4 : 8 : 16, \text{etc.},$$

que l'on énonce : 1 est 2, comme 2 est à 4, comme 4 est à 8, etc.

286. On appelle *raison d'une progression par quotient le quotient que l'on obtient en divisant un terme par celui qui le précède ou par celui qui le suit.* Quand la raison est prise en divisant un terme par celui qui précède, on dit que *la raison est prise de la première manière;* elle est dite *prise de la seconde manière* quand on la prend en divisant un des termes par celui qui le suit. Il est visible que, quand la progression est croissante, la raison prise de la première manière est plus grande que l'unité, et la raison prise de la seconde manière plus petite que l'unité; c'est le contraire, si la progression est décroissante.

287. Soit la progression

$$\div a : b : c : d, \text{etc.}$$

En appelant r la raison prise de la première manière, et r' la raison prise de la seconde manière, nous aurons

$$r = \frac{b}{a}; \qquad r' = \frac{a}{b}.$$

En multipliant ces deux équations membre à membre, nous aurons

$$rr' = 1; \quad \text{d'où } r = \frac{1}{r'}.$$

On voit donc que la raison prise de la première manière est égale à l'unité divisée par la raison prise de la seconde manière, ou, comme on s'exprime quelquefois, que *ces deux raisons sont réciproques l'une de l'autre.* Nous pouvons donc faire tous nos calculs en supposant la raison prise de la première manière, et si nous voulons ensuite savoir ce qu'ils auraient été en prenant la raison de la seconde manière, il suffira de remplacer r par $\dfrac{1}{r}$.

288. Ces définitions posées, observons, comme nous l'avons fait pour les progressions par différence, que tous les problèmes que l'on peut se proposer sur les progressions par quotient sont renfermés dans cet énoncé : *De ces cinq choses, le premier terme d'une progression par quotient, le dernier, le nombre des termes, la raison et la somme des termes, trois étant données, trouver les deux autres.* Nous allons résoudre ce problème sur la progression générale,

$$\div a \,\vdots\, b \,\vdots\, c \,\vdots\, \ldots\ldots\, k \,\vdots\, l,$$

dans laquelle a sera le premier terme, l le dernier, n le nombre de termes, r la raison prise de la première manière, s la somme des termes.

289. 1º *Supposons qu'on demande le dernier terme, connaissant le premier, la raison et le nombre des termes.* D'après la nature de la progression, le second terme est égal au premier, multiplié par la raison (puisqu'on a $\dfrac{b}{a} = r$, d'où $b = ar$); de même le troisième est égal au second multiplié par la raison, le quatrième est égal au troisième multiplié par la raison, et ainsi de suite; donc le second terme est égal au premier multiplié une fois par la raison, le troisième est égal au premier multiplié deux fois par la raison ou par le carré de la raison, le quatrième est égal au troisième multiplié trois fois par la raison ou par le cube de la raison, et ainsi de suite; le vingtième est égal au premier multiplié dix-neuf fois par la raison ou la dix-neuvième puissance de la raison; enfin le dernier, qui est le $n^{ième}$, est égal au premier multiplié par la raison élevée à la puissance $n - 1$, on a donc la formule

$$l = ar^{n-1},$$

qui nous fait voir que *pour avoir le dernier terme, ou, en général, un terme quelconque, il faut multiplier le premier terme par la rai-*

son élevée à une puissance d'un degré marqué par le nombre de termes qui précèdent celui que l'on veut avoir.

290. La formule précédente ne sert pas seulement à résoudre le problème proposé, mais comme on peut considérer successivement a, r et n comme inconnues, on peut résoudre avec elle trois autres problèmes.

Si on la résout par rapport à a, on aura $a = \dfrac{l}{r^n - 1}$, d'où l'on voit que *pour avoir le premier terme, il faut diviser le dernier par la raison élevée à une puissance marquée par le nombre de termes moins un.*

Si on la résout par rapport à r, ce que nous savons faire (228.), puisque c'est une équation pure du degré $n - 1$, nous aurons

$$r = \sqrt[n-1]{\frac{l}{a}},$$ d'ou l'on voit que *pour avoir la raison, il faut diviser le dernier terme par le premier, et extraire la racine du quotient d'un degré marqué par le nombre de termes moins un.*

Nous ne savons pas encore résoudre l'équation quand c'est n qui est inconnue. L'occasion de résoudre une équation où l'inconnue est en exposant ne s'est pas encore présentée, et nous n'apprendrons à le faire que dans le chapitre suivant.

On fera bien, avant de passer plus loin, d'appliquer les formules précédentes à quelques exemples particuliers.

291. 2° Supposons maintenant qu'*on demande la somme des termes, connaissant le premier terme* a, *le dernier* l, *et la raison* r; voici comment on y parvient. D'après la nature de la progression on a

$$\frac{b}{a} = r, \qquad \text{d'où} \qquad b = ar;$$

$$\frac{c}{b} = r, \qquad \dots \qquad c = br;$$

$$\frac{d}{c} = r, \qquad \dots \qquad d = cr;$$

$$\dots\dots, \qquad \dots \qquad \dots\dots;$$

$$\dots\dots, \qquad \dots \qquad \dots\dots;$$

$$\frac{l}{k} = r, \qquad \dots \qquad l = kr.$$

En additionnant membre à membre ces équations, on a

$$b + c + d + \dots + l = ar + br + cr \dots + kr,$$

ou bien $\quad b + c + d + \dots + l = (a + b + c + \dots + k)r;$

mais le premier membre est la somme des termes de la progression moins le premier, et peut, par conséquent, être remplacé par $s - a$ (en représentant par s la somme des termes); dans le second membre, la quantité entre parenthèses est la somme des termes moins le dernier, et peut être remplacée par $s - l$; alors l'équation devient

$$s - a = (s - l)r.$$

En résolvant cette équation par rapport à s, on trouve

$$s = \frac{lr - a}{r - 1}.$$

Telle est la formule cherchée; elle apprend que pour trouver la somme des termes d'une progression par quotient, connaissant le premier, le dernier et la raison, il faut multiplier le dernier terme par la raison, retrancher du produit le premier terme et diviser par la raison diminuée d'une unité. En l'appliquant à la progression dont le premier terme serait 1, le dernier 32, et la raison 2, on trouverait pour la somme des termes 63.

292. La formule précédente peut servir à résoudre trois autres problèmes, suivant que l'on prend pour inconnue a, l ou r, on trouvera

Pour a.................. $a = lr - s(r - 1)$;

Pour l.................. $l = \dfrac{a + s(r - 1)}{r}$;

Pour r.................. $r = \dfrac{s - a}{s - l}$,

formules qu'il est facile de traduire en langage ordinaire.

293. 3° En réunissant les deux formules

$$l = ar^{n-1}, \qquad s = \frac{lr - a}{r - 1},$$

on voit que ces deux équations renferment ces cinq quantités : le premier terme de la progression, le dernier, la raison, le nombre des termes, et la somme des termes. En supposant trois de ces quantités connues, on aura deux équations à deux inconnues qui pourront servir à faire connaître ces inconnues, et, par conséquent, à résoudre le problème général dont nous avons parlé d'abord. Ce problème, comme pour les progressions par différence, se décom-

pose en dix autres problèmes particuliers, car on peut prendre pour
inconnues :

1° a et l,	6° l et s,
2° a et n,	7° l et r,
3° a et s,	8° n et s,
4° a et r,	9° n et r,
5° l et n,	10° s et r.

Mais nous ne savons, jusqu'ici, résoudre que les cas des n^{os} **1**, **3**,
6 et **10**. Dans les cas n^{os} **2**, **5**, **8** et **9**, l'inconnue est un exposant,
et nous n'apprendrons à résoudre ces équations que dans le chapitre
suivant; les deux autres cas donnent des équations d'un degré trop
élevé pour que nous sachions les résoudre.

Il faut, avant d'aller plus loin, appliquer à des exemples particuliers, dans les cas où l'on sait les résoudre, les formules que nous
venons de trouver.

294. Un des problèmes que l'on a quelquefois besoin de résoudre
est le suivant : *Étant donné deux nombres, insérer entre eux un
nombre déterminé d'autres nombres de manière que l'ensemble fasse
une progression par quotient; c'est ce que l'on appelle insérer entre
deux nombres un certain nombre de moyens proportionnels.* Il est
facile de voir que pour résoudre ce problème, il suffit de trouver la
raison de la progression, connaissant le premier terme, le dernier,
et le nombre de termes, on aura donc recours à la formule trouvée
plus haut pour cela, et qui est

$$r = \sqrt[n-1]{\frac{l}{a}}.$$

on observera seulement que si l'on appelle m le nombre de moyens
proportionnels à insérer, il y aura en tout, dans la progression $m +$
2 termes, par conséquent n égalera $m + 2$, et si l'on met $m + 2$ à
la place de n dans la formule précédente, elle deviendra

$$r = \sqrt[m+1]{\frac{l}{a}}.$$

et l'on énonce ainsi le procédé qui en résulte : *Pour insérer entre
deux nombres un certain nombre de moyens proportionnels, divisez le second par le premier, et extrayez la racine du quotient du*

degré marqué par le nombre de moyens plus un que vous voulez in-
sérer, vous aurez par là la raison de la progression qu'il sera ensuite
facile d'établir. Exemple : soit proposé d'insérer entre 2 et 32 trois
moyens proportionnels, la formule précédente donnera

$$r = \sqrt[5+1]{\frac{32}{2}} = \sqrt[4]{16} = 2.$$

Ainsi, la raison de la progression sera 2, et par conséquent la progression sera $\div$ 2 : 4 : 8 : 16 : 32.

295. *Nota.* — *Si entre le premier et le second terme d'une progres-*
sion par quotient, on insère un certain nombre de moyens propor-
tionnels, puis le même nombre entre le second et le troisième, entre
le troisième et le quatrième, etc...., l'ensemble de tous ces termes
formera une seule progression. En effet, le quotient du second terme
par le premier étant le même que celui du troisième terme par le
second, du quatrième par le troisième, et ainsi de suite, il est facile de voir que la formule précédente donnera toujours la même
valeur de r, et que par conséquent l'ensemble formera une seule
progression. Ainsi, si ayant la progression

$$\div 1 : 8 : 64 : 512,$$

on insère deux moyens proportionnels entre 1 et 8, entre 8 et 64,
entre 64 et 512; on trouvera toujours 2 pour la raison, et l'on aura
la progression

$$\div 1 : 2 : 4 : 8 : 16 : 32 : 64 : 128 : 256 : 512.$$

296. *Les progressions par quotient décroissantes jouissent d'une*
propriété remarquable, c'est que la somme de tous les termes a une
limite qu'elle ne peut pas atteindre tant qu'on prend un nombre fini
de termes, mais dont elle approche d'autant plus que l'on prend un
plus grand nombre de termes. Ainsi, nous disons que la somme des
termes de la progression

$$\div 1 : \frac{1}{2} : \frac{1}{4} : \frac{1}{8} : \text{etc.}$$

a une limite (cette limite est ici 2 comme nous le verrons bientôt),
que jamais cette somme n'atteindra, tant qu'on prendra un nombre
fini de termes, mais dont elle pourra approcher autant qu'on le
voudra, en prenant un nombre suffisant de termes.

Pour démontrer cette proposition, reprenons la formule

$$s = \frac{lr - a}{1 - r} :$$

lorsque la progression est décroissante r est plus petit que **1**, et par conséquent le dénominateur est négatif; pour le rendre positif, on peut changer le signe des deux termes de la fraction, ce qui fait

$$s = \frac{a - lr}{1 - r},$$

ou bien,

$$s = \frac{a}{1 - r} - \frac{lr}{1 - r}.$$

Si l'on remplace l par sa valeur $l = ar^{n-1}$, on aura,

$$s = \frac{a}{1 - r} - \frac{ar^n}{1 - r} = \frac{a}{1 - r} - \frac{a}{1 - r} \times r^n.$$

La somme des termes de la progression se compose, comme on le voit, de deux parties dont la première $\frac{a}{1 - r}$ est invariable, et ne dépend pas du nombre de termes que l'on prend; cette somme est égale à cette partie invariable $\frac{a}{1 - r}$, moins la seconde partie, $\frac{a}{1 - r} \times r^n$. Or, nous disons que cette seconde partie diminue avec le nombre de termes, c'est évident, puisque le facteur r^n est une fraction, et que les puissances d'une fraction sont d'autant plus petites qu'elles sont d'un degré plus élevé; donc, plus n sera grand, c'est-à-dire, plus on prendra de termes, plus $\frac{a}{1 - r} \times r^n$ sera petit, et par conséquent plus la somme approchera d'être égale à $\frac{a}{1 - r}$. Enfin, nous disons que cette quantité $\frac{a}{1 - r} \times r^n$, pourra devenir aussi petite que l'on voudra, car il est évident qu'en multipliant une fraction par elle-même autant de fois qu'on le voudra, on pourra rendre cette fraction aussi petite que l'on voudra, donc r^n pourra devenir aussi petit qu'on voudra, et par conséquent aussi $\frac{a}{1 - r} \times r^n$, car, lorsque dans un produit un facteur peut devenir aussi petit qu'on le voudra, l'autre restant toujours le même, le produit peut aussi devenir aussi petit que l'on voudra, donc la somme des termes de la progression

$$s = \frac{a}{1-r} - \frac{a}{1-r} \times r^n$$

a pour limite $\frac{a}{1-r}$, dont elle pourra approcher autant qu'on le voudra, mais qu'elle n'atteindra jamais tant qu'on ne prendra qu'un nombre fini de termes.

Si l'on supposait que l'on prit un nombre infini de termes, n deviendrait infini, par conséquent, r^n deviendrait aussi petit que possible, c'est-à-dire, égal à zéro, et l'équation précédente se réduirait à

$$s = \frac{a}{1-r},$$

On voit que, pour avoir la somme des termes d'une progression décroissante, prolongée jusqu'à l'infini, il faut diviser le premier terme par l'unité moins la raison prise de la première manière. En cherchant d'après cette règle la somme des termes de la progression

$$\div 1 : \frac{1}{2} : \frac{1}{4} : \frac{1}{8} : \frac{1}{16}, \text{etc.}$$

dans laquelle $a = 1$ et $r = \frac{1}{2}$, on aura $\frac{1}{1-\frac{1}{2}}$, ou bien 2.

297. Donnons une application de cette propriété par la résolution d'un problème : *Deux mobiles* A *et* B *se meuvent sur une même ligne*

A   B   C

et dans le même sens vers C; *au moment du départ les mobiles sont à* 100 *mètres de distance; le mobile* A *va deux fois plus vite que* B, *on demande à quelle distance du point de départ le premier atteindra le second ?*

Solution. — Pour que A atteigne B, il faut d'abord qu'il parcoure les 100 mètres qui l'en séparent, pendant ce temps B parcourra 50 mètres, il faudra donc que A parcoure encore ces 50 mètres; pendant ce second temps B en parcourra 25; il faudra encore que A parcoure ces 25 mètres; pendant ce troisième temps B en parcourra 12 $\frac{1}{2}$ et ainsi de suite jusqu'à l'infini. On voit donc que, pour que A atteigne B, il faudra qu'il parcoure les espaces représentés par les termes de cette progression pris jusqu'à l'infini :

$$\div 100 \; \vdots \; 50 \; \vdots \; 25 \; \vdots \; 12 \tfrac{1}{2}, \text{ etc.};$$

or, en appliquant à cette progression la formule $s = \dfrac{a}{1-r}$, on voit que la somme de termes pris jusqu'à l'infini égale 200. Ainsi, A atteindra B après avoir parcouru 200 mètres, comme il était du reste facile de le voir sans calcul.

298. Nous terminerons cette théorie des progressions par quotient par une proposition importante que l'on énonce comme il suit : *Si, dans une progression par quotient, on fait le produit de deux termes quelconques pris à égales distances du premier et du dernier, ce produit est constant et égal au produit du premier terme par le dernier.* Pour le démontrer, rappelons qu'un terme quelconque est égal au premier terme multiplié par la raison élevée à une puissance d'un degré déterminé par le nombre de termes qui précèdent celui que l'on considère (289.). Ainsi, en appelant x le terme qui en a n avant lui, nous aurons

$$x = ar^n .$$

Remarquons de plus qu'on peut considérer un terme comme formé de celui qui le suit divisé par la raison. On pourra donc dire que l'avant-dernier terme est égal au dernier divisé par la raison, que celui qui précède l'avant-dernier est égal à celui-ci divisé deux fois par la raison ou par le carré de la raison, et qu'en général, en appelant y le terme qui en a n après lui, et, en appelant toujours l le dernier terme, on aura $\quad y = \dfrac{l}{r^n}.$

En multipliant cette équation par la précédente, on tirera

$$xy = al ,$$

ce qui prouve la proposition à démontrer.

299. C'est par le moyen des progressions par quotient qu'on résout les problèmes relatifs aux *intérêts composés* et aux *annuités*, dont nous allons nous occuper.

300. PROBLÈME RELATIF AUX INTÉRÊTS COMPOSÉS. — *On demande quelle somme produira au bout d'un certain nombre d'années, une somme placée à un taux déterminé en capitalisant les intérêts, c'est-*

à-dire, en réunissant à la fin de chaque année les intérêts au capital afin de leur faire porter intérêt les années suivantes.

Solution. — Soit s la somme placée, t le taux de l'intérêt qui
sera une fraction (0,05 , par exemple, si l'intérêt est à 5 pour cent),
n le nombre d'années, et s la somme à percevoir après n années.
Il est clair que pour savoir ce à quoi on aura droit à la fin d'une
année, il faut multiplier par $1 + t$ la somme qui était due au commencement de cette même année, c'est-à-dire, prendre cette somme
1 fois plus $\frac{4}{80}$ de fois, par exemple, si t vaut $\frac{4}{20}$ ou 0,05. Cela posé,
puisqu'au commencement de la première année, on prête s, à la
fin de la première année on aura droit à $s(1 + t)$; à la fin de la
seconde année on aura droit à $s(1 + t)(1 + t)$ ou $s(1 + t)^2$; à la
fin de la troisième année on aura droit à $s(1 + t)^3$, et ainsi de
suite ; enfin, à la fin de la $n^{ième}$ année on aura

$$S = s(1 + t)^n.$$

Telle est la formule qui donne la somme que rapportera au bout de
n années la somme s placée au taux t en capitalisant les intérêts.

On peut, du reste, résoudre au moyen de cette formule, les
trois autres problèmes suivants :

*Quelle somme faut-il placer aux intérêts composés pour recevoir
après* n *années, une somme égale à* S, *le taux de l'intérêt étant représenté par* t ?

A quel taux d'intérêt composé faut-il placer une somme s *pour recevoir une autre somme* S *après* n *années ?*

*Pendant combien d'années faudra-t-il laisser à l'intérêt composé
une somme* s *pour recevoir une autre somme* S, *le taux de l'intérêt
étant représenté par* t ?

Pour résoudre ces trois problèmes, il suffira évidemment de considérer successivement comme inconnues s, t et n, dans la formule
précédente.

En la résolvant par rapport à s, on trouve $s = \dfrac{S}{(1 + t)^n}$.

En la résolvant, par rapport à t, ce qui se fait en divisant les
deux membres par s, et en extrayant les racines $n^{ièmes}$ des deux
membres, on trouve $t = \sqrt[n]{\dfrac{S}{s}} - 1$.

Nous ne savons pas encore résoudre l'équation par rapport à n,
nous apprendrons à le faire dans le chapitre suivant. Nous laissons

du reste au lecteur le soin d'énoncer en langage ordinaire les trois formules précédentes, et à en faire l'application à des cas particuliers.

301. PROBLÈME DES ANNUITÉS. — Ce problème a pour but de déterminer : — 1° *Quelle somme il faut payer pendant un certain nombre d'années, et à la fin de chaque année, pour éteindre une dette d'une valeur déterminée ;* — 2° *Quelle somme il faut placer pendant un certain nombre d'années, et au commencement de chaque année, pour recevoir à la fin de la dernière une somme déterminée.* Nous allons traiter successivement les deux cas que présente ce problème.

PREMIER CAS. Appelons A la somme due, *a* l'annuité, ou la somme que l'on doit payer à la fin de chaque année, *t* le taux de l'intérêt et *n* le nombre des annuités que l'on doit payer.

D'après ce que nous avons dit dans le n° 300, la somme A que l'on doit au commencement de la première année deviendra un bout de *n* années.

$$A(1 + t)^n.$$

Il faudra donc qu'au bout de *n* années le débiteur ait payé au créancier l'équivalent de $A(1 + t)^n$. Cela posé, le débiteur payant à la fin de la première année l'annuité *a*, cette annuité restera $n - 1$ années entre les mains du créancier, et par conséquent représentera, à la fin de la dernière année et en en comptant les intérêts composés, une somme égale à $a(1 + t)^{n-1}$; on trouvera de même ce que devient à la fin de la dernière année chaque annuité, comme l'indique le tableau suivant :

Pour la première annuité................... $a(1 + t)^{n-1}$;

Pour la seconde............................. $a(1 + t)^{n-2}$;

Pour la troisième........................... $a(1 + t)^{n-5}$;

....

....

Pour l'avant-dernière....................... $a(1 + t)$;

Pour la dernière............................ $a.$

Or, en remontant de la dernière de ces quantités à la première, on trouve qu'elles forment une progression par quotient dont le premier terme est *a*, le dernier terme $a(1 + t)^{n-1}$, et la raison $1 + t$. Si nous en cherchons la somme par la formule du n° 291., nous trouverons, $\dfrac{a(1 + t)^n - a}{t}$, et, pour que le débiteur ait payé sa dette, il faudra que cette somme soit égale à $A(1 + t)^n$; nous aurons donc l'équation

$$\frac{a(1+t)^n - a}{t} = A(1 + t)^n,$$

d'où nous tirons, $\qquad a = \frac{At(1+t)^n}{(1+t)^n - 1}.$

Telle est la formule qui donne l'annuité demandée.

Deuxième cas. Appelons A, la somme que l'on veut recevoir à la fin de n années; a, l'annuité ou la somme que l'on doit payer, pour y avoir droit, au commencement de chaque année, et t le taux de l'intérêt.

Cela posé, un raisonnement tout semblable à celui que nous avons fait pour résoudre le premier cas, nous fera voir qu'à la fin de la $n^{ième}$ année, la somme des annuités augmentée des intérêts composés qu'elles ont dû produire est représentée par $\frac{a(1+t)^{n+1} - a(1+t)}{t}$

Or, cette somme doit être égale à A, nous aurons donc l'équation

$$\frac{a(1+t)^{n+1} - a(1+t)}{t} = A,$$

d'où nous tirons, $\qquad a = \frac{At}{(1+t)^{n+1} - (1+t)}.$

Telle est la formule qui donne la somme à payer au commencement de chaque année pour avoir le droit de recevoir après n années, la somme A.

Il est clair, du reste, que cette formule, comme celle donnée pour calculer le premier cas du problème des annuités, pourrait servir à résoudre trois autres problèmes dont il est très-facile de faire l'énoncé.

Nous renvoyons à la fin du chapitre suivant la résolution de quelques problèmes numériques qui se résolvent par les progressions par quotient, parce qu'ils se calculent beaucoup plus facilement au moyen des logarithmes.

302. **Résumé.** — Nous avons traité successivement, dans ce chapitre, des progressions par différence et des progressions par quotient.

I. *Des progressions par différence.* — Tout ce que nous avons dit des progressions par différence, peut se résumer comme il suit :

1° Nous avons défini la *progression par différence* et ses deux espèces, indiqué comment on l'écrit, défini ce qu'on appelle *raison de la progression prise de la première manière, raison de la progression prise de la seconde manière*, et indiqué le rapport entre l'une et l'autre.

2° Nous avons résolu ces deux problèmes : *Étant donnés le premier terme d'une progression par différence, la raison et le nombre de termes, trouver l'expression du dernier terme.* — *Étant donnés le premier terme d'une progression par différence, le dernier et le nombre de termes, trouver la somme de tous les termes.* Chacune des formules auxquelles nous sommes arrivés, en résolvant ces deux problèmes, nous a donné le moyen d'en résoudre trois autres, et les deux réunies nous ont donné le moyen de résoudre les dix problèmes renfermés dans cet énoncé général : *Étant données trois de ces cinq choses, le premier terme d'une progression par différence, le dernier, la raison, le nombre de termes et la somme des termes, trouver les deux autres.*

3° Parmi ces différents problèmes, nous avons remarqué celui qui consiste à trouver la raison quand on connaît le premier terme, le dernier et le nombre des termes; problème dont la résolution nous donne le moyen *d'insérer entre deux nombres donnés un certain nombre de moyens différentiels;* et nous avons vu que, si l'on insère entre le premier terme d'une progression par différence et le second, entre le second et le troisième, entre le troisième et le quatrième, etc., etc., un même nombre de moyens différentiels, l'ensemble de toutes les progressions que l'on obtient forme une seule progression.

4° Enfin, nous avons fait connaître la propriété des progressions par différence en vertu de laquelle *la somme de deux termes pris à égale distance du premier et du dernier terme est constante, et égale à la somme du premier et du dernier,* et nous avons proposé, en terminant, quelques problèmes à résoudre.

II. *Des progressions par quotient.* — Tout ce que nous avons dit des progressions par quotient peut aussi se résumer comme il suit :

1° Nous avons défini la *progression par quotient* et ses deux espèces, indiqué comment on l'écrit, défini ce qu'on appelle *raison de la progression prise de la première manière, raison prise de la seconde manière,* et indiqué le rapport entre l'une et l'autre.

2° Nous avons résolu ces deux problèmes : *Étant donnés le premier terme d'une progression par quotient, la raison et le nombre des termes, trouver l'expression du dernier terme.* — *Étant donnés le premier terme d'une progression par quotient, la raison et le dernier terme, trouver la somme des termes.* Chacune des formules auxquelles nous sommes arrivés en résolvant ces deux problèmes, nous a donné le moyen d'en résoudre trois autres, et les deux réunies nous ont donné le moyen de résoudre les dix problèmes renfermés dans cet énoncé général : *Étant donné trois de ces cinq choses, le premier terme d'une progression par quotient, le dernier, la raison, le nombre de termes et la somme des termes, trouver les deux autres.* Nous avons observé toutefois que la résolution de quelques-uns de ces problèmes dépend d'équations que nous ne savons pas encore résoudre.

3° Parmi ces différents problèmes nous avons remarqué celui qui consiste à trouver la raison quand on connaît le premier terme, le dernier et le nombre des termes, problème dont la résolution nous donne le moyen d'*insérer un certain nombre de moyens proportionnels entre deux nombres donnés*, et nous avons vu que si on insère un même nombre de moyens proportionnels entre les premiers termes d'une progression par quotient et le second, entre le second et le troisième, entre le troisième et le quatrième, etc.; l'ensemble de toutes les progressions que l'on obtient ainsi, forme une seule progression.

4° Nous avons fait connaître la propriété d'une proportion décroissante par quotient, d'avoir une limite pour la somme des termes qui la composent. Nous avons déterminé cette limite, et nous avons appliqué cette propriété à la résolution d'un problème.

5° Enfin, nous avons fait connaître la propriété des progressions par quotient en vertu de laquelle le produit de deux termes pris à égale distance du premier et du dernier est constant, et égal au produit du premier et du dernier, et nous avons appliqué la théorie de ces progressions à la résolution du problème des intérêts composés et à celui des annuités.

CHAPITRE XI.

DES LOGARITHMES.

303. On appelle *logarithme d'un nombre l'exposant de la puissance à laquelle il faut élever un autre nombre déterminé pour retrouver le premier.* Ainsi, si entre les trois nombres x, y, a, on a l'équation $y = a^x$, x sera dit le logarithme de y, parce qu'en élevant a à la puissance x, on obtient y.

Ce nombre qui, élevé à une puissance déterminée, reproduit l'autre nombre donné, s'appelle *base du logarithme.* Ainsi, dans l'équation précédente, a est la base du logarithme x.

On appelle *système de logarithmes* une suite de logarithmes tous pris avec la même base.

304. Les logarithmes pris avec une même base jouissent de propriétés très-remarquables qui les rendent excessivement utiles pour simplifier les calculs. Nous allons exposer ces propriétés :

1° *Le logarithme d'un produit est égal à la somme des logarithmes des facteurs.* En effet, soient trois nombres, par exemple, y, y', y'', dont les logarithmes pris avec la même base a soient x, x', x'', nous aurons

$$ y = a^x, \qquad y' = a^{x'}, \qquad y'' = a^{x''}. $$

Et, en multipliant membre à membre ces trois équations, nous aurons

$$y \, y' \, y'' = a^{x + x' + x''},$$

équation qui fait voir que le logarithme du produit $y \, y' \, y''$ est la somme des logarithmes des facteurs.

2° *Le logarithme d'un quotient est égal au logarithme du dividende, moins celui du diviseur.* Soient, en effet, les équations

$$y = a^x, \qquad y = a^{x'}.$$

En divisant membre à membre ces deux équations, nous en tirerons

$$\frac{y}{y'} = a^{x - x'},$$

ce qui démontre notre proposition.

3° *Une puissance déterminée d'un nombre a pour logarithme le logarithme de ce nombre multiplié par le degré de la puissance.* Soit l'équation

$$y = a^x.$$

En élevant les deux membres à la puissance m, nous aurons (237.)

$$y^m = a^{xm}$$

ce qui fait voir que le logarithme de y^m est le logarithme de y multiplié par m.

4° *Enfin, le logarithme d'une racine déterminée d'un nombre est égal au logarithme de ce nombre divisé par le degré de la racine :* car, en reprenant l'équation

$$y = a^x,$$

et en extrayant la racine $m^{ième}$ des deux membres, nous aurons (239.)

$$\sqrt[m]{y} = a^{\frac{x}{m}}.$$

305. Des quatre premières propriétés que nous venons d'exposer résultent autant de procédés pour abréger les multiplications, les divisions, les élévations aux puissances et les extractions des racines. Nous allons les énoncer ; mais pour en faire tout d'un coup l'application, construisons une petite table de logarithmes. En supposant, pour plus de simplicité, la base égale à 2, l'équation qui donne le nombre en fonction du logarithme sera $y = 2^x$; et, en faisant suc-

cessivement x égal à 1, 2, 3, etc., on trouvera qu'aux logarithmes renfermés dans la première des deux lignes qui suivent, correspondent les nombres renfermés dans la seconde :

Log.... 1, 2, 3, 4, 5, 6, 7, 8, 9, 10, 11, 12.
Nomb. 2, 4, 8, 16, 32, 64, 128, 256, 512, 1024, 2048, 4096.

Ceci posé, voici les procédés dont nous avons parlé, et que l'on déduit des propriétés précédentes :

1° *Pour multiplier plusieurs nombres entre eux, faites l'addition de leurs logarithmes : la somme sera le logarithme de leur produit;* et, par conséquent, vous aurez le produit en prenant le nombre correspondant à ce logarithme. Ainsi, pour multiplier 32 par 64, on prend leurs logarithmes qui sont 5 et 6; la somme 11 est le logarithme du produit, par conséquent, le produit est 2048.

2° *Pour diviser deux nombres l'un par l'autre, retranchez le logarithme du diviseur de celui du dividende, le reste donnera le logarithme du quotient;* et, par conséquent, vous aurez le quotient en prenant le nombre correspondant à ce logarithme. Ainsi, pour diviser 4096 par 128, on prend leurs logarithmes qui sont 12 et 7; la différence 5 est le logarithme du quotient, lequel quotient est, par conséquent, 32.

3° *Pour élever un nombre à une puissance déterminée, prenez le logarithme de ce nombre, multipliez-le par le degré de la puissance, et vous aurez le logarithme de la puissance demandée.* Ainsi, pour élever 16 au cube, on prend son logarithme 4, on le multiplie par 3, degré de la puissance, et l'on a 12; tel est le logarithme du nombre demandé qui, par conséquent, est 4096.

4° *Enfin, pour extraire une racine déterminée d'un nombre, divisez le logarithme de ce nombre par le degré de la racine, et vous aurez le logarithme de la racine demandée.* Ainsi, pour extraire la racine quatrième de 4096, on divise le logarithme 12 de 4096 par 4, et l'on 3; tel est le logarithme de la racine quatrième de 4096, qui, par conséquent, est 8.

306. Si l'on se rappelle dans quelles longueurs de calcul entraînent bien souvent les multiplications, les divisions, mais particulièrement les élévations aux puissances, et bien plus encore les extractions des racines (et ces dernières sont réellement impraticables à cause de leur longueur par les procédés de l'Arithmétique, dès que le degré de la racine est tant soit peu élevé), on verra quel

immense avantage il y aurait à former des tables dans lesquelles on trouverait la suite des nombres à partir de l'unité et les logarithmes correspondants à chacun d'eux.

307. Ces tables existent, et l'on a calculé celles dont on se sert ordinairement en prenant pour base le nombre 10. Leur formation dépend, comme on le voit, de la résolution par rapport à x de l'équation $y = 10^x$; car, si on obtenait x en fonction de y, c'est-à-dire si on résolvait cette équation par rapport à x, en donnant successivement à y les valeurs 1, 2, 3, 4, 5, etc., on aurait, en calculant la valeur de x, les logarithmes des nombres 1, 2, 3, 4, 5, etc. Mais nous ne pouvons exposer ici les procédés que l'on a employés pour résoudre, par rapport à x, l'équation $y = 10^x$; nous n'avons pas acquis assez de connaissances en mathématiques.

308. Dans l'impossibilité de résoudre cette équation, nous allons au moins la discuter pour faire connaître quelques-unes des particularités qu'elle présente.

Si nous faisons $x = 0$, nous trouverons $y = 1$, puisque $10^0 = 1$, d'après ce que nous avons vu n° 260. Ainsi, le logarithme de l'unité est 0.

Si nous faisons successivement x égal à 1, 2, 3, 4, 5, etc., nous trouverons pour y, 10, 100, 1000, 10000, 100000, etc. Ainsi, tous les nombres compris entre 1 et 10, c'est-à-dire, tous les nombres d'un chiffre ont leurs logarithmes compris entre 0 et 1; tous les nombres compris entre 10 et 100, c'est-à-dire tous les nombres de deux chiffres (10 excepté), ont leurs logarithmes compris entre 1 et 2; de même, tous les nombres compris entre 100 et 1000, c'est-à-dire tous les nombres de trois chiffres (100 excepté) ont leurs logarithmes compris entre 2 et 3. Ainsi, tous les nombres différents de 1, 10, 100, 1000, etc., ont pour logarithmes des nombres fractionnaires. (Nous avons vu n° 262 ce que signifient des exposants fractionnaires.) (a)

Si nous supposons x négatif (n'oublions pas ce que signifie un exposant négatif (261.), dès-lors y devient une fraction, car l'équation $y = 10^x$ se change en $y = \dfrac{1}{10^x}$, et si l'on suppose que x

---

(a) Il serait plus exact de dire que ces logarithmes sont des nombres incommensurables, car on pourrait facilement prouver, d'après ce que nous avons vu dans l'Arithmétique n. 189, qu'en élevant 10 à une puissance fractionnaire, on n'aurait jamais un nombre entier. Il suit de cette observation que, dans les tables de logarithmes, on n'a pas à proprement parler les logarithmes des nombres, mais seulement les premières décimales qui entreraient dans le développement de ces logarithmes, ce qui suffit pour l'exactitude des calculs ordinaires.

vaille -1, -2, -3, -4, etc., on trouvera pour y, $\frac{1}{10}$, $\frac{1}{100}$, $\frac{1}{1000}$, $\frac{1}{10000}$, etc.

Plus la valeur numérique de x négatif sera grande, plus celle de y deviendra petite; cependant, tant que x aura une valeur finie, y sera plus grand que 0; mais si l'on supposait x infini, alors la fraction $\frac{1}{10^\infty}$ serait plus petite que toute quantité assignable, et serait, par conséquent, zéro. C'est ce qu'on exprime en disant que le logarithme de zéro est l'infini négatif.

En résumant toute cette discussion, nous aurons :

$$
\begin{aligned}
\text{log. de } 10000 &= 4 \\
1000 &= 3 \\
100 &= 2 \\
10 &= 1 \\
1 &= 0 \\
0,1 &= -1 \\
0,01 &= -2 \\
0,001 &= -3 \\
0,0001 &= -4 \\
\dots\dots\dots\dots & \\
0 &= -\infty
\end{aligned}
$$

309. Nous venons de dire que le logarithme d'une fraction est toujours négatif. Ainsi, au moyen des tables dressées pour cela, on trouve que le logarithme de $\frac{3}{400}$, par exemple, est $-2,1249387$. Ordinairement, et pour plus de facilité dans le calcul, on ne laisse que la partie entière du logarithme sous l'influence du signe $-$, et la partie fractionnaire devient positive. Pour cela, on ajoute une unité à la partie entière, et on prend le complément à l'unité (a)

(a) On appelle *complément arithmétique d'un nombre* ce qui manque à ce nombre pour valoir une unité de l'ordre immédiatement supérieur à ses plus fortes unités : ainsi le complément arithmétique de 3724 est 6276. *Il est visible que ce complément arithmétique se trouve en retranchant chaque chiffre du nombre proposé de 9 et le dernier de* 10, puisqu'on a à soustraire 3724 de 10000. Le complément arithmétique d'une fraction est ce qui lui manque pour faire une unité. Il est visible que quand cette fraction est décimale, on en trouve le complément comme pour les nombres entiers. Ainsi, pour avoir le complément de 0,3372, il faut retrancher cette fraction de 1, ce qui évidemment se fera en retranchant tous les chiffres de 9 et le dernier de 10. On se sert des compléments arithmétiques pour changer les soustractions en additions comme nous le verrons plus tard.

de la partie décimale, ce qui se fait en retranchant tous les chiffres de cette partie décimale de 9 et le dernier de 10. Ainsi, le logarithme précédent prendra la forme — 3 + 0,8750613; et ce procédé est légitime, car le logarithme — 2,1249387 peut, en ajoutant et retranchant une unité, se mettre sous la forme — 2 — 1 + 1 — 0,1249387; or — 2 — 1 se réduit à — 3, et + 1 — 0,1249387 revient à 0,8750613.

Souvent, au lieu d'écrire le logarithme d'une fraction comme nous venons de le faire, on l'écrit comme il suit : $\overline{3}$,8750613. Le signe —, mis au-dessus de 3, indique que ce signe ne tombe que sur la partie entière du logarithme; ou bien encore on écrit :—3.8750613.

310. D'après les petits calculs que nous avons déjà faits au moyen des logarithmes, on voit que toutes les fois qu'on a un semblable calcul à faire, il faut 1° chercher les logarithmes correspondants à certains nombres; 2° combiner ces logarithmes de certaines manières, ce qui conduit au logarithme d'un nombre que l'on cherche; 3° chercher ce nombre correspondant au logarithme trouvé. Il se présente donc ici deux questions bien importantes : 1° *un nombre étant donné, trouver au moyen des tables son logarithme;* 2° *un logarithme étant donné, trouver le nombre qui lui correspond.*

311. Avant de chercher à résoudre ces deux questions, nous avons encore à faire quelques observations sur les logarithmes :

1° Un logarithme se compose en général d'une partie entière et d'une partie fractionnaire : la partie entière porte le nom de *caractéristique.*

2° Quand on multiplie un nombre par 10, 100, 1000, etc., on ne change rien à la partie décimale de son logarithme, mais seulement on augmente le caractéristique de 1, 2, 3, etc., unités. En effet, les logarithmes de 10, 100, 1000, etc., sont, 1, 2, 3, etc.; de plus, nous avons vu (304-1°.) que multiplier un nombre par un autre, revient à augmenter son logarithme de celui de cet autre, de sorte que le multiplier par 10, 100, 1000, etc., c'est ajouter à son logarithme 1, 2, 3, etc., unités; or, il est évident que cette addition n'affectera en rien la partie décimale, mais augmentera seulement la caractéristique. On verrait de même qu'en divisant un nombre par 10, 100, 1000, etc., ce qui revient à diminuer son logarithme de 1, 2, 3, etc. unités, on ne modifie en rien la partie décimale mais seulement la partie entière. Donc, *tous les nombres qui sont composés des mêmes chiffres disposés dans le même ordre, ont la même partie décimale quel que soit le rang qu'occupent ces chiffres relativement aux unités simples.* Ainsi, les logarithmes des nombres 37500, 3750, 375, 37,5, 3,75, 0,375, 0,0375, etc., ont tous la même partie décimale, on voit en effet par les tables que,

$$\text{log. } 37500 \quad = 4,5740313$$
$$\text{log. } 3750 \quad = 3,5740313$$
$$\text{log. } 375 \quad = 2,5740313$$
$$\text{log. } 37,5 \quad = 1,5740313$$
$$\text{log. } 3,75 \quad = 0,5740313$$
$$\text{log. } 0,375 \quad = \overline{1},5740313$$
$$\text{log. } 0,0375 = \overline{2},5740313.$$

Ce que nous venons de dire suppose toutefois que les logarithmes des fractions sont mis sous la forme indiquée n° 309, dans laquelle la partie entière seulement est négative.

3° Il suit de ce que nous venons de dire, que les deux parties des logarithmes jouent un rôle bien différent : c'est la partie fractionnaire qui déterminera de quels chiffres sera composé le nombre correspondant à un logarithme donné, et dans quel ordre ils se succèderont ; et c'est la caractéristique qui indiquera quel est le rang occupé par ces chiffres relativement aux unités simples. Si l'on reporte ses yeux sur le tableau du n° 308, on verra que les nombres dont le chiffre de l'ordre le plus élevé exprime des unités simples a zéro pour caractéristique ; que celui dont ce même chiffre exprime des dizaines à 1 pour caractéristique ; que celui dont il exprime des centaines a 2 pour caractéristique, et ainsi de suite ; et pour les fractions décimales, la caractéristique sera — 1, — 2, — 3, etc., suivant que le chiffre de l'ordre le plus élevé exprimera des dixièmes, des centièmes, des millièmes, etc. D'où la règle suivante : *Comptez combien il y a d'intervalles depuis les unités simples jusqu'aux unités de l'ordre le plus élevé, et il y aura autant d'unités dans la caractéristique que d'intervalles.* La caractéristique sera du reste positive ou négative, suivant que le nombre sera plus grand ou plus petit que l'unité.

312. Ce qui précède étant bien compris, nous allons nous occuper de résoudre les deux problèmes proposés.

313. Premier problème. — *Un nombre étant donné, trouver au moyen des tables son logarithme.* Ce problème présente plusieurs cas, suivant que le nombre donné se trouve dans les tables, ou ne s'y trouve pas, suivant qu'il est entier, fraction ou fractionnaire.

Nota. — Les tables les plus étendues que l'on ait sont celles de Callet, et renferment les logarithmes des nombres depuis 1 jusqu'à 108000. Il serait bon d'avoir au moins les petites tables de Lalande qui vont seulement jusqu'à 10000. Ces tables de Lalande sont calculées avec 5 décimales seulement, et c'est ce qui nous a engagé à faire plusieurs des calculs qui vont suivre, en ne prenant pour les logarithmes que 5 décimales. Nous ne nous sommes cependant pas toujours assujettis à cette loi, et nous avons souvent pris les logarithmes dans des tables calculées avec 7 décimales.

314. Premier cas. *Si le nombre donné est compris dans les tables,* il n'y a aucune difficulté puisque son logarithme est vis-à-vis.

315. Deuxième cas. *Si le nombre donné est entier et plus fort que celui qui se trouve dans les tables,* on peut encore trouver son logarithme au moyen des tables. Exposons sur un exemple le procédé que l'on suit pour cela.

Soit proposé de trouver le logarithme du nombre 37397. (Nous supposerons que nous avons seulement des tables qui vont jusqu'à 10000). Observons que ce qui embarrasse, c'est de trouver la partie décimale de ce logarithme et non pas la caractéristique, car nous savons d'après la règle donnée plus haut (311.), que cette caractéristique est 4. Pour trouver la partie décimale, divisons le nombre proposé par 10; nous aurons 3739,7, lequel nombre doit avoir à son logarithme la même partie décimale que le nombre proposé (311.). Or, le nombre 3739,7 est entre 3739 et 3740; si nous cherchons dans les tables les logarithmes de 3739 et 3740, nous trouverons 3,57276 et 3,57287; la différence entre ces deux logarithmes est de 11 cent-millièmes ou 11 unités du dernier ordre. Cela posé établissons la proportion : *Si, pour une unité de différence entre les deux nombres 3739 et 3740, on trouve 11 cent-millièmes de différence entre les logarithmes, quelle différence y aura-t-il entre les logarithmes pour la différence de 0,7 qui existe entre les nombres 3739 et 3739,7 ?*

$$1 : 11 :: 0,7 : x = 7,7.$$

Ainsi la différence entre les logarithmes des nombres 3739 et 3739,7 est de 7 unités et 7 dixièmes d'unités du dernier ordre, ou, en substituant 8 unités à 7,7 (ARITH. 127.), cette différence est de 8 unités du dernier ordre ; ainsi, on trouvera le logarithme de 3739,7 en ajoutant 8 unités du dernier ordre à celui de 3739, ce qui donnera 3,57284, pour le logarithme de 3739,7 et par conséquent 4,57284, pour logarithme de 37397.

Si l'on a bien compris le procédé que nous venons de suivre, on verra qu'il peut se formuler comme il suit : *Pour trouver le logarithme d'un nombre plus fort que ceux compris dans les tables, retranchez par une virgule assez de chiffres pour que la partie qui précède la virgule soit comprise dans les tables, vous aurez alors un nombre décimal compris entre deux nombres des tables. Prenez la différence des logarithmes de ces nombres, et établissez la proportion : Si pour une unité de différence entre les deux nombres, il y a telle différence entre les logarithmes, quelle différence y aura-t-il entre les logarithmes pour telle différence entre le plus faible des deux nombres et le nombre décimal dont-il s'agit ?* En résolvant cette proportion on trouvera ce qu'il faut ajouter au logarithme du nombre le plus faible pour en faire le logarithme du nombre décimal ; un changement convenable fait à la caractéristique donnera le logarithme du nombre proposé. Donnons encore un exemple :

Soit proposé de trouver le logarithme du nombre 21337. Séparant le dernier chiffre on a 2133,7, nombre compris entre 2133 et 2134 ; les tables donnent :

$$\log. 2134\ldots\ldots = 3,32919$$
$$\log. 2133\ldots\ldots = 3,32899$$
$$\text{Différence}\ldots\ldots = \quad 20$$

Proportion à établir : $1 : 20 :: 0,7 : x = 14$.

Ainsi, le logarithme de 2133,7 est plus fort que celui de 2133 de 14 unités du dernier ordre, donc : log. 2133,7 = 3,32913 ; donc enfin, log. 21337 = 4,32913.

Nous engageons à faire quelques calculs semblables avant d'aller plus loin.

316. TROISIÈME CAS. *Si le nombre donné est une fraction vulgaire,* d'après ce que nous avons vu (304-2º.), *son logarithme se trouve en retranchant le logarithme du dénominateur de celui du numérateur,* ce qui donne toujours un logarithme négatif. Ainsi, pour avoir le logarithme de $\frac{21}{71}$, on prend le logarithme de 21 qui est 1,32222, celui de 71 qui est 1,85126 ; et, en retranchant le second du premier,

on trouve le logarithme négatif $1,32222 - 1,85126$, qui revient à $- 0,52904$.

Nous avons déjà dit (309.) que les logarithmes des fractions ne s'emploient pas ordinairement sous cette forme, mais qu'on laisse seulement la caractéristique sous l'influence du signe —. En appliquant le procédé que nous avons donné pour cela au cas présent, on trouve que le logarithme de $\frac{21}{71}$ est $\overline{1},47096$.

Lorsqu'on veut trouver tout d'un coup sous cette dernière forme le logarithme de la fraction proposée, on peut y arriver plus simplement, et voici le procédé que l'on suit : on *ajoute au logarithme du numérateur assez d'unités pour pouvoir en retrancher celui du dénominateur, puis on donne au reste une caractéristique négative égale au nombre dont on a augmenté le logarithme du numérateur.* Ainsi, pour avoir le logarithme de $\frac{21}{71}$, on augmente le logarithme du numérateur d'une unité, et l'on a pour le logarithme du numérateur ainsi modifié, $2,32222$. En en retranchant le logarithme de 71, qui est $1,85126$, on trouve $0,47096$, puis en en retranchant 1 unité, on a $\overline{1},47096$. De même, pour avoir le logarithme de $\frac{11}{546}$, on prend le logarithme de 11, il est $1,04139$; on prend celui de 546, il est $2,73719$; on ajoute 2 unités au premier pour pouvoir faire la soustraction ; l'on a ainsi $3,04139 - 2,73719$, ou $0,30420$; et, en retranchant 2 de ce reste, c'est-à-dire, en lui donnant la caractéristique $- 2$, on trouve que le logarithme de $\frac{11}{546}$ est $\overline{2},30420$.

Si la fraction dont il faut trouver le logarithme était une fraction décimale, on supprimerait la virgule, on chercherait le logarithme du nombre entier qui résulterait de cette suppression, la partie décimale du logarithme trouvé serait celle du logarithme de la fraction, on trouverait la caractéristique d'après la règle du n° 311-3°, c'est-a-dire qu'on la prendrait négative et égale à autant d'unités qu'il y aurait d'intervalles entre le zéro qui précède la virgule et les unités de l'ordre le plus élevé dans la fraction décimale donnée. Ainsi, pour avoir le logarithme de $0,0591$, on cherche le logarithme de 591, il est $2,77159$; donc, le logarithme de $0,0591$ est $\overline{2},77159$.

317. QUATRIÈME CAS. *Si le nombre donné était fractionnaire,* c'est-à-dire, composé d'une partie entière et d'une fraction ordinaire, on *convertirait le tout en fraction, puis on retrancherait le logarithme du dénominateur de celui du numérateur.* Ainsi, soit le

nombre $23 + \frac{7}{8}$, en convertissant tout en fraction on aura $\frac{191}{8}$. On cherche le logarithme de 8 qui est 0,90309, celui de 191 qui est 2,28103 et l'on retranche le premier du second, ce qui donne 1,37794 pour le logarithme de $23 + \frac{7}{8}$.

Cependant, *si la partie entière du nombre fractionnaire donné était considérable et tombait entre deux des nombres des tables, il vaudrait mieux employer la méthode d'intercalation donnée pour le second cas.* Expliquons ceci par un exemple. Soit à trouver le logarithme de $6891 + \frac{11}{15}$: ce nombre tombe entre 6891 et 6892 et les tables donnent :

$$\text{log.} \quad 6891 = 3,83828$$
$$\text{log.} \quad 6892 = 3,83835$$
$$\text{différence} = \quad 7$$

On établit la proportion : *Si pour 1 de différence entre les nombres, il y a 7 cent-millièmes de différence entre les logarithmes, quelle différence y aura-t-il dans les logarithmes pour $\frac{11}{15}$ de différence entre les nombres?*

$$1 : 7 :: \tfrac{11}{15} : x \qquad \text{d'où } x = 5 \text{ à très-peu près.}$$

Ainsi, la différence entre le logarithme de $6891\frac{11}{15}$ et celui de 6891 est de 5 cent-millièmes, à très-peu près, et, par conséquent, le logarithme de $6891\frac{11}{15}$ est 3,83833.

Si le nombre fractionnaire donné était composé d'une partie entière et d'une partie décimale, il est clair, d'après le n° 311, qu'on pourrait supprimer la virgule et chercher le logarithme du nombre entier qui en résulterait, puis on donnerait à ce logarithme la caractéristique qui lui conviendrait d'après la règle du n° 311. Ainsi, soit proposé de trouver le logarithme de 67,09 : on cherche le logarithme de 6709, il est 3,82666; donc le logarithme de 67,09 est 1,82666.

318. *Nota.* — Avant de passer à la résolution du second problème proposé, nous avons à faire quelques remarques sur le procédé d'intercalation que nous avons suivi dans la résolution du second cas du problème précédent :

1° En revenant sur le calcul que nous avons fait pour trouver le logarithme d'un nombre compris entre deux nombres consécutifs des tables, on voit qu'en dernier résultat ce calcul se réduit à chercher la différence entre deux logarithmes et à prendre 1 ou 2, ou 3, etc, dixièmes ou centièmes de cette différence, pour les ajouter aux plus petits logarithmes. Or, *dans certaines tables*, ce calcul se trouve tout fait pour ainsi dire, car elles donnent les différences des logarithmes consécutifs, et elles donnent aussi le dixième, les deux, les trois, etc., dixièmes de cette différence, d'où il est bien facile de conclure le centième, les deux, les trois, etc., centièmes. Ainsi, par exemple, vis-à-vis les deux nombres 7782 et 7783 se trouvent leurs logarithmes et leurs différences comme il suit :

Nomb. 7782   log.   3,8910912   }
Nomb. 7783   log.   3,8911470   }   558 différence.

Puis, en marge, se trouvent le dixième, les deux, les trois, etc., dixièmes de cette différence, comme il suit :

	558
1	55,8
2	111,6
3	167,4
4	223,2
5	279
6	334,8
7	390,6
8	446,4
9	502,2

Et si l'on voulait avoir les centièmes, les millièmes de cette diffé-rence, il suffirait, dans les nombres précédents, d'avancer la vir-gule d'un rang, de deux rangs vers la gauche. Cela posé, si l'on avait à trouver le logarithme du nombre 7782,4, par exemple, en pre-nant les 4 dixièmes de la différence qui sont, en négligeant la huitième décimale, 223, et en ajoutant ces 4 dixièmes au loga-rithme de 7782, l'on aura 3,8911135 pour logarithme de 7782,4. De même, si l'on avait à trouver le logarithme de 7782,46, il fau-drait ajouter au logarithme de 7782 les 46 centièmes de la diffé-rence, c'est-à-dire les 4 dixièmes, qui sont 223,2, et les 6 centiè-mes qui sont 33,48; ce qui ferait, en supprimant la huitième et la neuvième décimale, 3,8911169.

2° Si l'on voulait, en se bornant à cinq décimales pour les loga-rithmes, intercaler entre les logarithmes des deux nombres 7782 et 7783, les logarithmes des neuf nombres 7782,1, 7782,2, 7782,3, et ainsi de suite jusqu'à 7782,9, on trouverait que plusieurs de ces logarithmes se ressembleraient; car la différence, 5 unités du dernier ordre, partagée entre ces 9 logarithmes, ne pourrait pas donner une unité de différence entre chacun d'eux et le suivant; la même chose aurait lieu, à plus forte raison, si l'on voulait intercaler un plus grand nombre de logarithmes. Cela ne tient point à ce que ces logarithmes intercalés soient réellement égaux, mais bien à ce que leurs différences ne se font pas toujours sentir sur la cinquième décimale; elles deviendraient sensibles si, au lieu de se borner à la cinquième décimale, on prenait la sixième et plus encore en prenant la septième.

3° Le calcul que l'on effectue pour l'intercalation dont nous parlons en ce moment suppose, comme principe, que les différences entre les nombres sont proportionnelles aux différences entre les logarithmes. Or, ce principe n'a été démontré nulle part. Il serait même facile de prouver que ce principe est une erreur; seulement, plus les nombres sont grands, et plus il approche d'être vrai de dire que les différences entre les nombres sont proportionnelles aux différences entre les logarithmes; de sorte que, lorsque les nombres sont pris entre 1000 et environ 2000, l'erreur qui résulte de la fausseté du principe n'influe que très-peu sur le septième chiffre décimal. Passé 2000, l'erreur n'influe même pas sur le septième chiffre décimal. (Nous ne pouvons qu'énoncer cette proposition sans en donner la démonstration.)

319. SECOND PROBLÈME. — Passons maintenant au problème inverse de celui que nous venons de résoudre, à savoir : *Un logarithme étant donné, trouver le nombre correspondant.* Nous supposerons toujours que la partie décimale du logarithme donné est positive, de manière que si on donnait un logarithme tout négatif, il faudrait commencer par le préparer comme nous l'avons dit n° 309. Il peut se présenter deux cas, suivant que la partie décimale du logarithme est dans les tables ou n'y est pas.

320. PREMIER CAS. *Si la partie décimale du nombre est dans les tables,* il n'y a aucune difficulté; car, *en prenant le nombre correspondant à cette partie décimale, on a les chiffres dont se compose le nombre demandé, et la caractéristique fait voir quelle place ces chiffres doivent avoir relativement aux unités simples* (311-3°.). Ainsi, si l'on demandait le nombre qui correspond au logarithme 3,33945, on trouverait vis-à-vis ce logarithme le nombre 2185; et comme la caractéristique est 4, on en conclurait que le nombre est 21850;

si la caractéristique eût été 2, le nombre eût été 218,5; si la caractéristique eût été — 2, le nombre aurait été 0,02185.

321. Deuxième cas. Supposons maintenant que la partie décimale du logarithme ne se trouve pas dans les tables : supposons, par exemple, que l'on demande le nombre qui correspond au logarithme 3,23912. La partie décimale de ce logarithme ne se trouve point dans les tables qui ne vont que jusqu'à 10000; mais en cherchant dans les logarithmes les plus forts (ceux correspondants aux nombres compris entre 1000 et 10000), on trouve deux logarithmes, savoir : 3,23905 et 3,23930, tels que la partie décimale du nombre donné est comprise entre les parties décimales de ces deux logarithmes. Les nombres correspondants à ces deux logarithmes sont 1734 et 1735; la différence entre les deux logarithmes est de 25 unités du dernier ordre; la différence entre le logarithme donné (abstraction faite de la caractéristique) et le logarithme de 1734 est de 7 unités du dernier ordre; cela posé, l'on établit la proportion : *Si à une différence de 25 unités du dernier ordre dans les logarithmes correspond une différence d'une unité dans les nombres, à quelle différence dans les nombres correspondra une différence de 7 unités du dernier ordre dans les logarithmes?*

$$25 : 1 :: 7 : x, \quad \text{d'où} \quad x = 0,2 \text{ à moins d'un centième près.}$$

On trouve x égale 0,2 en négligeant les décimales qui viendraient après les dixièmes. Ainsi, le nombre correspondant au logarithme 3,23912 est 1734,3; mais comme la caractéristique du logarithme proposé est 4 et non pas 3, le nombre demandé est 17342, à moins d'une unité près.

322. Si l'on remarque ce que nous venons de faire, et si l'on observe que la résolution de la proportion précédente revient, en dernier résultat, à diviser la différence 25 des logarithmes des deux nombres 1734 et 1735 par la différence entre le logarithme proposé et celui de 1734, on verra que le procédé que nous venons de suivre peut se formuler ainsi : *Pour trouver le nombre correspondant à un logarithme dont la partie décimale n'est pas dans les tables, cherchez parmi les logarithmes les plus forts deux logarithmes consécutifs, tels que la partie décimale du logarithme proposé soit comprise entre leurs parties décimales. Prenez la différence entre les deux logarithmes de la table, prenez aussi la différence entre le premier de ces logarithmes et le logarithme proposé, divisez cette seconde différence par la première, et ajoutez le quotient exprimé* *en décimales au nombre qui correspond au plus faible logarithme, les chiffres que vous obtiendrez ainsi seront ceux du nombre cherché, la caractéristique du logarithme proposé indiquera quelle place ils doivent avoir par rapport aux unités simples.*

Donnons un nouvel exemple : *Trouver le nombre correspondant au logarithme* **1,33931.** On trouve dans la table :

$$\begin{array}{ll} \text{log. } 2184\ldots\ldots\ldots\ldots\ldots & 3{,}33925 \\ \text{log. } 2185\ldots\ldots\ldots\ldots\ldots & 3{,}33945 \\ \hline \end{array}$$

Différence............................ 20
Différence entre le log. proposé
   et celui de 2184............... 9

Quotient de la seconde différence par la première, en s'arrêtant à la première décimale 0,4.

Ainsi, le logarithme 3,33934 correspond au nombre 2184,4 ; mais comme la caractéristique du logarithme proposé est 1 et non pas 3, le nombre cherché est 2,1844, à moins d'un dix-millième près.

323. *Notà.* — Le procédé que nous venons d'exposer appelle nécessairement quelques observations que nous ne devons pas omettre :

1° Ce procédé repose sur le principe que les différences entre les nombres sont proportionnelles aux différences entre les logarithmes. Nous avons déjà dit que ce principe est une erreur, mais qui approche d'autant plus de la vérité que les nombres sont plus forts. Aussi le quotient que l'on obtient en faisant la division de la plus petite différence par la plus grande ne doit-il pas être poussé trop loin, il pourrait être inexact. On démontre que pour les nombres au-dessus de 10000 la division pourrait être poussée sans erreur jusqu'au quatrième chiffre, s'il n'y avait que la cause d'erreur dont nous venons de parler.

2° Mais il y a une autre cause d'erreur beaucoup plus influente, c'est que, à proprement parler, nous n'avons pas les logarithmes, puisqu'ils sont incommensurables, mais seulement leurs premiers chiffres ; par conséquent, nous n'avons aussi que les premiers chiffres de leurs différences. Or, il est facile de voir qu'en divisant ces différences ainsi tronquées, si l'on trouve pour le commencement du quotient les mêmes chiffres qu'aurait donné la division des différences elles-mêmes, on ne peut pas espérer de trouver de même les chiffres suivants. Ainsi, si au lieu de diviser 356459874 par 27686742, on divisait, en négligeant les cinq derniers chiffres, 3564 par 276, les deux quotients que l'on obtiendrait ne ressembleraient au quotient véritable que par les premiers chiffres. Cette cause d'erreur est d'autant plus grande que les logarithmes ont moins de décimales : Ainsi, quand on se sert d'une table où ils n'en ont que 5, on ne peut pas même toujours compter sur l'exactitude du premier chiffre que l'on trouve (a); mais quand on emploie des tables avec 7 décimales, on peut toujours compter sur l'exactitude des deux premiers chiffres, au moins si les nombres sont au-dessus de 1000.

3° Les nombres obtenus par le procédé précédent sont plus ou moins exacts, suivant que la caractéristique est plus ou moins forte; ainsi, en cherchant le nombre correspondant au logarithme 4,25020, on trouve 17791 à moins d'une unité près; si la caractéristique était 2, le nombre serait 177,91 à moins d'un centième près; si elle était — 2, le nombre serait 0,017791 à moins d'un millionième près, mais si elle était 6, le nombre serait 1779100 à moins d'une centaine près seulement.

324. Il nous reste, pour terminer ce chapitre, à donner quelques exemples de calcul par les logarithmes, afin de rendre plus familières les règles que nous avons données, mais auparavant nous ferons connaître une propriété importante des logarithmes, que l'on énonce comme il suit : *Si l'on a une suite de nombres formant une progression par quotient, leurs logarithmes formeront une progression par différence.*

Pour prouver cette proposition, représentons par a le premier terme de la progression par quotient, et par r la raison prise en divisant un terme par celui qui précède, alors la progression sera

$$\div a \; \vdots \; ar \; \vdots \; ar^2 \; \vdots \; ar^3 \; \vdots \; ar^4 \; \vdots \; ar^5.$$

Or, en prenant les logarithmes de ces différentes quantités, nous aurons

$$\log.a, \quad \log.a + \log.r, \quad \log.a + 2\log.r, \quad \log.a + 3\log.r,$$
$$\log.a + 4\log.r, \quad \log.a + 5\log.r.$$

et l'on voit bien que l'ensemble de ces quantités forme une progres-

---

(a) C'est ce qui arriverait, par exemple, si l'on voulait calculer le nombre correspondant au logarithme 5,96719. En prenant les logarithmes à sept décimales, on trouverait *log*. 9272 = 5,9671734, et *log*. 9273 = 5,9672203. Puis en faisant le calcul comme dans le n. 322, on trouverait pour le nombre demandé 9272,35 à moins d'un centième près; mais si l'on prenait seule-

sion par différence dont le premier terme est log. *a*, et la raison log. *r*. Donc si l'on a une suite de nombres formant une progression par quotient, leurs logarithmes formeront une progression par différence.

Nota. — Quand on traite des logarithmes dans l'arithmétique, on s'appuie ordinairement sur cette propriété pour en donner la définition; et l'on dit que les *logarithmes sont une série de nombre formant une progression par différence, laquelle correspond terme par terme à une autre série de nombres formant une progression par quotient.* On déduit ensuite de cette définition, les autres propriétés des logarithmes et les procédés pour les employer dans les calculs.

Application à quelques calculs de la théorie des logarithmes.

325. MULTIPLICATION ET DIVISION. — *On demande la valeur du produit* $\frac{325}{456} \times \frac{315}{121} \times \frac{1567}{48}$. En appelant p le produit, nous aurons

$$\log. p = \log.325 - \log.456 + \log.315 - \log.121 + \log.1567 - \log.48.$$

Or, on a

log.	325 = 2,5118834	log.	456 = 2,6589648
log.	315 = 2,4983105	log.	121 = 2,0827854
log.	1567 = 3,1950690	log.	48 = 1,6812412

Somme +	8,2052629	Somme —	6,4229914
Somme —	6,4229914		

Log. $p =$	1,7822715
$p =$	60,5719

En faisant la somme des logarithmes précédés du signe + et celle des logarithmes précédés du signe —, puis en retranchant la seconde de la première, on a le logarithme du produit égal à 1,7822715; et

ment les cinq premières décimales des logarithmes, et qu'on fît de nouveau le calcul, on trouverait pour le nombre demandé 9272,4. Ainsi, dans ce cas, l'erreur provenant de la cause que nous signalons ici, tomberait même sur le premier chiffre décimal que l'on obtient, en divisant par la différence des deux logarithmes consécutifs entre lesquels tombe le logarithme donné, la différence qui existe entre ce dernier logarithme et le plus petit des deux premiers.

en cherchant le nombre correspondant à ce logarithme, on a 60,5719 à moins d'un dix-millième près.

326. Nous avons déjà dit un mot des *compléments arithméti-ques* (309.); on s'en sert pour changer une soustraction en addi-tion, comme nous allons le faire voir.

Supposons que du logarithme 3,5147895 on ait à retrancher le logarithme 2,3579456; l'opération à effectuer peut s'écrire comme

il suit : $3,5147895 - 2,3579456$,

ou bien, $3,5147895 + (10 - 2,3579456) - 10$,

ou bien, $3,5147895 + 7,6420544 - 10$.

Or, le nombre 7,6420544 est le complément à 10 unités du loga-rithme 2,3579456. Donc, *au lieu de retrancher d'un logarithme un autre logarithme, on peut ajouter le complément à 10 unités du lo-garithme à retrancher, pourvu qu'on ait soin ensuite de retrancher 10 unités de la somme trouvée.* Le calcul précédent, en se servant des compléments logarithmiques, devient

Log. 325......................	2,5118834
Complément log. 456.......	7,3410352
Log. 315......................	2,4983105
Complément log. 121.......	7,9172146
Log. 1567....................	3,1950690
Complément log. 48........	8,3187588

Somme dimin. de 3 dizaines.	1,7822715
Nombre correspondant........	60,5719

On voit qu'au lieu de deux additions et d'une soustraction, on n'a eu à faire qu'une addition; car on peut compter pour rien le travail nécessaire pour trouver les compléments des logarithmes, puisque ces compléments s'obtiennent avec la plus grande facilité (en re-tranchant tous les chiffres de 9 et le dernier de 10).

327. ÉLÉVATION AUX PUISSANCES. — Soit proposé d'élever 29 à la cinquième puissance, on a

$$\log. (29)^5 = 5 \times \log. 29 = 5 \times 1,4623980 = 7,3119900.$$

En cherchant le nombre correspondant à ce logarithme, on trouve 20511100 à moins d'une centaine près; telle est la cinquième puis-sance de 29 à moins d'une centaine près.

Soit proposé de trouver la onzième puissance de $\frac{2}{3}$, on a

$$\log. \left(\frac{2}{3}\right)^{11} = \left(\log. \frac{2}{3}\right) \times 11 = (\log. 2 - \log. 3) \times 11$$
$$= (0,3010300 - 0,4771213) \times 11$$
$$= (-0,1760913) \times 11 = -1,9370043$$
$$= \overline{2}, 0629957.$$

Et en cherchant le nombre correspondant à ce logarithme, on a 0,0115610, à moins d'un dix-millionième près, pour la onzième puissance de $\frac{2}{3}$.

328. EXTRACTION DES RACINES. — On demande la racine septième de 1162049. Pour la trouver on a

$$\log. \sqrt[7]{1162049} = \frac{\log. 1162049}{7} = \frac{6,0652244}{7} = 0,8664606.$$

Et l'on trouve, pour le nombre correspondant à ce logarithme 7,35293, à moins d'un cent millième près.

Soit proposé de trouver la racine onzième de $\frac{13}{27}$. Pour cela on a

$$\log. \sqrt[11]{\frac{13}{27}} = \frac{\log. \left(\frac{13}{27}\right)}{11} = \frac{\log. 11 - \log. 27}{11}$$
$$= \frac{1,1139433 - 1,4313638}{11}$$
$$= \frac{-0,3174205}{11}$$
$$= -0,0288564$$
$$= \overline{1}.9711436.$$

En cherchant le nombre correspondant à ce logarithme, on trouve 0,935714; telle est la racine cherchée, à moins d'un millionième près.

Résolvons encore quelques problèmes.

329. PREMIER PROBLÈME. — *On demande de calculer par le moyen des logarithmes la formule du n° 300, relative au problème des intérêts composés.*

Solution. — Nous avons déjà vu qu'en appelant s la somme placée, t le taux de l'intérêt, n le nombre d'années, x la somme à percevoir après n années, on a la formule

$$x = s(1 + t)^n.$$

14

En prenant les logarithmes des deux membres de cette équation,

on aura $\quad\quad$ log. $x =$ log. $s +$ log. $(1 + t)^n$,

ou bien $\quad\quad$ log. $x =$ log. $s + n$. log. $(1 + t)$.

Supposons, pour une application numérique, que la somme placée fût 600 fr.; le taux de l'intérêt, 5 pour 100; le nombre d'années après lequel on doit retirer la somme placée, 8 ans : nous aurons $s = 600$, $n = 8$, $t = 0,05$, et, par conséquent, $1 + t = 1,05$; nous aurons donc

$$\begin{aligned} \text{log. } x &= \text{log. } 600 + 8 \times \text{log. } 1,05 \\ &= 2,7781513 + 8 \times 0,0211893 \\ &= 2,7781513 + \quad\quad 0,1695144 \\ &= 2,9476657. \end{aligned}$$

Ainsi, le logarithme du nombre cherché est $2,9476657$. En cherchant le nombre correspondant, on trouve 886 fr. 47 c., à moins d'un centime près.

L'équation précédente peut servir à résoudre trois autres problèmes, puisqu'elle renferme trois autres lettres que l'on peut successivement regarder comme inconnues.

1º Si l'on voulait savoir quelle somme il faut placer pour recevoir au bout de n années une somme x, on aurait

$$\text{log. } s = \text{log. } x - n \ . \ \text{log. } (1 + t).$$

2º Si l'on voulait savoir à quel taux d'intérêt il faut placer une somme s, pour avoir une somme x au bout de n années, on aurait

$$\text{log. } (1 + t) = \frac{\text{log. } x - \text{log. } s}{n}.$$

En calculant le nombre correspondant à $1 + t$, et en en retranchant l'unité on trouverait t.

3º Si l'on voulait savoir combien il faut attendre d'années pour avoir droit à une somme x, en plaçant une somme s à un taux représenté par t, on aurait

$$n = \frac{\text{log. } x - \text{log. } s}{\text{log. } (1 + t)}.$$

Ce dernier problème vient de nous donner l'exemple de la résolution d'une équation exponentielle, mais arrêtons plus particulièrement notre attention sur ces espèces d'équations.

330. Deuxième problème. — *Résoudre l'équation* $b = a_1^x$.

Solution. — Cette équation, qui est celle qu'il faut résoudre pour construire des tables de logarithmes, devient très-facile à résoudre quand on a ces tables. En effet, en prenant les logarithmes des deux membres, on a

$$\log. b = \log. a \times x_1^!, \qquad \text{d'où,} \quad x = \frac{\log. b}{\log. a}.$$

Cette équation est rigoureusement exacte; cependant, comme on ne peut pas, en général, avoir exactement les logarithmes des nombres a et b; on conçoit qu'il ne faudrait pas pousser trop loin la division indiquée, on pourra la pousser d'autant plus loin que les logarithmes seront pris avec plus de décimales. Dans tous les cas, il sera facile d'apercevoir quand l'inexactitude du diviseur et du dividende commencera à influer sur l'exactitude du quotient.

Troisième problème. — *Résoudre au moyen des logarithmes les deux cas du problème des annuités* (**301.**).

Solution. — 1° La formule trouvée pour le premier cas donne, en passant aux logarithmes,

Log. $a = \log. A + \log. t + n \log. (1 + t) - \log. [(1 + t)^n - 1]$.

Et cette équation servira à calculer l'annuité a qu'il faut payer à la fin de chaque année pour éteindre en n années la dette A, ou, réciproquement, la dette A qu'on éteindrait en n années par une annuité payée à la fin de chaque année.

2° La formule trouvée pour le second cas, si l'on remarque que le dénominateur $(1 + t)^{n+1} - (1 + t)$, revient à $(1 + t)[(1 + t)^n - 1]$, donnera, en passant aux logarithmes,

Log. $a = \log. A + \log. t - \log. (1 + t) - \log. [(1 + t)^n - 1]$,

équation qui fera connaître l'annuité a qu'il faut payer au commencement de chaque année, et pendant n années, pour avoir droit à recevoir la somme A, à la fin de la $n^{ième}$ année, ou, réciproquement, la somme A à laquelle on a droit à la fin de n années, lorsqu'on a payé au commencement de chaque année l'annuité a.

Nous engageons à calculer ces formules pour quelques cas particuliers, comme nous avons calculé plus haut (**329.**) la formule relative aux intérêts composés.

331. Quatrième problème. — Nous avons vu, en parlant des progressions par quotient que, parmi les problèmes auxquels ces progressions donnent lieu, il en est quatre dans lesquels l'inconnue est un exposant; nous saurons maintenant résoudre ces problèmes. Soit, par exemple, celui où l'on demande a et n connaissant l, r et s (voyez le n° 293.), nous avons les formules

$$s = \frac{lr - a}{r - 1}, \qquad l = ar^{n-1};$$

de la première nous tirons $a = lr - s(r - 1)$, en substituant cette valeur de a dans la seconde, nous aurons

$$l = [lr - s(r-1)]r^{n-1}, \quad \text{d'où}, \quad l = (lr - sr + s)r^{n-1},$$

d'où encore, $\qquad\qquad r^{n-1} = \dfrac{l}{lr - sr + s}$

En prenant les logarithmes on a

$$(n-1)\log. r = \log. l - \log.(lr - sr + s),$$

d'où, $\qquad\qquad n - 1 = \dfrac{\log. l - \log.(lr - sr + s)}{\log. r}$

d'où enfin, $\qquad n = 1 + \dfrac{\log. l - \log.(lr - sr + s)}{\log. r}.$

Telle est la formule par laquelle on calculera la valeur de n.

332. Nous allons encore donner les énoncés de quelques problèmes à résoudre, dont nous avons parlé à la fin du n° 301.

1° *Il y a 10000 habitants dans une île, et tous les ans la population s'accroît d'un trentième. On demande quel sera le nombre des habitants dans cinquante ans.* — (Réponse : 51525).

2° *Déterminer pendant combien de temps on doit placer un capital à 5 pour cent par an, et à intérêts composés, pour qu'il produise un capital double.* — (Réponse : 14 ans et 2 mois.)

3° *On demande quelle est la somme qu'il faudrait placer actuellement pour recevoir pendant 10 ans une somme de 2000 francs à la fin de chaque année, de manière à être entièrement remboursé du capital et des intérêts composés au bout de ces 10 ans, l'intérêt étant à 6 pour cent par an.* — (Réponse : 14721 francs 75 centimes.)

4° *On achète un bien de 100000 francs qui doit être payé en 15 paiements égaux, en ayant égard aux intérêts des intérêts, et le taux pour chaque intervalle de paiement étant à 5 pour cent; on demande de combien doivent être les paiements effectués à la fin de chaque année.* — (Réponse : 9634 francs 22 centimes.)

5° *On tire chaque jour d'un baril de 100 litres de vin, un litre*

qu'on remplace au fur et à mesure par un litre d'eau ; déterminer :
— *1° Combien de vin il restera dans le baril après le cinquantième
jour ; — 2° Dans combien de jours le vin sera réduit à la moitié.*
— (Réponse : 1° 60 litres $\frac{1}{2}$; 2° dans 69 jours.)

6° *On donne à une personne 1 centime le premier Janvier, 2 centimes le 2 Janvier, 4 centimes le 3, et ainsi de suite jusqu'à la fin
du mois de 31 jours, en lui donnant chaque jour le double de ce
qu'on a donné la veille. On demande combien on aura donné à la fin
du mois.* — (Réponse 10731300 francs, à moins d'une centaine de
francs près.

333. RÉSUMÉ. — Tout ce que nous avons dit dans le chapitre qu'on vient
de lire sur les logarithmes, peut se résumer comme il suit :

I. Définition des mots *logarithmes, base, système des logarithmes.*

II. Exposé des quatre propriétés dont jouissent les logarithmes, pris dans
un même système, énoncés dans le n° 304, et procédés qu'on en déduit pour
faire, par le moyen des logarithmes, les multiplications, les divisions, les
élévations aux puissances et les extractions de racines.

III. Ce qui précède nous a fait comprendre l'importance dont serait une
table de logarithmes correspondant à la suite naturelle des nombres. La
confection de cette table, en prenant le nombre 10 pour la base des logarithmes, dépendrait de la résolution par rapport à x de l'équation $y = 10^x$,
dans laquelle on donnerait à y les valeurs successives : 1, 2, 3, 4, 5,
etc..... Mais, dans l'impossibilité de résoudre cette équation, nous avons
cherché à en discuter quelques particularités, et nous avons reconnu que le
logarithme de tout nombre supérieur à l'unité est positif, que celui de
l'unité est zéro, que celui d'une fraction proprement dite est négatif, enfin
que celui de zéro est l'infini négatif ; et nous avons indiqué sous quelle
forme on présente ordinairement les logarithmes des fractions.

IV. Nous avons fait remarquer ensuite les deux parties dont se compose
un logarithme, à savoir : la caractéristique et la partie fractionnaire ; nous
avons vu que tous les nombres composés des mêmes chiffres disposés dans
le même ordre, ont à leurs logarithmes la même partie fractionnaire quel
que soit l'ordre des unités représentées par le premier chiffre de ces nombres, et nous en avons conclu les rôles bien différents que jouent, dans un
logarithme, la caractéristique et la partie fractionnaire relativement à la
détermination du nombre correspondant à un logarithme donné.

V. Ces préliminaires posés, nous avons passé à la résolution des deux
problèmes suivants : — *Un nombre étant donné, trouver son logarithme ;*
— *Un logarithme étant donné, trouver le nombre correspondant,* au moyen des
tables des logarithmes :

1° Le premier problème, *Un nombre étant donné trouver son logarithme,*
au moyen des tables de logarithmes, a présenté plusieurs cas, suivant que
le nombre donné est — 1° Entier et compris dans les tables ; — 2° Entier

et non compris dans les tables ; — 3º Une fraction vulgaire ou décimale ; — 4º Un nombre fractionnaire, c'est-à-dire composé d'une partie entière, jointe à une fraction vulgaire ou décimale.

La résolution de ce premier problème nous a, du reste, donné lieu à faire les trois remarques renfermées dans le nº 318 : — 1º sur les dispositions que l'on donne quelquefois aux tables des logarithmes pour faciliter les calculs ; — 2º Sur la nécessité de ne pas pousser trop loin l'approximation avec laquelle on calcule les logarithmes demandés ; — 3º sur l'inexactitude du principe sur lequel s'appuie ce calcul ;

2º Le second problème, *Un logarithme étant donné, trouver le nombre correspondant*, a présenté deux cas, suivant que la partie fractionnaire du logarithme donné se trouve ou ne se trouve pas dans la table des logarithmes, et nous avons indiqué deux procédés pour résoudre le problème dans le second cas.

La résolution de ce second problème nous a donné lieu, comme celle du premier, à faire les trois remarques contenues dans le nº 323 : — 1º Sur l'inexactitude du principe sur lequel s'appuie le calcul que l'on fait pour trouver le nombre correspondant à un logarithme qui ne se trouve pas dans les tables, et sur l'erreur qui en pourrait résulter dans le calcul ; — 2º sur une autre cause d'erreur provenant de ce que les tables des logarithmes ne donnent en réalité que les premiers chiffres dont se composent les logarithmes, et sur le moyen d'atténuer cette cause d'erreur ou même d'y échapper ; — 3º sur l'approximation plus ou moins grande sur laquelle on peut compter dans la détermination des nombres, suivant que la caractéristique du logarithme donné est plus ou moins forte.

VI. Nous avons terminé cette théorie des logarithmes en établissant la proposition suivante : *Quand plusieurs nombres forment une progression par quotient, leurs logarithmes forment une progression par différence.*

VII. Pour rendre plus familière la théorie précédente, nous l'avons appliquée à quelques calculs et à la résolution de quelques problèmes, et nous en avons indiqué quelques autres à résoudre.

CHAPITRE XII.

THÉORIE DES ARRANGEMENTS, DES PERMUTATIONS ET DES COMBINAISONS.

334. La théorie que nous allons exposer dans ce chapitre est utile pour la résolution d'un certain nombre de problèmes dans lesquels il s'agit de déterminer la probabilité plus ou moins grande que certaines choses arrivent. Elle est aussi indispensable pour établir la formule qui donne une puissance quelconque d'un binome, formule d'un usage très-fréquent dans les mathématiques, et que nous éta-

blirons dans le chapitre suivant. Définissons d'abord ces trois mots *arrangements, permutations, combinaisons.*

Par *arrangements* deux à deux, trois à trois, quatre à quatre, etc., etc., de certaines choses, on entend les différentes manières dont elles peuvent être placées les unes à la suite des autres, en les prenant deux à deux, trois à trois, quatre à quatre, etc. Ainsi, les différents arrangements deux à deux des trois lettres a, b, c, sont, ab, ac, ba, bc, ca, cb. Il est facile de voir en effet, qu'il n'y a pas d'autres manières de disposer les trois lettres a, b, c, en les prenant deux à deux.

Par *permutations* d'un certain nombre de choses, on entend les différentes manières dont ces choses peuvent être placées à la suite les unes des autres en les prenant toutes à la fois. Ainsi, les permutations que l'on peut faire avec six lettres, par exemple, sont la même chose que les arrangements de ces six lettres, en les faisant toutes entrer dans chaque arrangement. Il sera facile de voir d'après cette définition, que les différentes permutations que l'on pourra faire avec les trois lettres, a, b, c, sont abc, acb, bac, bca, cab, cba.

Par *combinaisons* deux à deux, trois à trois, quatre à quatre, etc., d'un certain nombre de choses, on entend les différentes manières de prendre ces choses deux à deux, trois à trois, quatre à quatre, etc., sans considérer l'ordre dans lequel elles sont disposées entre elles, de manière à ne compter que pour une seule combinaison les groupes composés des mêmes choses. D'après cela, on verra que les différentes combinaisons que l'on peut faire avec les trois lettres, a, b, c, sont, ab, ac, bc.

Ces définitions posées, nous allons nous occuper de rechercher combien avec un certain nombre déterminé de choses données on peut faire d'arrangements, en les prenant une à une, deux à deux, trois à trois, etc. ; combien on peut faire de permutations, et aussi combien on peut faire de combinaisons, en les prenant comme pour les arrangements, une à une, deux à deux, trois à trois, etc.

I. 335. Commençons par les arrangements, et supposons d'abord pour plus de simplicité et de clarté dans le raisonnement, que l'on ait six choses seulement, les six lettres a, b, c, d, e, f, par exemple.

1° D'abord, il n'y a évidemment que six manières de les prendre une à une, savoir : a, b, c, d, e, f. Le nombre d'arrangements un à un sera donc 6.

2º Pour avoir les arrangements deux à deux, il est facile de voir qu'on aura tous les arrangements possibles, en écrivant à la suite de chaque lettre chacune des cinq autres, on aura ainsi :

$$ab, ac, ad, ae, af, \qquad da, db, dc, de, df,$$
$$ba, bc, bd, be, bf, \qquad ea, eb, ec, ed, ef,$$
$$ca, cb, cd, ce, cf, \qquad fa, fb, fc, fd, fe;$$

et ces arrangements renferment évidemment tous ceux que l'on peut faire avec six lettres en les prenant deux à deux, sans qu'il y en ait deux de semblables. En effet, un arrangement, quel qu'il soit, de ces six lettres doit commencer par une d'elles, et se terminer par une autre lettre : or, on a dans les arrangements précédents tous ceux qu'on peut former de cette manière, puisqu'on a mis successivement à la suite de chaque lettre toutes les autres; de plus, aucun des arrangements ainsi formés ne ressemble aux autres, puisque tous ceux qui commencent par la même lettre se terminent par des lettres différentes.

Remarquons que chacune des six lettres donnant, par l'addition successive des autres lettres, cinq arrangements, le nombre total des arrangements deux à deux que l'on peut faire avec 6 choses, est exprimé par $6 \times 5 = 30$.

3º Pour avoir les arrangements trois à trois, il suffirait évidemment d'ajouter à la suite de chacun des arrangements deux à deux chacune des lettres qui ne s'y trouvent pas. Il est facile, en effet, de voir que les nouveaux arrangements ainsi formés seraient les seuls que l'on pourrait avoir et différeraient tous les uns des autres. D'abord ils seraient les seuls que l'on pourrait avoir, car un arrangement quelconque de six lettres prises trois à trois, doit commencer par un des arrangements possibles de ces mêmes lettres prises deux à deux, et se terminer par une des quatre autres lettres; or, par le mode de formation que nous avons indiqué, on a tous les arrangements que l'on peut former de cette manière : de plus, tous les arrangements ainsi formés diffèrent les uns des autres, puisque tous ceux qui commencent par le même arrangement des lettres prises deux à deux se terminent par des lettres différentes.

Remarquons ici, comme précédemment, que chacun des arrangements deux à deux donnant, par l'addition des autres lettres, quatre arrangements différents, le nombre total des arrangements trois à trois est égal à celui des arrangements deux à deux multiplié par 4, et que, par conséquent, avec six lettres, on peut former un nombre d'arrangements trois à trois égal à $6 \times 5 \times 4 = 120$.

4° Si l'on a bien compris ce qui précède, on verra facilement que pour avoir les arrangements des six lettres a, b, c, d, e, f, prises quatre à quatre, il suffirait d'ajouter à la suite de chacun des arrangements trois à trois chacune des lettres qui n'y entrent pas, et que le nombre total des arrangements ainsi formés serait égal à $6 \times 5 \times 4 \times 3 = 360$;

5° De même, en ajoutant à chacun des arrangements des lettres prises quatre à quatre chacune des deux lettres qui n'y entrent pas, on aurait les arrangements cinq à cinq dont le nombre serait, $6 \times 5 \times 4 \times 3 \times 2 = 720$.

6° Enfin, en ajoutant à chaque arrangement des lettres cinq à cinq, chacune des lettres qui n'y entrent pas, on aura toutes les permutations possibles que l'on peut faire avec six choses, et le nombre en sera marqué par le produit $6 \times 5 \times 4 \times 3 \times 2 \times 1 = 720$.

336. Si l'on a bien compris ce qui précède, il sera bien facile de passer du cas particulier donné où l'on a six choses seulement dont il faut faire les arrangements un à un, deux à deux, trois à trois, etc., au cas le plus général où l'on a m choses, car, en répétant les raisonnements que nous venons de faire, on verrait qu'avec m choses, les nombres d'arrangements que l'on peut former sont représentés par les formules suivantes :

Arrangements 1 à 1 $= m$

— 2 à 2 $= m(m-1)$

— 3 à 3 $= m(m-1)(m-2)$

— 4 à 4 $= m(m-1)(m-2)(m-3)$

....

— n à n $= m(m-1)(m-2)(m-3)...[m-(n-1)]$,

en observant que l'espace compris entre le facteur $(m-3)$ et le facteur $[m-(n-1)]$, doit être occupé par les facteurs intermédiaires, à savoir : $m-4$, $m-5$ etc., jusqu'à $[m-(n-1)]$.

II. 337. Ce qui précède nous donne tout d'un coup la formule qui exprime combien on peut faire de permutations avec un nombre quelconque n de choses : En effet, il suit des définitions données plus haut (334.), que les permutations que l'on peut faire avec n choses, ne sont autre chose que les arrangements de ces choses prises toutes à la fois, ou prises n à n; et, par conséquent, pour avoir la formule que nous désirons, il suffit que, dans la formule précédente, on suppose $m = n$, et qu'on remplace m par n, on trouvera ainsi :

$$n(n-1)(n-2)(n-3)\ldots\ldots1.$$

Telle est l'expression du nombre d'*arrangements* que l'on peut faire avec n choses, expression dans laquelle, bien entendu, la lacune comprise entre le facteur $n-3$ et le facteur 1 doit être supposée remplie par tous les facteurs intermédiaires. En renversant l'ordre des facteurs, on aura

$$1.2.3.4\ldots\ldots n.$$

III. 338. Après avoir trouvé le nombre d'*arrangements* un à un, deux à deux, trois à trois.... n à n, et le nombre de *permutations* que l'on peut faire avec un nombre déterminé de choses, a, b, c, d, e, f, g, etc., il sera bien facile de trouver combien on peut faire de *combinaisons* une à une, deux à deux, trois à trois, etc., n à n, avec ces mêmes choses.

Pour plus de netteté et de précision dans le raisonnement, recherchons combien on pourrait faire avec ces choses de combinaisons six à six, par exemple. Pour le découvrir, observons que si nous avions toutes les combinaisons que l'on peut faire en prenant six à six les lettres a, b, c, d, e, f, g, etc., et que nous voulussions passer aux arrangements six à six, il suffirait de faire, avec les lettres qui entrent dans chaque combinaison, toutes les permutations possibles : on aurait, en effet, par là, toutes ces lettres prises six à six et arrangées de toutes les manières possibles. Donc, le nombre des *arrangements* de ces lettres prises six à six est égal au nombre des *combinaisons* six à six multiplié par le nombre des *permutations* que l'on peut faire avec six choses. Donc aussi, le nombre des *combinaisons* six à six est égal au nombre des *arrangements* six à six divisé par le nombre des *permutations* que l'on peut faire avec six choses. On trouverait ainsi, par exemple que le nombre des combinaisons six à six que l'on peut faire avec huit lettres est égal à 28.

Le raisonnement que nous venons de faire peut très-facilement se généraliser, et l'on verra que le nombre des *combinaisons* n à n que l'on peut faire avec m choses, est égal au nombre des *arrangements* n à n que l'on peut faire avec ces m choses divisé par le nom-

bre de *permutations* que l'on peut faire avec n choses; et, par conséquent, pour avoir la formule qui donne le nombre de combinaisons possibles avec m choses prises n à n, il faut diviser l'expression :
$m(m-1)(m-2)(m-3)\ldots[m-(n-1)]$, par l'expression .
$1.2.3\ldots n,$ ce qui donne

$$\frac{m(m-1)(m-2)\ldots\ldots[m-(n-1)]}{1\ .\ 2\ .\ 3\ldots\ldots\ldots\ldots n}\ .$$

339. Avant d'aller plus loin, il est bon de faire l'application de cette formule à quelques calculs particuliers. On trouvera, par exemple, que le nombre de combinaisons cinq à cinq que l'on peut faire avec 10 choses est 252. Celui des combinaisons 7 à 7 fait avec 12 choses est 792. On trouvera de même, que les combinaisons que l'on peut faire un à un, deux à deux, trois à trois, etc., avec 12 lettres sont données par le tableau suivant :

1 à 1	2 à 2	3 à 3	4 à 4	5 à 5	6 à 6	7 à 7	8 à 8
12	66	220	495	792	924	792	495
		9 à 9	10 à 10	11 à 11.			
		220	66	12.			

340. On peut remarquer, dans le résultat précédent, que les nombres qui représentent les combinaisons 1 à 1, 2 à 2, 3 à 3, etc., que l'on peut faire avec 12 choses, sont respectivement égaux aux nombres qui expriment combien on peut faire de combinaisons 11 à 11, 10 à 10, 9 à 9, etc., et ainsi de suite. Il sera même facile de généraliser ce résultat et de démontrer que, si l'on a un nombre quelconque m de choses, le nombre de combinaisons n à n sera le même que celui des combinaisons t à t, pourvu que l'on ait $m = n + t$, et, par suite, $t = m - n$. En effet, supposons que l'on ait fait toutes les combinaisons n à n que l'on peut faire avec m lettres, par exemple; si à côté de chacune de ces combinaisons on écrit les $m - n$ lettres qui ne s'y trouvent pas, on formera toutes les combinaisons que l'on peut faire avec les m lettres données en les prenant $m - n$ à $m - n$; et, par conséquent, ces combinaisons seront en même nombre que les combinaisons n à n. Et d'abord, toutes les combinaisons ainsi formées seront différentes les unes des autres, car, pour qu'il s'en trouvât de semblables, il faudrait qu'elles eussent les mêmes lettres et que, par conséquent, il y eût des combinaisons semblables parmi les combinaisons n à n, ce qui n'est pas. En second lieu, les combinaisons ainsi formées sont toutes celles que l'on peut

faire $m - n$ à $m - n$, avec les m lettres données; car, pour qu'il y en eût une autre possible, il faudrait qu'à cette combinaison $m - n$ à $m - n$ des lettres données répondît une combinaison n à n qui ne se trouvât pas dans la suite des combinaisons n à n que l'on avait d'abord, ce qui ne peut être encore, puisqu'on suppose que cette suite renferme toutes les combinaisons que l'on peut faire n à n avec m lettres données. (Si ce raisonnement présentait quelque obscurité, on pourrait le rendre plus clair en substituant des nombres aux lettres m et n.)

341. Il suit de ce qui précède, que si l'on écrit sur une même ligne le nombre indiquant combien on peut faire de combinaisons avec m choses, en les prenant une à une, deux à deux, trois à trois, etc., $m - 1$ à $m - 1$, les nombres pris à égales distances des deux extrémités seront égaux. Si m est un nombre impair, les deux nombres qui occupent le milieu de cette ligne seront aussi égaux, mais si m est un nombre pair, le nombre du milieu, celui qui correspond aux combinaisons $\frac{m}{2}$ à $\frac{m}{2}$, ne sera égal à aucun autre.

342. Il sera même facile de voir que ces nombres iront en croissant jusqu'à ceux ou celui du milieu, et qu'ils iront ensuite en décroissant. Cela du reste se vérifierait par la formule

$$\frac{m(m-1)(m-2)\ldots\ldots[m-(n-1)]}{1 \ . \ 2 \ . \ 3\ldots\ldots\ldots\ldots n},$$

dont la valeur va croissant tant que les facteurs qu'on ajoute au numérateur sont plus grands que ceux qu'on ajoute au dénominateur, et, par conséquent, tant qu'on a $n < m - (n - 1)$, d'où l'on déduit $n < m - n + 1$, ou $2n < m + 1$, ou enfin $n < \frac{m+1}{2}$, mais dont la valeur devient décroissante dès que l'on a $n > m - (n - 1)$, d'où l'on déduit $n > \frac{m+1}{2}$. Cette dernière chose a lieu, si m est impair, dès que l'on a dépassé les combinaisons $\frac{m+1}{2}$ à $\frac{m+1}{2}$; et, si m est pair, dès que l'on a dépassé les combinaisons $\frac{m}{2}$ à $\frac{m}{2}$. (On pourrait, pour plus de clarté, remplacer m et n par des nombres, dans les lignes qui précèdent.)

343. Nous allons, en terminant ce chapitre, faire l'application de la théorie précédente au calcul du jeu de la loterie, telle qu'elle existait autrefois en France, et qu'elle existe encore dans quelques autres pays. Voici en quoi ce jeu consiste.

On met dans une urne 90 numéros, 1, 2, 3, etc., jusqu'à 90, et l'on en tire 5 au hasard. Les personnes qui veulent jouer à la loterie peuvent, moyennant une somme déterminée, désigner un ou plusieurs numéros qui leur donnent droit à un bénéfice, s'ils sont au nombre de ceux que l'on tire de l'urne. Il s'agit de calculer les chances de gain ou de perte qu'ont ces personnes.

Supposons d'abord qu'une personne prenne un seul numéro (un numéro ainsi seul porte à la loterie le nom d'*extrait*). Puisqu'il y a 90 numéros dans l'urne d'où l'on doit en extraire 5, il y a en tout 90 chances, et puisqu'on ne doit tirer de l'urne que 5 numéros, la personne qui a pris un extrait à la loterie n'a que 5 chances sur 90 qui lui soient favorables; il y a donc $\frac{5}{90}$ seulement à parier contre $\frac{85}{90}$ qu'elle gagnera, ou $\frac{1}{18}$ contre $\frac{17}{18}$, pour chaque extrait que prendra cette personne.

Supposons maintenant que la personne qui joue à la loterie, prenne deux numéros. Indépendemment des deux extraits pour lesquels elle peut jouer, elle peut jouer de manière à gagner aussi, si les deux numéros qu'elle a pris sortent en même temps. La combinaison de deux numéros qui doivent sortir en même temps pour que le joueur à la loterie ait droit à un gain, porte le nom d'*ambe*.

Pour savoir quelle est la probabilité de gagner un ambe à la lorie, il faut savoir combien il y a d'ambes dans l'urne qui renferme les numéros, et combien il en sort; or, 90 numéros donnent un nombre de combinaisons deux à deux représenté par $\frac{90 \cdot 89}{1 \cdot 2} =$ 4005, et les 5 numéros qui sortent donnent un nombre de combinaisons deux à deux représenté par $\frac{5 \cdot 4}{1 \cdot 2} = 10$. Donc, sur 4005 chances il n'y en a que 10 de favorables pour le gain d'un ambe à la loterie, quand on a pris deux numéros seulement. La probabilité de gain est donc représentée par $\frac{10}{4005}$, et la probabilité de perte par $\frac{3995}{4005}$.

En prenant trois numéros à la loterie, indépendamment des trois extraits et des trois ambes auxquels ils donnent lieu, ces trois numéros pris tous ensemble, forment une nouvelle combinaison qu'on

appelle *terne*. Comme il est facile de voir que les 90 numéros renfermés dans l'urne donnent un nombre de combinaisons trois à trois
ou de ternes égal à $\dfrac{90 \cdot 89 \cdot 88}{1 \cdot 2 \cdot 3} = 117480$, et que les 5 numéros
qui sortent de l'urne donnent lieu à $\dfrac{5 \cdot 4 \cdot 3}{1 \cdot 2 \cdot 3}$ ou 10 ternes seulement, il s'ensuit que la probabilité de gagner un terne est représen-
tée par $\dfrac{10}{117480}$, et celle de le perdre par $\dfrac{117470}{117480}$.

En prenant quatre numéros, on verra qu'indépendamment des
quatre extraits, des six ambes et des six ternes auxquels ils donnent
lieu, ces quatre numéros pris tous ensemble forment encore une
combinaison nouvelle qu'on appelle *quaterne*. En recherchant comme
nous venons de le faire pour les ternes, les ambes et les extraits,
quelle est la probabilité de gagner ou de perdre un quaterne, on
trouverait que, sur les 2555190 quaternes possibles avec 90 numéros, les 5 numéros sortant ne peuvent en former que 5, et que,
par conséquent, la probabilité de gagner un quaterne avec 5 numéros est représentée par $\dfrac{5}{2555190}$ seulement, et que celle de le
perdre est représentée par $\dfrac{2555185}{2555190}$.

En prenant cinq numéros, on verra qu'indépendamment des cinq
extraits, des dix ambes, des dix ternes et des cinq quaternes auxquels ils donnent lieu, ces cinq numéros pris tous ensemble forment encore une combinaison nouvelle qu'on appelle *quine*, et si
l'on cherche la probabilité de gagner un quine en prenant cinq numéros, on verra, que 90 numéros donnent lieu à 43949268 ; la probabilité de gagner un quine avec cinq numéros est représentée par
$\dfrac{1}{43949268}$, et celle de le perdre par $\dfrac{43949267}{43949268}$.

344. En résumant tout cela, et en considérant que pour observer les règles de la justice, dans un jeu de hasard, à mesure que
les chances de gain vont en diminuant, la quotité du gain que l'on
peut faire doit aller en augmentant dans le même rapport on verra
que :

1° En prenant un extrait on a seulement 5 à parier contre 85,
ou 1 contre 17 que l'on gagnera. Ainsi, si l'on gagnait un extrait à
la loterie, on devrait recevoir la mise que l'on a avancée plus 17
fois cette mise, en tout 18 fois la mise.

2° En prenant un ambe, on a à parier 10 contre 3995, ou 1 contre 399,5 que l'on gagnera; et, par conséquent, si l'on gagne, on doit recevoir 400,5 fois la mise.

3° En prenant un terne, on a à parier 10 contre 117470, ou 1 contre 11747 que l'on gagnera; et, par conséquent, si l'on gagne, on doit recevoir 11748 fois la mise.

4° En prenant un quaterne, on a seulement 5 à parier contre 2555185, ou 1 contre 511037 que l'on gagnera; et, par conséquent, si l'on gagne, on doit recevoir 511038 fois la mise.

5° Enfin, en prenant un quine, on a seulement 1 à parier contre 43949267 que l'on gagnera; et par conséquent, on doit, si l'on gagne, recevoir 43949268 fois la mise.

Quand on jouait la loterie en France, on ne donnait seulement pour un extrait que 15 fois la mise; pour un ambe, 275 fois la mise; pour un terne, 5500 fois la mise; pour un quaterne, 75000 fois la mise, et pour un quine, 1000000 de fois la mise.

345. Il serait très-facile de calculer, d'après ce qui précède, quelle serait, en prenant un nombre quelconque de numéros, la probabilité de gagner un extrait, un ambe, un terne, un quaterne ou un quine. Nous engageons à faire ce calcul en supposant qu'on prît 8 numéros.

346. RÉSUMÉ. — Après avoir dit, dans le chapitre qu'on vient de lire, ce que l'on entend en Algèbre par les mots *arrangements*, *permutations* et *combinaisons* d'un certain nombre de choses données :

1° Nous avons cherché combien on peut faire d'arrangements un à un, deux à deux, trois à trois, etc., avec six choses, par exemple, et nous en avons déduit la formule générale renfermée dans le n° 336, qui donne le nombre d'arrangements que l'on peut faire avec m choses, en les prenant n à n.

2° Ce qui précède, nous a conduits aux formules du n° 337, qui expriment le nombre de permutations que l'on peut faire avec un nombre quelconque n de choses.

3° De ces formules qui expriment combien on peut avec un nombre m de choses données faire d'arrangements de ces choses en les prenant n à n, et combien avec un nombre n de choses on peut faire de permutations de ces choses, nous avons déduit la formule du n° 338 qui donne le nombre de combinaisons n à n que l'on peut faire avec m choses, et nous avons démontré qu'avec un nombre m de choses, le nombre de combinaisons n à n est égal à celui des combinaisons $m - n$ à $m - n$. De telle sorte, que si l'on avait sur une même ligne toutes les combinaisons 1 à 1, 2 à 2, 3 à 3, 4 à 4, ... $m - 1$ à $m - 1$, que l'on peut faire avec m choses, les nombres pris à égale distance des deux extrémités de cette ligne seraient égaux.

4º Nous avons terminé ce chapitre par l'application de la théorie précédente au jeu de la loterie.

CHAPITRE XIII.

DU BINOME DE NEWTON.

347. La formule connue sous le nom de binome de Newton, du nom du mathématicien célèbre à qui elle est due, a pour but de faire connaître une puissance quelconque d'un binome sans faire les multiplications qui conduiraient directement à l'expression de cette puissance.

Pour essayer de trouver cette formule, prenons un binome simple, $x + a$, par exemple, et faisons, par la multiplication ordinaire, quelques-unes des puissances de ce binome, en partant du degré le moins élevé; nous trouverons les résultats suivants :

$$(x + a)^2 = x^2 + 2ax + a^2$$
$$(x + a)^3 = x^3 + 3ax^2 + 3a^2x + a^3$$
$$(x + a)^4 = x^4 + 4ax^3 + 6a^2x^2 + 4a^3x + a^4$$
$$(x + a)^5 = x^5 + 5ax^4 + 10a^2x^3 + 10a^3x^2 + 5a^4x + a^5$$
$$(x + a)^6 = x^6 + 6ax^5 + 15a^2x^4 + 20a^3x^3 + 15a^4x^2 + 6a^5x + a^6.$$

En observant ces différentes puissances du binome $x + a$, il est facile de remarquer la loi qui préside à la formation des termes qui les composent, en les considérant par rapport aux lettres qui y entrent et aux exposants de ces lettres; mais il n'est pas aussi facile de voir comment se composent les coefficients, et cela tient surtout à ce que, par la réduction des termes semblables, les coefficients se sont fondus les uns dans les autres, sans qu'il reste de traces de la manière dont ils entrent dans ceux que l'on a obtenus par la réduction.

348. Pour obvier à cet inconvénient, voici comment nous allons procéder : Au lieu d'élever à différentes puissances le binome $x + a$, nous prendrons des binomes ayant tous le même premier terme x, et ayant pour seconds termes des lettres différentes, a, b, c, d : les réductions dont nous venons de parler ne pourront avoir lieu, et il nous sera facile d'étudier comment se composent les produits; nous pourrons passer ensuite de ces produits aux différentes puissances de $x + a$, en supposant que tous les seconds termes a, b, c, d, etc., des binomes multipliés deviennent égaux.

Multiplions donc successivement les binomes $x + a$, $x + b$, $x + c$, $x + d$, etc.; nous trouverons, en réduisant à un seul terme composé tous les termes qui renferment une même puissance de x, les résultats suivants :

$$(x + a)\ (x + b) = x^2 + (a + b)x + ab$$
$$(x + a)\ (x + b)\ (x + c) = x^3 + (a + b + c)x^2 + (ab + ac + bc)x + abc$$
$$(x + a)\ (x + b)\ (x + c)\ (x + d) = x^4 + (a + b + c + d)x^3 + (ab + ac + ad$$
$$+ bc + bd + cd)x^2 + (abc + abd + acd + cbd)x + abcd.$$

349. En observant ces produits, il est facile de remarquer que .

1° Ils se composent d'autant de termes plus un qu'il y a de binomes multipliés.

2° Le premier terme est x avec un exposant égal au nombre des binomes multipliés.

3° Les termes suivants renferment x avec des exposants qui vont en décroissant d'une unité depuis le premier terme jusqu'au dernier, qui ne renferme pas x.

4° Quant aux multiplicateurs de x, voici comment ils se composent : Le multiplicateur de x, dans le second terme, est égal à la somme des seconds termes a, b, c, d, etc., des binomes multipliés; ou, ce qui revient au même, à la somme des combinaisons un à un que l'on peut faire avec ces seconds termes a, b, c, d, etc. — Le multiplicateur de x, dans le troisième terme, est égal à la somme des produits que l'on peut faire avec ces mêmes lettres a, b, c, d, etc., en les combinant deux à deux. — Le multiplicateur de x, dans le quatrième terme, est égal à la somme des produits que l'on peut faire avec ces lettres, en les combinant trois à trois, et ainsi de suite jusqu'au dernier terme, qui est égal au produit des seconds termes des binomes multipliés.

350. Nous allons prouver maintenant que ce mode de formation des multiplicateurs de x, que nous avons remarqué dans les produits précédents, aurait encore lieu, quel que soit le nombre de binomes multipliés; il nous suffira pour cela d'établir que si le produit que l'on obtient en multipliant un certain nombre m de binomes qui ont tous même premier terme x, et des seconds termes différents, a, b, c, d, etc., se compose comme nous l'avons dit; cela sera vrai aussi du produit que l'on obtiendrait en prenant un binome de plus. Car alors la loi de formation ayant été reconnue pour

13

le produit de quatre binomes, elle aura lieu aussi pour le produit
de cinq, pour celui de six, pour celui de sept, etc., binomes.

Supposons donc qu'ayant multiplié un certain nombre m de binomes dont les premiers termes sont x, et dont les seconds termes
sont des lettres différentes, a, b, c, d, etc., on a obtenu pour le
produit

$$x^m + Ax^{m-1} + Bx^{m-2} + Cx^{m-3} + Dx^{m-4} \ldots + P.$$

dans lequel A, B, C, D, etc., P, représentent respectivement,
savoir : A, la somme des termes a, b, c, d, etc. ; B, C, D, etc.,
la somme des produits que l'on peut faire avec ces lettres a, b, c,
d, etc., en les combinant deux à deux, trois à trois, quatre à quatre, etc. ; et enfin P, le produit de toutes ces lettres.

Si maintenant nous multiplions ce produit $x^m + Ax^{m-1}$, etc.,
par un nouveau binome $x + t$, nous trouverons pour résultat

$$x^{m+1} + (A+t)x^m + (B+At)x^{m-1} + (C+Bt)x^{m-2} +$$
$$\left[(D+Ct)x^{m-3} \ldots Pt. \right.$$

Or, il est facile de voir que ce produit se compose absolument comme
le précédent. En effet, puisque A représente la somme des m lettres,
a, b, c, d, etc., $A+t$ représentera cette même somme augmentée
de la nouvelle lettre t. — De même B représentant la somme des produits que l'on peut faire avec les lettres a, b, c, d, etc., en les prenant deux à deux, $B+At$ représentera encore cette somme augmentée des nouveaux produits de même genre que l'on peut faire
avec une lettre de plus. Ces nouveaux produits, en effet, se trou-
veraient en mettant la lettre t à la suite de chacune des lettres
a, b, c, d, etc., et, par conséquent, leur somme serait égale à
$(a+b+c+d+\text{etc.})t$ ou At. On prouverait de même que $C+Bt$
représente la somme des produits que l'on peut faire avec les lettres
a, b, c, d, etc., plus t, en les prenant trois à trois, et ainsi de suite
jusqu'au dernier terme Pt, qui représente bien le produit des lettres
a, b, c, d, etc., plus t, puisque P est le produit des lettres a,
b, c, d, etc. Donc, si le produit d'un certain nombre de binomes $x+a$, $x+b$, $x+c$, etc., se compose comme nous l'a-
vons déjà trouvé plus haut, cela sera vrai encore du produit dans
lequel on ferait entrer un binome de plus. Donc enfin, ce mode de
composition du produit de plusieurs binomes, ayant même pre-

mier terme et des seconds termes différents, a lieu quel que soit le nombre de binomes multipliés.

351. Rien de plus facile maintenant que de passer du produit d'un nombre m de binomes $x + a$, $x + b$, $x + c$, $x + d$, etc., à la formule qui donne l'expression d'une puissance quelconque m, du binome $x + a$. En effet, reprenons l'expression du produit de m binomes $x + a$, $x + b$, $x + c$, etc., que nous avons donnée plus haut, savoir :

$$x^m + \mathrm{A}x^{m-1} + \mathrm{B}x^{m-2} + \mathrm{C}x^{m-3} \ldots\ldots + \mathrm{P}.$$

Si nous supposons que tous les seconds termes des binomes multipliés deviennent égaux à a, cette expression se modifiera comme il suit :

1° A, qui exprime la somme des seconds termes, a, b, c, d, etc., des binomes multipliés, deviendra égale à ma.

2° B, qui représente la somme des produits que l'on peut faire en prenant deux à deux les lettres a, b, c, d, etc., deviendra égal à $\frac{m(m-1)}{1 \cdot 2} a^2$. En effet, nous avons vu que le nombre de produits que l'on peut faire avec m choses, en les prenant deux à deux, est égal à $\frac{m(m-1)}{1 \cdot 2}$; mais les produits dont il s'agit ici sont égaux à a^2, puisque tous le seconds termes des binomes multipliés sont égaux à a.

3° On verra de même que C, représentant la somme des produits que l'on peut faire avec les seconds termes des binomes, en les prenant trois à trois, deviendra $\frac{m(m-1)(m-2)}{1 \cdot 2 \cdot 3} a^3$, et ainsi de suite jusqu'au dernier terme, qui deviendra égal à a^m.

352. Ainsi, la formule qui donne l'expression d'une puissance quelconque m du binome $x + a$, est donnée par l'équation

$$(x + a)^m = x^m + max^{m-1} + \frac{m(m-1)}{1 \cdot 2} a^2 x^{m-2}$$
$$\left[+ \frac{m(m-1)(m-2)}{1 \cdot 2 \cdot 3} a^3 x^{m-3} \ldots\ldots + a^m \right].$$

353. Si l'on observe comment chaque terme se compose, eu égard à la place qu'il occupe dans le développement de la valeur de $(x + a)^m$, on verra qu'un terme se compose de a avec un exposant égal au nombre de termes qui précède, multiplié par x avec un exposant égal à m diminué de l'exposant de a, et d'un coefficient qui se forme des facteurs suivants : $\frac{m}{1}$, $\frac{m-1}{2}$, $\frac{m-2}{3}$, $\frac{m-3}{4}$, etc., en prenant pour le former autant de ces facteurs qu'il y a de termes avant celui que l'on considère.

354. Il suit de là que si on appelle N le terme de la formule qui occupe le $n^{ième}$ rang, ou celui qui en a $n-1$ avant lui, on aura pour l'expression de ce terme l'équation suivante :

$$N = \frac{m(m-1)(m-2)\ldots\ldots[m-(n-2)]}{1 \quad . \quad 2 \quad . \quad 3 \quad \ldots\ldots \quad n-1} \; a^{n-1} \; x^{m-(n-1)}.$$

Telle est la formule qui donne l'expression d'un terme quelconque d'une puissance d'un binome développée (suivant les puissances décroissantes de son premier terme), lorsqu'on connaît le degré de cette puissance et le rang qu'occupe le terme dont il s'agit. Pour application de cette formule, soit proposé de trouver le septième terme de la dixième puissance du binome $x + a$: Ici $m = 10$, $n = 7$, et, par conséquent, $n - 1 = 6$, $m - (n-1) = 4$, $m - (n-2) = 5$, la formule précédente donnera donc pour la valeur du terme dernier

$$\frac{10.9.8.7.6.5}{1.2.3.4.5.6} \; a^6 x^4 = 210 a^6 x^4.$$

355. *Nota.* — On donne quelquefois à la formule de Newton renfermée dans le n° 352 une autre forme que nous allons faire connaître. Pour cela, remarquons que le binome $x + a$ peut se mettre sous la forme $x\left(1 + \frac{a}{x}\right)$, et que, par conséquent, $(x + a)^m = x^m \left(1 + \frac{a}{x}\right)^m$. Cela posé, si nous développons $\left(1 + \frac{a}{x}\right)^m$ d'après la formule de Newton, nous aurons

$$(x + a)^m = x^m \left(1 + \frac{m}{1} \cdot \frac{a}{x} + \frac{m(m-1)}{1.2} \cdot \frac{a^2}{x^2} + \frac{m(m-1)(m-2)}{1.2.3} \cdot \frac{a^3}{x^3} \right.$$
$$\left. + \frac{m(m-1)(m-2)(m-3)}{1.2.3.4} \cdot \frac{a^4}{x^4} \ldots \frac{a^m}{x^m} \right).$$

356. Ce qui précède nous donne l'expression d'une puissance quelconque du binome $x + a$ dont les deux termes sont positifs ; si nous voulions passer de la formule trouvée à celle qui nous donnerait l'expression d'une puissance quelconque des binomes $x - a$, $-x + a$, $-x - a$, nous le ferions par des changements de signes

convenablement effectués : nous laissons au lecteur le soin de rechercher les formules nouvelles auxquelles on arriverait pour une
puissance de degré pair et pour une puissance de degré impair.

357. Nous trouvons encore dans ce qui précède le moyen d'élever
à une puissance déterminée un polynome. Supposons, par exemple,
qu'on voulût élever à la sixième puissance le polynome $a + b + c$.
Représentons par la lettre d la somme des deux derniers termes
$b + c$, nous aurons à élever à la sixième puissance le binome $a + d$,
ce qui nous donnera

$$(a + d)^6 = a^6 + 6a^5d + 15a^4d^2 + 20a^3d^3 + 15a^2d^4 + 6ad^5 + d^6.$$

Si maintenant dans cette égalité nous remplaçons d par $b + c$,
nous aurons

$$(a + b + c)^6 = a^6 + 6a^5(b + c) + 15a^4(b + c)^2 + 20a^3(b + c)^3$$
$$[+ 15a^2(b + c)^4 + 6a(b + c)^5 + (b + c)^6.$$

Et, en développant dans le second membre par la formule du binome les diverses puissances de $(b + c)$, nous aurons la sixième
puissance du trinome proposé $a + b + c$. Il est facile de voir comment on étendrait ce que nous venons de dire à un polynome quelconque.

358. Les formules de Newton renfermées dans les nos 352 et 355 ont été
démontrées seulement pour les cas où m est un nombre entier et positif;
mais nous avons vu que l'Algèbre admet des exposants fractionnaires et négatifs, et nous avons dit (261.-262.) quel est le sens de ces exposants. Or,
on démontre que les formules de Newton s'appliquent encore au cas où m a
une valeur fractionnaire ou négative. Seulement, dans ces deux cas, ces
formules consistent dans une série de termes qui se prolongent à l'infini,
sans que l'on puisse jamais obtenir un dernier terme.

359. Pour voir comment se modifie la formule du no 355, quand m est
un exposant fractionnaire de la forme $\dfrac{1}{n}$, c'est-à-dire quand cette formule
est destinée à donner la racine $n^{ième}$ du binome $x + a$; supposons que dans
cette formule on fasse $m = \dfrac{1}{n}$, il sera facile d'en déduire $\dfrac{m-1}{2} = -\dfrac{n-1}{2n}$,
$\dfrac{m-2}{3} = -\dfrac{2n-1}{3n}$, $\dfrac{m-3}{4} = -\dfrac{3n-1}{4n}$, etc. En substituant ces valeurs
dans les formules du no 355, on en déduit

$$\sqrt[n]{x-a} = \sqrt[n]{x}\left(1 + \frac{1}{n}\cdot\frac{a}{x} - \frac{1}{n}\cdot\frac{n-1}{2n}\cdot\frac{a^2}{x^2} + \frac{1}{n}\cdot\frac{n-1}{2n}\cdot\frac{2n-1}{3n}\cdot\frac{a^3}{x^3}\right.$$
$$\left.[+ \frac{1}{n}\cdot\frac{n-1}{2n}\cdot\frac{2n-1}{3n}\cdot\frac{3n-1}{4n}\cdot\frac{a^4}{x^4} + \text{etc..}\right).$$

360. Remarquons que lorsque $\dfrac{a}{x}$ est une fraction, les puissances successives de cette fraction deviennent d'autant plus petites qu'elles sont d'un degré plus élevé, d'où il suit que les termes successifs de la formule précédente vont en diminuant, et qu'en se bornant à prendre les premiers, on peut avoir la valeur de $\sqrt[n]{x+a}$ avec une approximation plus ou moins grande, suivant qu'on en prend davantage et que la fraction $\dfrac{a}{x}$ est plus petite.

La formule précédente peut donc servir pour obtenir avec un certain degré d'approximation une racine déterminée d'un nombre. Nous allons donner un exemple du procédé qu'on emploie pour cela.

Soit proposé, par exemple, de trouver approximativement la racine cubique du nombre 31. Pour y parvenir, prenons, à une unité près, la racine cubique de 31, ou plutôt, prenons le plus grand cube contenu dans 31, nous trouverons 27, et 31 pourra se décomposer en $27+4$. Cela posé, pour avoir la racine cubique de $27+4$, ou $(27+4)^{\frac{1}{4}}$, faisons dans la formule précédente $n=3$, $x=27$, $a=4$, nous aurons

$$\sqrt[3]{31} \text{ ou } \sqrt[5]{27+4} = 3\left(1 + \frac{1}{3}\cdot\frac{4}{27} - \frac{1}{3}\cdot\frac{1}{3}\cdot\frac{16}{729} + \frac{1}{3}\cdot\frac{1}{3}\cdot\frac{5}{9}\cdot\right.$$
$$\left.\frac{64}{19683} - \frac{1}{3}\cdot\frac{1}{3}\cdot\frac{5}{9}\cdot\frac{8}{12}\cdot\frac{256}{531441} + \frac{1}{3}\cdot\frac{1}{3}\cdot\frac{5}{9}\cdot\frac{8}{12}\cdot\frac{11}{15}\cdot\frac{1024}{14348907} - \text{etc.}\right)$$

Ou bien, en effectuant tous les calculs indiqués,

$$\sqrt[3]{31} = 3 + \frac{4}{27} - \frac{16}{2187} + \frac{320}{531441} - \frac{2560}{43046721} + \frac{112640}{17433922005} - \text{etc.}$$

Telle est la série qui donnerait la valeur approximative de la racine cubique de 31.

361. Il est facile de démontrer que quand la valeur d'une quantité A est donnée par une série $a+b-c+d-f+$ etc., dont les termes vont en diminuant, et sont alternativement positifs et négatifs, si l'on prend pour la valeur de A un certain nombre des termes de la série : 1° la somme de ces termes sera plus grande ou plus petite que A, suivant que le terme qui suit le dernier de ceux que l'on prend est négatif ou positif; 2° que cette somme diffère de A d'une quantité moins grande que le terme qui suit celui auquel on s'arrête.

Il suit de là que si, pour la racine cubique de 31, on veut prendre le premier terme de la série précédente, à savoir 3, il ne manquera pas $\dfrac{4}{27}$ à 3 pour valoir cette racine; si l'on prend $3+\dfrac{4}{27}$, ce nombre, plus grand que la racine demandée, n'en différera pas cependant de $\dfrac{16}{2187}$; de même si, pour la racine cubique demandée, on prend $3 + \dfrac{4}{27} - \dfrac{16}{2187}$, ou $3 + \dfrac{308}{2187}$, ce nombre sera plus petit que cette racine, mais il ne lui manquera pas $\dfrac{320}{531441}$ pour atteindre à cette racine, et ainsi de suite.

362. Il serait facile avec un peu d'attention de généraliser ce qui précède et d'en déduire un procédé pour extraire, au moyen de la formule du nº 359, une racine d'un degré déterminé d'un nombre; mais nous nous abstenons de plus de calculs sur ce sujet, cela serait inutile au but que nous nous proposons dans la composition de ce Traité, et nous terminons ici ces éléments d'Algèbre.

363. Résumé. — Nous avons exposé dans le chapitre qu'on vient de lire la théorie du binome de Newton, et pour cela :

1º Nous avons donné le développement des premières puissances du binome $x+a$, et nous avons pu y lire la loi qui préside à la formation des termes de ces puissances, considérés par rapport aux lettres qui y entrent et à leurs exposants, mais nous n'avons pu tout d'abord découvrir la loi qui préside à la formation des coefficients.

2º Pour y parvenir, nous avons multiplié entre eux des binomes ayant même premier terme x et des termes différents a, b, c, d, etc. Ces multiplications nous ont mis sur la trace de la loi qui préside à la formation des multiplicateurs des diverses puissances de x dans ces produits; et nous avons démontré cette loi.

3º Il nous a été facile ensuite de passer de ce produit au développement d'une puissance quelconque du binome $x+a$, et nous avons été conduits ainsi à la formule du binome de Newton renfermée dans le nº 352, et à l'expression d'un terme quelconque de cette formule, aussi bien qu'à la seconde forme, sous laquelle on peut représenter les puissances de $x+a$, forme que nous avons donnée dans le nº 355.

4º Nous avons indiqué comment on pourrait passer de la formule qui donne une puissance quelconque du binome $x+a$, à celles qui donneraient une puissance de $x-a$, de $-x+a$, et de $-x-a$; et aussi comment on pourrait appliquer la formule du binome à la formation d'une puissance quelconque d'un trinome, d'un quadrinome, et en général d'un polynome.

5º Nous avons dit enfin que les formules des nºs 352, 355, démontrées dans le cas où m est un nombre entier et positif, s'appliquent encore au cas où m est fractionnaire ou négatif, puis nous avons indiqué ce que devient la seconde lorsque l'on a $(x-a)^{\frac{1}{n}}$, ou lorsqu'il s'agit d'extraire la racine *nième* de $x+a$, et nous avons vu l'application que l'on peut faire de la nouvelle formule trouvée à l'extraction des racines des nombres.

ADDITION AU CHAPITRE VI.

DES PROBLÈMES INDÉTERMINÉS DU PREMIER DEGRÉ.

364. Nous avons dit (186.) que quand, pour déterminer un certain nombre d'inconnues, on a un nombre plus petit d'équations, ces équations sont susceptibles d'une infinité de solutions. Dans ces cas, le problème qui conduit à ces équations est dit *indéterminé*, si l'on a une équation de moins que l'on n'a d'inconnues, et *plus qu'indéterminé*, si l'on a deux ou plus de deux inconnues que l'on n'a d'équations.

Cependant nous avons vu (188.) que, dans ces mêmes cas, il peut arriver que toutes les solutions qui satisfont aux équations ne satisfassent pas, ou qu'aucune même ne satisfasse au problème qui a conduit à ces équations, parce que ce problème peut n'admettre pour les valeurs de l'inconnue ou des inconnues que des nombres entiers. Nous sommes donc conduits à résoudre le problème suivant : *Étant donnée une ou plusieurs équations pour déterminer un certain nombre d'inconnues plus grand que celui des équations données, rechercher toutes les valeurs entières des inconnues qui satisfont à ces équations.* Nous allons nous occuper de la résolution de ce problème, dans la supposition que les équations ne s'élèvent pas au-dessus du premier degré, en convenant de considérer en général zéro comme une valeur entière et positive, que l'on devra exclure néanmoins, toutes les fois que le problème demandera pour les inconnues des valeurs plus grandes que zéro.

Nous nous occuperons d'abord des problèmes simplement indéterminés ; nous passerons ensuite aux problèmes plus qu'indéterminés.

§ 1.

Résolution des Problèmes simplement indéterminés.

365. Nous nous occuperons d'abord du cas où l'on a une seule équation pour déterminer deux inconnues ; puis de celui où l'on a, en général, pour déterminer un certain nombre d'inconnues, une équation de moins.

366. PREMIER CAS. *Celui où l'on a une équation pour déterminer deux inconnues.*

Avant de nous occuper de résoudre le problème proposé dans ce premier cas, remarquons que toute équation du premier degré à deux inconnues peut se ramener à la forme $ax + by = c$, ce qu'il est très-facile de démontrer ; or, si, lorsqu'une équation à deux inconnues est ramenée à cette forme, a et b étaient divisibles par un nombre entier sans que c le fût, l'équation proposée ne serait susceptible d'aucune solution en nombre entier. En effet,

soit m ce nombre qui divise a et b sans diviser c : en divisant tous les termes de l'équation proposée par m, et en appelant a' et b' les quotients de
a et de b par m, l'équation précédente deviendrait $a'x + b'y = \dfrac{c}{m}$; et il n'y
aurait évidemment aucun moyen d'y satisfaire en substituant à x et y des
nombres entiers, puisque $\dfrac{c}{m}$ n'est pas réductible à un nombre entier. Ainsi
quand une équation du premier degré à deux inconnues aura été ramenée à
la forme générale $ax + by = c$, tous les facteurs communs à a et b devront
se trouver dans c pour que cette équation soit susceptible de solution en
nombre entier, et, par conséquent, on pourra commencer par faire disparaître ces facteurs communs, en divisant par eux tous les termes de l'équation que l'on a à résoudre. Nous supposerons qu'on a toujours fait cette
opération avant de commencer les calculs dont nous allons parler, et que,
par conséquent, a et b sont toujours des nombres premiers entre eux.

367. Cela posé, lorsqu'on a une équation à deux inconnues, y et x, pour
déterminer ces inconnues, il peut arriver qu'après l'avoir réduite à la forme
générale $ax + by = c$, l'une des inconnues ait l'unité pour coefficient, ou
qu'il en soit autrement.

368. I. Supposons d'abord que l'une des inconnues a l'unité pour coefficient, que l'on a, par exemple, $y - 5x = 70$. En résolvant l'équation par
rapport à y, nous aurons $y = 70 + 5x$, et, en substituant dans cette équation
à la place de x la série des nombres positifs $0, 1, 2, 3, 4$, etc., ou celle
des nombres négatifs $-1, -2, -3, -4$, etc., nous en conclurons immédiatement les valeurs correspondantes de y, comme l'indiquent les deux lignes suivantes :

$$x = \quad 0, \quad 1, \quad 2, \quad 3, \quad 4,\ \text{etc.} \qquad -1, -2, -3, -4,\ \text{etc.}$$
$$y = 70, 75, 80, 85, 90,\ \text{etc.} \qquad\ \ 65, \quad 60, \quad 55, \quad 50,\ \text{etc.}$$

Il est facile de voir comment on agirait dans tous les cas semblables.
Cela ne présente évidemment aucune difficulté.

369. II. Supposons maintenant que les deux inconnues x et y aient un
coefficient différent de l'unité, que l'on ait par exemple :

$$29y - 11x = 175 \quad \text{(A)}$$

Voici comment nous pouvons procéder : Résolvons cette équation par
rapport à x (on choisit ordinairement l'inconnue dont le coefficient est le
plus faible), nous aurons

$$x = \frac{-175 + 29y}{11} \quad \text{(B)},$$

ou, en effectuant autant que possible la division indiquée, on trouve

$$x = -15 + 2y + \frac{-10 + 7y}{11}. \quad \text{(C)}$$

Cela posé, si nous prenions des valeurs entières de y telles que l'expression fractionnaire qui termine cette équation fût égale à un nombre entier, cette équation nous ferait connaître immédiatement les valeurs de x correspondantes à ces valeurs de y. Écrivons donc que $\dfrac{-10 + 7y}{11}$ est égal à un nombre entier, que nous représenterons par t, nous aurons ainsi l'équation

$$\frac{-10 + 7y}{11} = t \quad (D).$$

D'où nous tirerons, en la résolvant par rapport à y, et en effectuant autant que possible la division indiquée,

$$y = \frac{10 + 11t}{7} \text{ et } y = 1 + t + \frac{3 + 4t}{7} \quad (E).$$

Et l'on voit que pour prendre des valeurs entières de t telles que y fût un nombre entier, il faudrait, en représentant par t' un nombre entier, que l'on eût

$$\frac{3 + 4t}{7} = t' \quad (F).$$

En traitant maintenant cette dernière équation comme nous avons traité l'équation D, on en déduira

$$t = \frac{-3 + 7t'}{4} \text{ ou } t = t' + \frac{-3 + 3t'}{4} \quad (G).$$

Ici encore, pour prendre des valeurs entières de t' telles que t fût un nombre entier, il faudrait, en désignant par t'' un nombre entier, que l'on eût l'équation

$$\frac{-3 + 3t'}{4} = t'' \quad (H).$$

On en tire, en la traitant comme les équations (F) et (D),

$$t' = \frac{3 + 4t''}{3} \text{ ou } t' = 1 + t'' + \frac{t''}{3} \quad (I).$$

Et pour prendre des valeurs entières de t'' qui puissent rendre t' un nombre entier, il faudrait qu'en désignant par t''' un nombre entier, on eût l'équation

$$\frac{t''}{3} = t''', \text{ d'où l'on tire } t'' = 3t''' \quad (K),$$

et, dans cette dernière équation, toutes les valeurs entières de t''' donneront une valeur correspondante de t''.

Cela posé, si nous substituons cette valeur de t'' dans l'équation (I), nous obtiendrons la valeur de t' en fonction de t'''. Cette valeur de t' étant substituée dans l'équation (G), nous fera connaître la valeur de t en fonction de t'''. De même, par la substitution dans l'équation (E) de la valeur de t que nous aurons trouvée, nous trouverons la valeur de y, aussi en fonction de t'''. Et enfin, après avoir trouvé la valeur de y en la substituant dans l'équation (C) ou l'équation (B), nous aurons la valeur de x, toujours en fonction de t'''.

Faisons les différentes substitutions dont nous venons de parler, après avoir rappelé la valeur de t'' en fonction de t''' donnée par l'équation (1) nous aurons, toute réduction faite,

$$t'' = 3t''', \qquad t' = 1 + 4t''', \qquad t = 1 + 7t''',$$
$$y = 3 + 11t''', \qquad x = -8 + 29t'''.$$

Ces deux dernières équations nous feront connaître les systèmes des valeurs entières de x qui satisfont à l'équation proposée, en substituant successivement à t''' les différentes valeurs positives 0, 1, 2, 3, 4, etc., et les valeurs négatives, — 1, — 2, — 3, — 4, etc., on en déduit les valeurs de y et de x indiquées dans les lignes suivantes :

$$t = \quad 0, \ 1, \ 2, \ 3, \ \ 4, \text{etc.}, \ldots\ldots -1, -2, -3, -\ \ 4, \text{etc.},$$
$$y = \quad 3, 14, 25, 36, \ 47, \text{etc.}, \ldots\ldots -8, -19, -30, -\ 41, \text{etc.},$$
$$x = -8, 21, 50, 79, 108, \text{etc.}, \ldots\ldots -37, -66, -95, -124, \text{etc.}$$

370. Si l'on a bien compris la méthode que nous venons de suivre pour résoudre l'équation proposée, $29y - 11x = 175$, il sera très-facile de l'appliquer à toute autre équation du premier degré à deux inconnues, et l'on formulera sans peine le procédé qu'il faut suivre pour cela. Nous en laisserons le soin au lecteur, mais nous ferons quelques remarques importantes.

371. 1° Le but que l'on se propose en égalant la partie fractionnaire des équations que l'on obtient successivement à un nombre entier, que nous avons représenté par t, t', t'', t''', etc., est d'arriver à obtenir l'expression d'une de ces quantités en fonction entière de la suivante. Ce but ne serait pas atteint et le procédé suivi pour l'exemple que nous avons donné serait en défaut si, dans les différentes divisions qu'on exécute pour avoir les coefficients de y, t, t', t'', dans les équations qu'on obtient successivement (D), (F), (H), (I), si, disons-nous, dans ces différentes divisions, on ne parvenait pas à obtenir un reste égal à l'unité. Mais cela doit toujours avoir lieu quand les coefficients de x et de y de l'équation donnée sont premiers entre eux, ce que nous avons supposé (366.). En effet, si l'on examine comment on obtient ces coefficients, on verra que, dans la première division, on divise le plus grand des coefficients de x et de y par le plus petit, puis, le plus petit par le reste obtenu, puis ce premier reste par le second, puis le second par le troisième, et ce sont les restes successifs qui deviennent les coefficients de y (ou de x), de t, t', t'', t''', etc. Or, ce procédé est précisément celui par lequel on obtiendrait le plus grand commun diviseur des coefficients de x et de y. (ARITH. 93.), et ce plus grand commun diviseur doit être l'unité puisque les coefficients sont premiers entre eux. (ARITH. 94.). — Si l'on n'avait pas fait subir à l'équation proposée la préparation dont nous avons parlé à la fin du n° 366, on s'en apercevrait à ce signe qu'on ne pourrait pas parvenir, par les divisions successives qu'on exécuterait, à trouver l'unité pour coefficient de l'une des quantités désignées par t, t', t'', etc.

On pourrait, pour exemple de ce que nous disons ici, chercher à résoudre l'équation $21y + 36x = 97$.

372. 2° Le procédé que nous avons suivi dans la résolution de l'équation $29y - 11x = 175$, peut toujours être employé; mais souvent il y a lieu à des simplifications que l'on découvre avec un peu d'attention et qui conduisent plus rapidement à la détermination des inconnues où des premières variables auxiliaires employées en fonction entière d'une autre variable. Nous allons en donner quelques exemples.

Supposons, par exemple, qu'après avoir résolu l'équation proposée, renfermant x et y, par rapport à x, on ait trouvé $x = \dfrac{28 + 19y}{10}$; si, au lieu de suivre la méthode jusqu'ici employée et qui conduirait à cette expression de x, $x = 2 + y + \dfrac{8 + 9y}{10}$, nous ajoutons et nous retranchons y au numérateur de la fraction $\dfrac{28 + 19y}{10}$, nous aurons $x = \dfrac{28 + 20y - y}{10}$ ou $x = 2 + 2y + \dfrac{8 - y}{10}$. En égalant ensuite $\dfrac{8 - y}{10}$ à un nombre entier t, nous aurons l'équation $\dfrac{8 - y}{10} = t$, d'où $y = 8 - 10t$. Il est facile de voir qu'en ajoutant au coefficient de y l'unité qui lui manquait pour devenir un multiple de 10, sauf à retrancher ensuite y comme nous l'avons fait, nous avons simplifié le travail qui devait nous conduire à une expression de y en fonction entière de la variable auxiliaire t.

Supposons encore qu'après avoir résolu l'équation proposée par rapport à x, on ait $x = 7 + 2y + \dfrac{10 - 5y}{19}$, il faudra, d'après la méthode suivie jusqu'ici, égaler la fraction $\dfrac{10 + 5y}{19}$ à un nombre entier t, et continuer le calcul comme nous l'avons fait plus haut; mais on peut remarquer que cette fraction $\dfrac{10 + 5y}{19}$ peut se mettre sous la forme, $\dfrac{5(2 + y)}{19}$. Or, comme 5 et 19 sont premiers entre eux, le seul moyen de rendre le numérateur $5(2 + y)$ divisible exactement par 19, c'est de prendre le facteur $2 + y$, de telle sorte qu'il soit un multiple de 19 (ARITH. 295); on a donc, en appelant t un nombre entier quelconque, $2 + y = 19t$, d'où $y = -2 + 19t$. Et ici encore on est parvenu à trouver y en fonction de l'auxiliaire t beaucoup plus facilement qu'on ne l'aurait fait par le procédé ordinaire. Avec un peu d'attention et d'habitude du calcul, on saura trouver les simplifications de ce genre quand elles seront possibles.

373. 3° Quand on a résolu une équation à deux inconnues, par le procédé que nous avons donné, les valeurs des inconnues se présentent sous la forme

$$x = A + Mt, \qquad y = B + Nt.$$

A et B pouvant être positifs, nuls ou négatifs, et M et N pouvant être aussi positifs, il s'ensuit que les différentes valeurs de x et de y correspondant aux valeurs successivement données à t, à savoir : 0, 1, 2, 3, 4, etc., —1, —2, —3, —4, etc., forment des progressions par différence. Les résultats obtenus n°s 368. et 369., confirment cette conclusion.

374. 4° Les valeurs que nous venons d'apprendre à trouver sont toutes les valeurs positives ou négatives de x et de y dont l'équation proposée est susceptible, et, pour les obtenir, il suffit de donner à la quantité t dans les équations de la forme $x = a + mt$, $y = b + nt$, dont dépendent les valeurs de x et de y, toutes les valeurs successives, positives ou négatives, 0, 1, 2, 3, 4, etc., —1, —2, —3, —4, etc. Mais si l'on voulait n'avoir pour x et pour y que des valeurs positives (y compris zéro), cette circonstance resserrerait les valeurs à donner à t dans certaines limites qu'il est facile de déterminer dans chaque cas.

Ainsi, par exemple, pour que, dans l'équation du n° 369, qui nous a conduits à ces expressions de x et de y,

$$x = -8 + 29t''', \qquad y = 3 + 11t''',$$

les valeurs de x et de y soient positives, il faut que l'on ait en même temps $-8 + 29t''' > 0$, ou $= 0$, et $3 + 11t''' > 0$, ou $= 0$, ce qui a lieu pour toutes les valeurs entières et positives de t, mais ce qui n'aurait lieu pour aucune valeur négative. Ainsi, si l'on veut n'avoir pour x et pour y que des valeurs positives, il faut ne donner à t que des valeurs positives, mais on peut les lui donner toutes, depuis 1 jusqu'à l'infini.

Supposons qu'en résolvant une équation à deux inconnues, on trouve

$$x = 29 - 3t, \qquad y = 25 + 7t.$$

Pour que les valeurs de x et de y fussent positives, il faudrait que l'on eût $29 - 3t > 0$, ou $= 0$, et $25 + 7t > 0$, ou $= 0$. On satisfera à la première, en donnant à t des valeurs négatives quelconques, mais si on lui donne des valeurs positives, il faudra qu'elles soient telles que l'on ait $29 > 3t$ ou $= 3t$, ou $\frac{29}{3} > t$, ou $= t$, ce qui oblige à ne pas donner à t une valeur positive plus grande que 9 (le plus grand nombre entier renfermé dans $\frac{29}{3}$). Quant à la seconde condition $25 + 7t > 0$, ou $= 0$, on y satisfera par toutes les valeurs positives de t; mais si l'on donne à t des valeurs négatives, il faudra que chacune de ces valeurs soit telle que, multipliée par 7, elle donne un produit plus faible que 25, ou tout au plus égal à 25; et, par conséquent, qu'elle ne dépasse pas 3. Ainsi, les valeurs de t propres à rendre x et y entiers et positifs auront pour limite $+9$ et -3, et seront les suivantes :

Pour $t =$ — 3, —2, —1, 0, 1, 2, 3, 4, 5, 6, 7, 8, 9.
$\quad x =$ 38, 35, 32, 29, 26, 23, 20, 17, 14, 11, 8, 5, 2.
$\quad y =$ 4, 11, 18, 25, 32, 39, 46, 53, 60, 67, 74, 81, 88.

Ces exemples suffisent pour voir comment on déterminerait dans chaque cas les limites dans lesquelles il faudrait resserrer t pour avoir toutes les valeurs entières et positives de x et de y (*).

375. 5° Si l'on examine avec soin tous les calculs que nous avons faits pour passer de l'équation proposée aux valeurs de x et de y, on verra que les opérations faites sur les termes qui renferment les lettres x, y, t, t', t'', etc., n'ont jamais donné un résultat réductible avec ceux des opérations effectuées sur le nombre connu 175 et sur ceux qui en sont dérivés par des divisions successives, il suit de là que, dans les valeurs auxquelles on finit par arriver pour x et pour y, les coefficients de t''' (ou en général de la dernière des quantités auxiliaires employées, et en fonction de laquelle on obtient x et y), ne dépendent nullement du terme tout connu 175, dans l'équation donnée, mais uniquement du coefficient de x et de y. Ils seraient donc les mêmes pour toutes les équations qui ne différeraient que par ce terme tout connu, ou pour toutes les équations de la forme $ax + by = C$ quelle que fût la valeur de C; et par conséquent pour l'équation $ax + by = 0$. Or il est facile de voir que si l'on prend $x = bt$, $y = -at$; ou $x = -bt$, $y = at$, dans laquelle t est une variable à laquelle on peut donner toutes les valeurs possibles positives ou négatives, ces valeurs satisferont à l'équation $ax + by = 0$. Donc, ces quantités $-a$ et b, ou a et $-b$ seront les coefficients de la variable auxiliaire dans les expressions de x et de y qui résoudront l'équation $ax + by = C$. Donc enfin on peut affirmer que quand on a une semblable équation, les valeurs de x et de y qui la résoudront seront de la forme, $x = M + bt$, $y = N - at$, ou $x = M - bt$, et $y = N + at$. C'est-à-dire, qu'en prenant les coefficients de x et de y dans l'équation

(*) Les valeurs de x et de y se présentant toujours sous la forme $x = A + Bt$, $y = M + Nt$, (dans lesquelles A, B, M et N peuvent être positifs ou négatifs, et même A et M nuls), les expressions qui donneront les conditions pour que x et y soient positifs, seront, $A + Bt > 0$, ou $= 0$, et $M + Nt > 0$, ou $= 0$, si l'on admet zéro parmi les valeurs positives, et seulement $A + Bt > 0$, et $M + Nt > 0$ dans le cas contraire. Avec un peu d'attention on en déduira facilement dans chaque cas les valeurs de t en fonction de A, B, M et N qui satisfont à ces conditions. On y parviendra en faisant subir aux inégalités qui les expriment, des modifications analogues à celles qu'on peut faire subir aux équations (110.). Cependant, toutes les modifications que l'on fait subir à une équation sans la détruire ne peuvent pas indifféremment s'appliquer à des inégalités. En partant de la nature de l'inégalité et en se rappelant ce que nous avons dit (105.), on en déduirait facilement les propositions suivantes que nous nous contentons d'énoncer, mais dont nous engageons à chercher la démonstration : — 1. *Quand on a une inégalité, on peut toujours ajouter aux deux membres ou en soustraire une même quantité, l'inégalité continuera à exister dans le même sens ;* — 2. *Quand on multiplie ou qu'on divise les deux membres d'une inégalité par une quantité positive, l'inégalité continue à exister dans le même sens, mais elle existe en sens inverse si on multiplie ou si on divise par une quantité négative ;* — 3. *On peut toujours élever à une même puissance, ou extraire une racine de même degré des membres d'une inégalité quand ils sont positifs et qu'on ne prend que les valeurs positives des racines, et l'inégalité continuera à exister dans le même sens, mais il n'en sera pas toujours de même si l'un des deux membres ou tous les deux sont négatifs ;* — 4. *Quand on change tous les signes des termes d'une inégalité, l'inégalité existe en sens inverse ;* — 5. *On peut toujours ajouter membre à membre deux inégalités qui existent dans le même sens, l'inégalité qui en résultera existera dans le même sens que les premières, mais la chose n'aurait pas toujours lieu si l'on retranchait membre à membre deux inégalités qui existent dans le même sens.*

donnée, et en changeant le signe de l'un d'eux à volonté, on aura les coefficients de la variable auxiliaire dans les équations finales qui donnent les valeurs de y et de x en fonction de cette variable.

376. Voici quelques problèmes qui conduisent à une équation du premier degré à deux inconnues :

1° *Plusieurs personnes se réunissent pour payer la somme de 1000 francs, les unes donnent 19 francs et les autres 11 francs : combien y en a-t-il des premières et combien des secondes ?* — (Réponse : En appelant x le nombre des premières, y celui des secondes, on trouve,

$$x = 4, 15, 26, 37, 48;$$
$$y = 84, 65, 46, 27, 8.$$

2° *Quelqu'un achète des chèvres et des moutons; chaque chèvre coûte 8 francs, chaque mouton, 27 francs ; or, il se trouve qu'on paie pour les chèvres 97 francs de plus que pour les moutons : combien y a-t-il de chèvres et de moutons ?* — (Réponse : Le problème admet une infinité de solutions données par les deux progressions suivantes :

Nombre de moutons....... 5, 13, 21, 29, 37, etc.;
Nombre de chèvres........ 29, 56, 83, 110, 137, etc.

3° *Avec des règles de deux longueurs différentes, les unes de 5 décimètres et les autres de 7, on propose de faire en les plaçant à la suite les unes des autres, une longueur de 23 décimètres : combien y a-t-il de règles de 5 décimètres, combien y en a-t-il de 7 ?* — (Réponse : Aucun système de valeurs entières et positives des inconnues ne peut satisfaire à ce problème. L'équation à laquelle conduit le problème est susceptible d'une infinité de solutions : L'une de ces solutions est, en appelant x et y les deux inconnues, $x = 6$, $y = -1$, les valeurs suivantes de x forment une progression dont la raison est 7, celle de y une progression dont la raison est 5.)

377. DEUXIÈME CAS. *Celui où l'on a plus d'une équation pour déterminer une inconnue de plus que l'on n'a d'équations.*

Nous allons nous borner, à indiquer la marche à suivre en l'appliquant à deux équations renfermant trois inconnues, il sera très-facile de l'étendre à un nombre quelconque d'équations, renfermant une inconnue de plus qu'il n'y a d'équations. Soient donc les deux équations suivantes :

$$ax + by + cz = m; \qquad a'x + b'y + c'z = m' \qquad (A).$$

On résout l'une d'elle, la première, par exemple, par rapport à x, on en tire une valeur de la forme,

$$x = f(z, y) \qquad (B).$$

Cette valeur de x étant substituée dans la seconde équation, on arrive à une équation qui ne renferme que z et y, et qui par conséquent est de la forme

$$F(z, y) = 0 \quad (C).$$

En résolvant cette équation comme nous avons fait celle du n° 369., on en tire des valeurs de x et de z de la forme,

$$y = M + Rt, \qquad z = N + St \quad (D),$$

t étant la variable dont les différentes valeurs feront trouver celle de x et de z correspondante.

En substituant maintenant ces valeurs de y et de z dans l'équation (B), on aura une équation de la forme,

$$x = f(t) \quad (E).$$

Cette équation sera à deux inconnues x et t, en la traitant comme nous avons traité l'équation (C), on en déduira les valeurs de x et de t, en fonction d'une autre variable auxiliaire que nous appellerons u, et ces valeurs seront de la forme,

$$x = A + Bu, \qquad t = C + Du \quad (F),$$

et en substituant cette valeur de t dans les valeurs de y et de z trouvées plus haut (D), on en déduira des valeurs de ces inconnues qui seront de la forme, $y = A' + B'u$, $z = A'' + B''u$. En les réunissant avec la première des deux équations (F), on aura

$$x = A + Bu, \qquad y = A' + B'u, \qquad z = A'' + B''u,$$

pour résoudre les équations proposées. En donnant successivement à u toutes les valeurs positives et négatives, 0, 1, 2, 3, 4, etc., — 1, — 2, — 3, — 4, etc., on aura les valeurs correspondantes de x, y et z. Si l'on voulait n'avoir que des valeurs positives pour les trois inconnues, on déterminerait les limites de u comme nous avons vu qu'on peut le faire dans le n° 374.

378. Si l'on appliquait le procédé que nous venons de donner aux deux
équations $6x + 7y + 4z = 122$, $11x + 8y - 6z = 145$,
on trouverait $x = 9 + 74u$, $y = 8 - 80u$, $z = 3 - 29u$.

Et si l'on voulait déterminer les limites entre lesquelles il faut prendre u pour n'avoir que des valeurs entières et positives de x, y et z, on trouverait que la seule valeur à donner à u serait 0, et que les valeurs correspondantes de x, y et z, seraient $x = 9$, $y = 8$, $z = 0$.

Il serait très-facile de passer du cas que nous venons de traiter, à celui où l'on aurait trois équations pour quatre inconnues, quatre équations pour cinq inconnues, etc., etc. Nous laissons au lecteur le soin de formuler les procédés pour ces différents cas.

379. Voici les énoncés de quelques problèmes que nous engageons à résoudre :

1° *Trouver trois nombres tels, que la somme de leurs produits par les nom-*

bres respectifs, 3, 5, 7, soit égale à 560, et que la somme de leurs produits par les nombres respectifs 9, 25, 49, soit égale à 2920. — (Réponse : En appelant ces nombres x, y et z, on ne trouve que deux systèmes de solutions possibles, à savoir : $x = 15$, $y = 82$, $z = 15$, et $x = 50$, $y = 40$, $z = 30$.)

2º *On achète 100 pièces de bétail, porcs, chèvres et moutons, on paie le tout 100 louis. Les porcs coûtent 3 louis $\frac{1}{2}$ la pièce, les chèvres 1 louis $\frac{1}{3}$ et les moutons $\frac{1}{2}$ louis : combien y a-t-il d'animaux de chaque espèce.* — (Réponse : Nombre de porcs : 5, ou 10, ou 15; nombre de chèvres : 42, ou 24, ou 6; nombre de moutons : 53, ou 66, ou 79. Ce sont les seules solutions possibles.

§ II.

Résolution des Problèmes plus qu'indéterminés.

380. Les problèmes plus qu'indéterminés sont ceux où l'on a deux ou plus de deux inconnues de plus que l'on n'a d'équations. Nous allons seulement indiquer la marche à suivre dans le cas où l'on a une équation pour trouver trois inconnues. En se pénétrant bien de la méthode de résolution que nous emploierons, on trouvera facilement la marche à suivre pour tous les autres cas.

381. Soit donc une équation $ax + by + cz = m$, entre trois inconnues. En faisant passer cz dans le second membre, et en faisant $m - cz = A$, on aura l'équation

$$ax + by = A,$$

En considérant A comme un nombre connu, on pourra résoudre cette équation par rapport à x et à y, comme nous avons appris à le faire, et l'on trouvera (375.) des valeurs de ces inconnues de la forme

$$x = M + bt, \qquad y = N - at.$$

Dans ces valeurs de x et de y, M et N seront évidemment des fonctions de A. Si donc l'on y substitue à A sa valeur $m - cz$, les valeurs de x et de y seront données en fonction de z et de t, et, en donnant successivement à z les valeurs entières et positives 1, 2, 3, 4, etc., on aura autant de systèmes d'équations, par chacun desquels, en y faisant varier t, on obtiendra autant de valeurs de x et de z que l'on donnera à t de valeurs positives, nulles ou négatives. Expliquons tout ceci par un exemple.

382. Soit l'équation $10x + 9y + 7z = 58$.

En faisant passer $7z$ dans le second membre, et en faisant $58 - 7z = A$,

on aura $$10x + 9y = A;$$

d'où l'on tire $$y = \frac{A - 10x}{9} \text{ ou } y = -x + \frac{A - x}{9}.$$

Faisons maintenant $$\frac{A - x}{9} = t,$$

nous en tirerons $$x = A - 9t,$$

et cette valeur de x, substituée dans l'équation qui donne y en fonction de x, nous donnera $\qquad y = -\mathrm{A} + 10t.$

En substituant maintenant dans ces valeurs de x et de y, $58 - 7z$ à la place de A, nous aurons

$$x = 58 - 7z - 9t, \qquad\qquad y = -58 + 7z + 10t.$$

Et, en donnant successivement, dans ces équations, à z les valeurs positives et négatives 0, 1, 2, 3, etc., -1, -2, -3, -4, etc., nous aurons autant de systèmes d'équations qui nous feront connaître les valeurs de x et de y correspondantes à ces valeurs de z. Ainsi l'on trouvera

Pour $z = 0$:	$x = 58 - 9t$,	$y = -58 + 10t$;
Pour $z = 1$:	$x = 51 - 9t$,	$y = -51 + 10t$;
Pour $z = 2$:	$x = 44 - 9t$,	$y = -44 + 10t$;
Pour $z = 3$:	$x = 37 - 9t$,	$y = -37 + 10t$;
Pour $z = 4$:	$x = 30 - 9t$,	$y = -30 + 10t$;
Pour $z = 5$:	$x = 23 - 9t$,	$y = -23 + 10t$;
Pour $z = 6$:	$x = 16 - 9t$,	$y = -16 + 10t$;
Pour $z = 7$:	$x = 9 - 9t$,	$y = -9 + 10t$;
Pour $z = 8$:	$x = 2 - 9t$,	$y = -2 + 10t$;
Etc.	etc.	etc.

Et de chacune de ces hypothèses, sur les valeurs de z, on déduirait une infinité de couples de valeurs de x et de y correspondantes aux valeurs que l'on donnerait à t, en faisant cette quantité successivement égale à 0, 1, 2, 3, 4, etc. -1, -2, -3, -4, etc. On déterminerait du reste, comme nous avons appris à le faire (000.), les limites des valeurs que l'on pourrait donner à t pour n'avoir que des valeurs positives de x et de y.

Quant aux limites des valeurs que l'on peut donner à z, pour que les valeurs de x soient entières et positives, on les déterminerait dans chaque cas particulier par l'examen soit de l'équation de laquelle on part, soit de celles auxquelles on est conduit. L'exercice apprendra à faire cette détermination. Ainsi, par exemple, la simple vue de l'équation $10x + 9y + 7z = 58$, que nous venons de résoudre, fait voir qu'on doit donner à z une valeur inférieure à 8, puisque si l'on faisait $z = 8$ dans cette équation, on en tirerait $10x + 9y = 2$, et qu'il n'y a évidemment aucune manière de satisfaire à cette équation (ni, à plus forte raison, à celle qu'on obtiendrait en faisant $z > 8$) par des valeurs entières et positives de x et de y. Si maintenant on cherche les limites des valeurs que l'on peut donner à t dans les équations précédentes, depuis la première jusqu'à la huitième, pour avoir des valeurs de x et de y entières et positives, on verra que, pour la première, celle correspondante à $z = 0$, les valeurs de t sont renfermées entre $\dfrac{58}{9}$ et $\dfrac{58}{10}$, et, par conséquent, que la seule valeur qu'on puisse donner à t est 6 ; ce qui donne pour x et pour y, $x = 4$, $y = 2$. De même, pour $z = 3$, on trouve que t doit être renfermé entre $\frac{37}{9}$ et $\frac{37}{10}$, et, par conséquent, ne peut avoir d'autre valeur que 4; ce qui donne pour x et y, $x=1$, $y=3$. Pour $z=4$, les valeurs de t devraient être renfermées entre $\frac{30}{9}$ et $\frac{30}{10}$, et, par conséquent, t ne pourrait avoir d'autre valeur que 3, ce qui donnerait pour x et y, $x=3$, $y=0$.

Pour $z=7$, les valeurs de t devraient être renfermées entre $\frac{9}{9}$ et $\frac{9}{10}$, et, par conséquent, la seule qu'on pourrait lui donner, serait 1; ce qui donnerait pour x et pour y, $x=0$, $y=1$. Pour toutes les autres valeurs de z, il est impossible de trouver des valeurs entières et positives de x et de y.

Ainsi, si l'on veut admettre zéro parmi les solutions entières et positives, les seules valeurs qui puissent résoudre l'équation $10x+9y+7z=58$, sont

$$z=0, \qquad x=4, \qquad y=2,$$
$$z=3, \qquad x=1, \qquad y=3,$$
$$z=4, \qquad x=3, \qquad y=0,$$
$$z=7, \qquad x=0, \qquad y=1.$$

Mais si l'on ne voulait admettre que les valeurs plus grandes que zéro, il n'y aurait moyen de satisfaire à l'équation proposée que d'une seule manière, à savoir par les valeurs de z, x et y, que renferme la seconde des quatre lignes précédentes.

383. Nous ne pousserons pas plus loin cet exposé, et nous laissons au lecteur le soin de rechercher ce qu'il y aurait à faire si l'on avait une seule équation pour déterminer plus de trois inconnues, et, en général, un certain nombre d'équations pour déterminer deux ou plus de deux inconnues de plus que l'on n'a d'équations.

384. Voici les énoncés de quelques problèmes à résoudre :

1° *On doit payer 187 francs avec des pièces de 5 francs, de 6 francs et de 20 francs : combien faut-il des unes et des autres ?* — (Réponse : En appelant x, y et z le nombre de pièces de 5 francs, de 6 francs et de 20 francs qu'il faut prendre, on trouve pour valeur de x et de y en fonction de z et de la variable auxiliaire t, $x=-187+20z+6t$, $y=187-20z-3t$. Les valeurs de z possibles sont comprises entre 0 et 8 inclusivement. On peut, au moyen de ces équations, déterminer les valeurs de x et de y. Nous laissons au lecteur le soin de faire cette détermination.

2° *Un orfèvre a trois sortes d'argent; le marc de la première contient 7 onces d'argent fin; le marc de la seconde en contient 5 onces $\frac{1}{2}$, et le marc de la troisième en contient 4 onces $\frac{1}{2}$; il veut faire un alliage qui contienne 6 onces d'argent fin par chaque marc : combien doit-il prendre, en nombres entiers, de marc de chaque sorte ?* — (Réponse :

Nombre de marcs de la 1re sorte..... $=10, 12, 14, 16, 18$;
Nombre de marcs de la 2me sorte..... $=20, 15, 10, 5, 0$;
Nombre de marcs de la 3me sorte..... $= 0, 3, 6, 9, 12$.

TABLE DES MATIÈRES.

CHAPITRE VI.

DES ÉQUATIONS DU PREMIER DEGRÉ A DEUX OU PLUS DE DEUX INCONNUES, ET DES PROBLÈMES QUI SE RÉSOLVENT AU MOYEN DE CES ÉQUATIONS.

CHAPITRE VII.

DES ÉQUATIONS DU SECOND DEGRÉ A UNE INCONNUE.

CHAPITRE VIII.

RÉSOLUTION DE QUELQUES AUTRES ESPÈCES D'ÉQUATIONS.

CHAPITRE IX.

ÉLÉVATION AUX PUISSANCES ET EXTRACTION DES RACINES DES QUAN-
TITÉS MONOMES. — CALCUL DES QUANTITÉS IRRATIONNELLES OU
DES RADICAUX. — EXPOSANTS NÉGATIFS ET FRACTIONNAIRES.

CHAPITRE X.

DES PROGRESSIONS.

CHAPITRE XI.

DES LOGARITHMES.

CHAPITRE XII.

THÉORIE DES ARRANGEMENTS, DES PERMUTATIONS ET DES COMBINAISONS.

CHAPITRE XIII.

DU BINOME DE NEWTON.

ADDITION AU CHAPITRE VI.

DES PROBLÈMES INDÉTERMINÉS DU PREMIER DEGRÉ.

FIN DE LA TABLE DE L'ALGÈBRE.

Bordeaux, Imprimerie de G.-M. DE MOULINS, rue Montméjan, 7.

www.ingramcontent.com/pod-product-compliance
Lightning Source LLC
Chambersburg PA
CBHW060337200326
41519CB00011BA/1967